DEUTSCHE KRIEGSSCHIFFE

Spezial- und Sonderentwicklungen **bis 1945**

Hans Karr

Motor
buch
Verlag

Einbandgestaltung: Luis dos Santos

Bildnachweis: Die zur Illustration dieses Buches verwendeten Aufnahmen stammen, wenn nicht anders vermerkt, aus dem Archiv des Autors.

Besonderer Dank für die Überlassung von weiterem Bildmaterial geht an den Deutschen Marinebund in Laboe und an die Bibliothek für Zeitgeschichte in Stuttgart. Auch allen anderen Bildgebern sei recht herzlich für die Überlassung des Bildmaterials gedankt.
Bei einigen Fotos konnten die Inhaber der Bildrechte nicht eindeutig ermittelt werden. Verlag und Autor bitten freundlicherweise um Kontaktaufnahme. Eine eventuelle Urheberrechtsverletzung ist nicht beabsichtigt.

Der Leser möge die Bildqualität einiger Abbildungen entschuldigen. Sie ist dem altersbedingten Zustand der Bildvorlagen geschuldet.

ISBN 978-3-613-04659-7

1. Auflage 2024

Sie finden uns im Internet unter www.motorbuch-verlag.de

Lektorat: Georg Otto
Innengestaltung: WS – WerbeService Linke, 76185 Karlsruhe
Druck und Bindung: Graspo CZ, 76302 Zlin
Printed in Czech Republic

Inhalt

Vorwort

Ohne die zahlreichen Spezial- und Sonderschiffe wären in beiden Weltkriegen die Einsätze der großen Marineeinheiten, der U-Boote, der Schnellboote, der Minensuchboote und der zahlreichen anderen Kampfeinheiten nicht möglich gewesen.

Die Rede ist von den Flottenbegleitern, Fährprähmen, Netzlegern, Minenschiffen, Sperrbrechern, Schulschiffen, Zielschiffen, Werkstattschiffen, Wetterbeobachtungsschiffen und von weiteren zahlreichen anderen Hilfsschiffen, deren Dasein sich für die Öffentlichkeit mehr oder weniger im Verborgenen abspielte. An spektakulären Ereignissen und Kampfeinsätzen waren sie so gut wie nie beteiligt. In der Berichterstattung tauchten sie nur selten auf.

In dem vorliegenden Buch wird anhand von ausgewählten Beispielen ein kleiner Überblick über diese unzähligen Helfer der Flotte gegeben. Neben einer allgemeinen Beschreibung der Schiffe mit vielen technischen Details, Lebensläufen und Einsätzen enthält das Werk auch umfangreiches und seltenes Bildmaterial.

Minenschiff »Tannenberg«. (Foto: Bibliothek für Zeitgeschichte)

In beiden Weltkriegen wurden auf beiden Seiten Handelsschiffe umgebaut, bewaffnet und dann als Hilfskreuzer eingesetzt. Auf deutscher Seite kamen sie ausschließlich als Handelsstörer in Verwendung. Alle diese Einheiten aufzuführen würde den Umfang dieses Buches sprengen. Daher werden sowohl für die Kaiserliche Marine wie auch für die Kriegsmarine nur jeweils zwei Hilfskreuzer exemplarisch behandelt, die während ihres Einsatzes außergewöhnliche Besonderheiten zu verzeichnen hatten.

Spezielle Landungsfahrzeuge gab es in beiden Weltkriegen auf deutscher Seite keine. Sogenannte »Pferdeboote« dienten in der Kaiserlichen Marine zunächst dem Transport von Landungstruppen und deren Material. Mit dem Marinefährprahm gelang im Laufe des Zweiten Weltkriegs ein erster Ansatz für spezielle amphibische Einheiten. Auf beide Versionen dieser frühen deutschen Landungsboote wird eingegangen.

Mit den Flugzeugmutterschiffen erreichten die Seeflieger der Kaiserlichen Marine eine deutliche Vergrößerung ihrer Einsatzreichweite. Allerdings waren die hierzu umgebauten Handelsschiffe zu langsam, um in einem Flottenverband mitlaufen und integriert werden zu können, was eigentlich in dem Einsatzkonzept vorgesehen war. Mit dem Umbau von älteren Kleinen Kreuzern wollte man diesen Nachteil ausgleichen. Doch die Maßnahme kam zu spät

Fischereischutzboot »Weser«. (Foto: Bibliothek für Zeitgeschichte)

und hatte für den Kriegsverlauf keine weiteren Auswirkungen. Echte Flugzeugträger kamen indes über Planstudien nicht mehr hinaus. Erst die Kriegsmarine machte Jahre später diesen Schritt, ohne allerdings das begonnene Schiff, den Flugzeugträger »Graf Zeppelin«, zu vollenden. Mit den Schleuderschiffen der Luftwaffe konnte im Zweiten Weltkrieg die Reichweite und / oder die Einsatzdauer der Flugzeuge deutlich gesteigert werden. Mit Jägerleitschiffen versuchte man sich der Bedrohung durch gegnerische Bomber zu erwehren.

Mit der Konzeption kombinierter Hebe- und Dockschiffe in Katamaran-Bauweise verfolgte die Kaiserliche Marine das Ziel, verunglückte U-Boote zu bergen. Tatsächlich notwendig gewordene Einsätze vor und während des Ersten Weltkrieges bestätigten die Richtigkeit dieser vorsorglichen Beschaffungsmaßnahme.

Fischereischutzschiffe hatten die Aufgabe deutschen und auch ausländischen Fischereifahrzeugen Hilfe und Unterstützung zu geben. Je nach Bedarf konnte sowohl medizinische, technische wie auch anderweitige notwendige Hilfe geleistet werden. Die Kaiserliche Marine, wie auch später die Reichs- und Kriegsmarine unterhielten solche Spezialfahrzeuge.

Die Kaiserlichen Yachten dienten offiziell eigentlich repräsentativen Zwecken, wurden aber insbesondere von dem marinebegeisterten Kaiser Wilhelm II auch zu Reisen genutzt, die man durchaus als privat bezeichnen kann. In Begleitung befanden sich stets reguläre Kriegsschiffe der Kaiserlichen Marine und das Depeschenboot »Sleipner«. Im Mittelmeer kam das Stationsschiff »Loreley« ebenfalls für repräsentative Aufgaben zum Einsatz und vertrat in Krisensituationen deutsche Interessen in der Region. Die Regierungsyacht »Komet« war in dem Schutzgebiet Deutsch-Neuguinea eingesetzt. Nicht ganz so prunkvoll ausgestattet wie die Kaiserlichen Yachten stand sie dem Gouverneur für offizielle Anlässe und Kontrollfahrten zur Verfügung. In der Kriegsmarine diente der Aviso »Grille« als Staatsyacht.

Die Unruhen in China um die Jahrhundertwende erforderten auf den chinesischen Flüssen die Stationierung von kleineren Kriegsschiffen. Das Befahren der chinesischen Wasserstraßen war für ausländische Kriegsschiffe vertraglich geregelt. Die vom Deutschen Reich dort eingesetzten Flusskanonenboote sollten im Bedarfsfall den Schutz und den Abtransport deutscher Staatsbürger gewährleisten. Unterstellt waren die Einheiten dem in Tsingtau stationierten Ostasiatischen Kreuzergeschwader.

In den deutschen Kolonialgebieten, insbesondere in der Südsee, in Kiautschou und in Deutsch-Ostafrika, kam eine Vielzahl von Behördenschiffe mangels eigentlicher Kriegsschiffe als Notlösung in unterschiedlichen

Funktionen zum Einsatz. In Deutsch-Ostafrika fanden sie nach Kriegsausbruch noch längere Zeit als Hilfs- und Unterstützungsschiffe der dort kämpfenden Schutztruppe Verwendung. Das im Buch behandelte Hilfskriegsschiff »Goetzen« ist noch heute unter dem Namen »Liemba« auf dem Tanganjikasee als Fracht- und Passagierschiff im Dienst.

Der zunehmenden Erschließung der deutschen überseeischen Schutz- und Kolonialgebiete folgte um die Jahrhundertwende auch die Ausdehnung und die Verstärkung der Seevermessung durch die Kaiserliche Marine. Für den Einsatz in den Kolonien und in ausländischen Gewässern ließ die Marine daher die beiden Vermessungsschiffe »Planet« und »Möwe« bauen. Ihre Vermessungs- und Forschungstätigkeit fand internationale Anerkennung. Auch die Reichs- und Kriegsmarine setzten ab den 1920er-Jahren diese Tradition mit dem Forschungsschiff »Meteor« fort.

Artillerieschulschiffe und Zielschiffe ermöglichten der Kriegsmarine eine moderne und fachgerechte Ausbildung des Artilleriepersonals. Ohne gut ausgebildetes Personal wären die Kampfeinheiten nicht einsatzfähig gewesen.

Netzleger, Minenschiffe, Sperrbrecher, Werkstattschiffe, Wetterbeobachtungsschiffe und Eisbrecher hatten hauptsächlich schützende und unterstützende Funktionen und Aufgaben. Auch diese Schiffstypen waren, jede auf ihre Art und Weise, ein wichtiges Rädchen in dem Getriebe, das zum Funktionieren der Marine und ihrer Seekriegführung notwendig war.

Mit den Marinekleinkampfmittel wurde gegen Ende des Zweiten Weltkriegs ein besonderes Kapitel aufgeschlagen. Sie kamen zu einer Zeit, wo sich der katastrophale Kriegsausgang bereits abzeichnete. Sie sollten eine Wende im Kriegsgeschehen bewirken, sind aber eher als »Waffen der Verzweiflung« anzusehen, die zu-

Vermessungsschiff »Meteor«. (Foto: Bibliothek für Zeitgeschichte)

Staatsyacht »Grille«. (Foto: Deutscher Marinebund)

dem keine durchschlagenden Erfolge erzielen konnten.

Mit diesem Buch soll eine kleine Dokumentation über die Spezial- und Sonderschiffe der Kaiserlichen Marine, der Reichsmarine und der Kriegsmarine vorgelegt werden. Bei der Vielzahl der diesbezüglich in Dienst gestellten Schiffen und Schiffstypen kann kein Anspruch auf Vollständigkeit geltend gemacht werden.

Es muss daher um Verständnis gebeten werden, wenn das eine oder andere Schiff beziehungsweise der ein oder andere Schiffstyp nicht in diesem Buch enthalten ist. Bei dem vorgegebenen Umfang des Buches mussten zwangsläufig Lücken in Kauf genommen werden.

Hans Karr, Stuttgart im Januar 2024

Hans Karr, Jahrgang 1951, trat nach dem Abitur in die Bundesmarine ein. Nach der Offiziersausbildung war der heutige Fregattenkapitän a.D. neben Landverwendungen auch über einen langen Zeitraum an Bord schwimmender Einheiten unter anderem als Wachoffizier, Schiffsoperationsoffizier und Kommandant eingesetzt.

In Fachzeitschriften veröffentlicht er Beiträge zu schiffbaulichen, waffentechnischen und marinehistorischen Themen. Karr ist derzeit Redakteur bei einer Marinezeitschrift und Autor mehrerer Buchpublikationen des Motorbuch Verlages.

Sein Interesse an der deutschen Marinegeschichte ist mit einer umfangreichen Fachbuchsammlung sowie Text- und Bildarchiv belegt.

Kapitel 1 – Kaiserliche Marine

1.1 Hilfskreuzer

Hilfskreuzer »Seeadler«

Unmittelbar nach Kriegsausbruch begann die Kaiserliche Marine die in Übersee stationierten Kriegsschiffe als Handelsstörer gegen den britischen Seehandel einzusetzen. Der Kleine Kreuzer »Emden« ist hierzu das bekannteste Beispiel. Für die gleiche Aufgabe wurden auch gleichzeitig unter strenger Geheimhaltung Handelsschiffe zu Hilfskreuzern ausgerüstet.

Zum Teil operierten diese Einheiten sehr erfolgreich, aber fehlende überseeische Stützpunkte machten die Versorgung der zudem von der Royal Navy gejagten Schiffe unmöglich. Gerade die Beschaffung der zum Betreiben der Dampfmaschinen benötigten Kohle war, insbesondere bei den anfangs wegen ihrer Schnelligkeit hierfür genutzten großen Passagierschiffe, ein ständiges Problem, mit dem die Hilfskreuzer zu kämpfen hatten.

So kam man auf die Idee, die selbst der Admiralstab zunächst für total verrückt und absurd hielt, ein vom Treibstoff unabhängiges Segelschiff als Hilfskreuzer auszurüsten. Ein Segelschiff wäre zudem für den Gegner ein unauffälliges Fahrzeug. Auf persönlichem Befehl Kaiser Wilhelms II ist dies dann auch tatsächlich geschehen. Ein passendes Schiff zu finden war nicht schwer. In

Das Vollschiff »Pass of Balmaha«, das später als Hilfskreuzer »Seeadler« in die Marinegeschichte einging. (Foto: Allen C. Green)

Name	»Seeadler«
Schiffstyp	Vollschiff, Hilfskreuzer
Bauwerft	R. Duncan & Co., Glasgow, Großbritannien
Stapellauf	9. August 1888
Indienststellung	2. Dezember 1916
Vermessung	1571 BRT
Länge x Breite x Tiefgang	83,50 x 11,81 x 5,50 m
Besatzungsstärke	64 Mann
Segelanzahl	29
Antrieb	1 x Dieselmotor
Antriebsleistung	1 x 900 PS
Wellen / Ruder	1 / 1
Geschwindigkeit	15 kn (Segel) / 9 kn (Motor)
Fahrstrecke	40.000 sm bei 9 kn (Motor)
Bewaffnung	2 x 10,5-cm-Geschütz, Handwaffen

Hamburg lag das beschlagnahmte amerikanische Vollschiff »Pass of Balmaha«.

Mit einer Ladung Baumwolle für Russland wurde der am 9. August 1888 vom Stapel gelaufene Segler im Juni 1915 von einem englischen Kriegsschiff abgefangen und zur weiteren Untersuchung nach Schottland beordert. Noch ehe die »Pass of Balmaha« dort einlaufen konnte, brachte das deutsche U-Boot »U 36« das Vollschiff auf und mit einem Prisenkommando an Bord segelte es nach Deutschland.

Ab Juli 1916 erfolgte auf der Tecklenborg Werft in Geestemünde unter dem Tarnnamen »Schulschiff Walter« der Umbau und die Ausrüstung

Der Hilfskreuzer »Seeadler« als Ankerlieger. (Foto: Bibliothek für Zeitgeschichte)

Der Hilfskreuzer »Seeadler« unter voller Besegelung. (Foto: Bibliothek für Zeitgeschichte)

Der Hilfskreuzer »Seeadler« auf einem Gemälde von Christopher Rave. (Foto: Archiv Autor)

zum Hilfskreuzer. Versteckt platziert waren jetzt zwei 10,5-cm-Geschütze eingerüstet. Entsprechende Munition und Handwaffen kamen an Bord. Unterkünfte für bis zu 400 Personen wurden in den Laderäumen geschaffen. Für die Kapitäne der gekaperten Schiffe wurden achtern besondere Quartiere eingerichtet. Außerdem erhielt das Schiff eine Funkanlage und als Hilfsantrieb einen 900 PS starken Dieselmotor.

Unter dem Namen »Seeadler« stellte der Segler am 2. Dezember 1916 für die Kaiserliche Marine in Dienst. Kommandant wurde Kapitänleutnant Felix Graf von Luckner. Der Hilfskreuzer verließ am 21. Dezember 1916 die Wesermündung, um im Atlantischen und Pazifischen Ozean Handelskrieg zu führen. Als norwegisches Vollschiff »Hero« war die »Seeadler« in allen Belangen so hervorragend und so perfekt getarnt, dass ein am 25. Dezember 1916 an Bord gekommenes Untersuchungskommando des britischen Hilfskreuzers »Avenger« getäuscht werden konnte. Beim Ablaufen setzte das englische Kriegsschiff das Flaggensignal: »Wünsche Ihnen eine gute Reise«.

Am 9. und 10. Januar 1917 fand die »Seeadler« östlich der Azoren ihre ersten Opfer. Zwei britische Dampfer wurden versenkt und ihre Besatzungen vom Hilfskreuzer übernommen. In der Enge zwischen Westafrika und Südamerika versenkte der Hilfskreuzer im Zeit-

Das Wrack des Hilfskreuzers »Seeadler« am Strand von Mopelia. (Foto: Archiv Autor)

raum von Ende Januar bis Mitte März acht Segelschiffe und einen weiteren Dampfer. Zudem wurde die aufgebrachte französische Bark »Cambronne« (1833 BRT) mit ihrer unbrauchbar gemachten Salpeterladung und den mittlerweile an Bord der »Seeadler« angesammelten Gefangen nach Rio de Janeiro entlassen. Der dienstälteste Kapitän von den zuvor gekaperten Schiffen erhielt das Kommando.

Der Hilfskreuzer »Seeadler« umrundete in der Folgezeit das Kap Hoorn und verlegte im Pazifischen Ozean in ein Seegebiet westlich von Mexiko. Dort fielen ihm im Juni 1917 nochmals drei amerikanische Viermastschoner in die Hände.

Auf der unbewohnten Insel Mopelia der Gesellschafts-Inseln wollte Graf von Luckner Frischproviant an Bord nehmen und nach der langen ununterbrochenen Seefahrt der Besatzung eine Ruhepause gönnen. Am 31. Juli 1917 ankerte das Schiff vor der Insel. Ein plötzlich einsetzender starker Wind und einsetzende Dünung ließen die »Seeadler« am 2. August stranden. Der Hilfskreuzer saß auf einem Korallenriff fest und musste aufgegeben werden. Über verzweigte Umwege und Zwischenstationen gelangte die Besatzung, zum Teil auf abenteuerliche Weise, erst 1919 und 1920 wieder nach Deutschland.

Die Fahrt des Hilfskreuzers »Seeadler« war der letzte - und zudem noch von Erfolg gekrönte - Kriegseinsatz eines Segelschiffs. In der Summe fielen der »Seeadler« in der 224 Tage dauernden Kaperfahrt 15 Schiffe (drei Frachter, zwölf Segelschiffe) mit zusammen 29.973 BRT zum Opfer. Davon wurden 14 versenkt und eines mit Gefangenen nach Rio de Janeiro entlassen. Ein weiteres Segelschiff wurde auf Bannware kontrolliert und anschließend wieder frei gegeben, da seine Ladung nicht zu beanstanden war.

Eines der beiden 10,5-cm-Geschütze des Hilfskreuzers »Seeadler«. (Foto: Archiv Autor)

Von den Besatzungen der gekaperten Schiffe sei niemand durch die kriegerischen Handlungen zu Tode gekommen. Diese sinngemäß von Felix Graf von Luckner nach dem Krieg verbreitete Behauptung ist mit Bezug auf Eintragungen im Kriegstagebuch der »Seeadler« vom 11. / 12. März 1917 nicht korrekt. Beim Beschuss eines vor dem Hilfskreuzer zunächst fliehenden, aber dann doch noch gekaperten Dampfers erlitt ein Besatzungsmitglied durch Granatsplitter schwere Kopfverletzungen, an deren Folgen der Seemann am nächsten Tag verstarb.

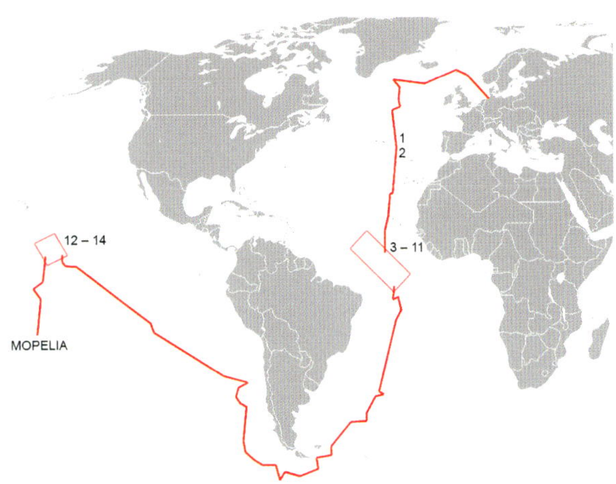

Die Reiseroute des Hilfskreuzers »Seeadler« und die Versenkungsorte der gekaperten Schiffe. (Foto: Chrischerf / CC-BY-SA 3.0)

Hilfskreuzer »Wolf«

Ende 1915 rüstete die Kaiserliche Marine den Frachter »Belgravia« (6648 BRT) der Hamburg-Amerika-Linie (Hapag) als Hilfskreuzer aus und stellte das Schiff am 14. Januar 1916 als »Wolf« in Dienst. Am 26. Februar strandete die »Wolf« bei einem Sturm auf der Unterelbe. Das Schiff bog sich dabei stark durch, sodass schwere Schäden an den Kesseln und der Maschine auftraten. Für einen Hilfskreuzereinsatz, der planmäßig einen Tag später, am 27. Februar hätte beginnen sollen, kam die »Wolf« nun nicht mehr infrage und wurde an die Reederei zurückgegeben.

Mit dem am 8. März 1913 bei der Flensburger Schiffbau-Gesellschaft vom Stapel gelaufene Frachter »Wachtfels« der Bremer DDG Hansa war im März bereits ein Ersatz gefunden. Das Schiff befand sich bei der Kaiserlichen Werft in Wilhelmshaven zur Umrüstung zum Hilfskriegsschiff. Es stellte am 16. Mai 1916 als »Jupiter« in Dienst, um in den folgenden Monaten für U-Bootschlepp-versuche und andere Hilfsschiffsaufgaben in der Ostsee verwendet zu werden. Die kurzen Sommernächte und die englische Blockadeaufstellung ließen einen Durchbruchversuch für einen sofortigen Hilfskreuzereinsatz nicht zu.

Nach weiteren Umbauten und Ergänzung der Bewaffnung erhielt am 29. November 1916 das Hilfsschiff »Jupiter« nun als Hilfskreuzer den Namen »Wolf«. Am 30. November trat die neue »Wolf« unter dem Kommando von Fregattenkapitän Karl August Nerger von Kiel

Der Hilfskreuzer »Wolf« führte bis zu seinem Auslaufen einen hellen Anstrich. (Foto: Archiv Autor)

Der Hilfskreuzer »Wolf« in schwarzen Anstich wie es während seiner Handelskriegsführung der Fall war. Das Bild ist vermutlich nach der Rückkehr des Schiffes aufgenommen worden. (Foto: Archiv Autor)

aus ihre Ausreise zur Handelskriegführung an. Über den Kleinen Belt, das Skagerrak und die Dänemark-Straße erreichte das Schiff mit seinen 347 Mann Besatzung am 10. Dezember 1916 unbehelligt den Atlantik.

Der Hilfskreuzer »Wolf« war ein damals typischer Drei-Insel-Frachter mit vier Luken und einer Vermessung von 5809 BRT. Der Antrieb erfolgte über eine Dreizylinder-Dreifach-Expansionsdampfmaschine mit 2800 PS Leistung, die dem Schiff eine Geschwindigkeit von

Name	**»Wolf«**
Schiffstyp	Frachter, Hilfskreuzer
Bauwerft	Flensburger Schiffbau-Gesellschaft, Flensburg
Stapellauf	8. März 1913
Indienststellung	16. Mai 1916 als »Jupiter«, 29. November 1916 als »Wolf«
Verdrängung	11.200 t
Länge x Breite x Tiefgang	135,00 x 17,12 x 7,80 m
Besatzungsstärke	347 Mann
Antrieb	1 x Dampfmaschine
Antriebsleistung	1 x 2800 PS
Wellen / Ruder	1 / 1
Geschwindigkeit	10,5 kn
Fahrstrecke	42.000 sm bei 9 kn
Bewaffnung	7 x 15-cm-Geschütz, 3 x 5,2-cm-Geschütz, 4 x 50-cm-Torpedorohr, 465 Minen
Ausrüstung	Bordflugzeug

Eines der sieben 15-cm-Geschütze des Hilfskreuzers »Wolf«. (Foto: Archiv Autor)

10,5 Knoten verlieh. Drei Kessel erzeugten einen Dampfdruck von 13 atü.

An Bewaffnung besaß der Hilfskreuzer »Wolf« sieben 15-cm-Geschütze mit 1200 Schuss Munitionsvorrat. Weiterhin waren drei 5,2-cm-Geschütze an Bord. Mit diesen sollten gegebenenfalls gekaperte Handelsschiffe zu Hilfskriegsschiffen ausgerüstet werden. Der Munitionsvorrat betrug 600 Schuss. Vier 50-cm-Deckstorpedorohre für die mitgeführten 16 Torpedos ergänzten die Bewaffnung. In den Laderäumen waren 465 Minen verstaut.

An besonderer Ausrüstung gehörte eine moderne, weit reichende Funkanlage zum Abhören des gegnerischen Fernmeldeverkehrs. Außerdem besaß der Hilfskreuzer eine Feuerleiteinrichtung, wie sie üblicherweise auf den damaligen Kleinen Kreuzern der Kaiserlichen Marine vorhanden war.

Der Hilfskreuzer »Wolf« war in der Marinegeschichte das erste Kriegsschiff, das für operative Zwecke ein Bordflugzeug mit sich führte. Die Friedrichshafen FF 33 E, so dessen Typbezeichnung, war ein ab 1914 gebautes deutsches Militärflugzeug der Flugzeugbau Friedrichshafen. Der Doppeldecker mit zwei Schwimmern hatte eine Länge von 10,45 Meter und eine Spannweite von 16,75 Meter. Das Leergewicht betrug 982 Kilogramm und die Zuladung nochmals 554 Kilogramm. Die maximale Reichweite wird mit 450 Kilometer angegeben. Mit einem 150-PS-Motor erreichte das Flugzeug eine Geschwindigkeit von 121 km/h. Während der Einsatzfahrt leistete das Flugzeug, das den Namen »Wölfchen« erhielt, wertvolle Dienste bei der Seeraumaufklärung, indem es gegnerische Schiffe ausfindig machte.

Der Auftrag für den Hilfskreuzer »Wolf« lautete: »Die Ansteuerung der wichtigsten Häfen von Britisch-Indien und Britisch-Südafrika sowie diejenigen Handelsstraßen, die solche Häfen untereinander verbinden, sollen durch Minen verseucht werden. Nach der Erledigung der Minenaufgaben ist Handelskrieg bis zur Erschöpfung der Mittel zu führen.«

Nachdem der Hilfskreuzer »Wolf« den Atlantik erreicht hatte, verlegte er nach Süden und nahm Kurs auf Kapstadt, wo er Mitte Januar 1917 eine Minensperre warf. Die nahe gelegene Agulhas-Bank wurde ebenfalls vermint. Mitte Februar wurden weitere Sperren vor Colombo, der Südspitze von Indien und vor

Eines der vier 50-cm-Torpedorohre des Hilfskreuzers »Wolf«. (Foto: Deutscher Marinebund)

Geschützexerzieren an einem 15-cm-Geschütz. (Foto: Archiv Autor)

Bombay geworfen. Danach begann der Hilfskreuzer im Indischen und Pazifischen Ozean seine Handelskriegsführung.

Am 27. Februar stellte die »Wolf« im Indischen Ozean den englischen Frachter »Turritella«. Bei diesem Schiff handelte es sich um die ehemals deutsche »Gutenfels« (5528 BRT) der Bremer DDG Hansa, die bei Kriegsausbruch in Alexandria von den Briten beschlagnahmt worden war. Das Schiff wurde noch am gleichen Tag zum Hilfskreuzer ausgerüstet und als »Iltis« in Dienst gestellt. Neben einem 5,2-cm-Geschütz erhielt es von »Wolf« 25 Minen, die am 4. März vor Aden geworfen wurden. Am nächsten Tag wurde die »Iltis« durch den britischen Kreuzer »Odin« überrascht und musste sich, da ein Entkommen aussichtslos war, selbst versenken.

Der Hilfskreuzer »Wolf« unterbrach im Sommer 1917 seinen Handelskrieg und verlegte stattdessen in den Gewässern um Neuseeland, nordöstlich der Bass-Straße und vor Singapur die restlichen Minen.

Bis Ende November 1917 blieb der Hilfskreuzer im Indischen Ozean, betrieb weiter Handelskrieg und umrundete dann das Kap der Guten Hoffnung zur Heimreise. Am 24. Februar 1918 lief das Schiff wieder in Kiel ein.

Mit 452 Seetagen hat der Hilfskreuzer »Wolf« den längsten Hilfskreuzereinsatz im Ersten Weltkrieg durchgeführt und während dieser Zeit rund 64.000 Seemeilen zurückgelegt. Auf seiner Fahrt hat er 14 Schiffe mit zusammen 38.391 BRT aufgebracht. 13 weitere Frachter mit zusammen 75.888 BRT sind auf den ge-

Das Bordflugzeug »Wölfchen« wird zum Start klar gemacht. (Foto: Deutscher Marinebund)

Der aufgebrachte englische Frachter »Turritella« wird zum Hilfskreuzer ausgerüstet. (Foto: Bibliothek für Zeitgeschichte)

Das Einlaufen des Hilfskreuzers »Wolf« in Kiel am 24. Februar 1918 dargestellt auf einem Gemälde von Willy Stöwer. (Foto: Archiv Autor)

Frohe Gesichter nach der Rückkehr bei Besatzung, Kommandant und Marineführung. (Foto: Archiv Autor)

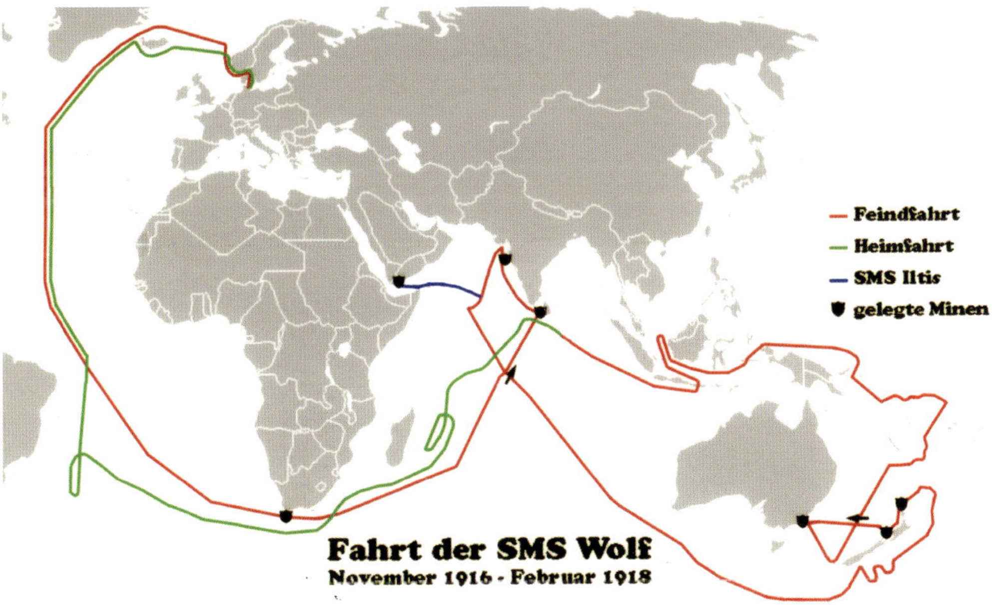

Die Reiseroute des Hilfskreuzers »Wolf«. (Foto: Chrischerf / CC-BY-SA 3.0)

legten Minenfeldern verloren gegangen. Außerdem mussten fünf nach Minentreffern beschädigte Frachter mit insgesamt 34.587 BRT eingeschleppt werden.

Der Hilfskreuzer »Wolf« wurde bis Ende des Krieges weiter als Hilfsschiff in der Ostsee genutzt. Nach Kriegsende musste das Schiff an Frankreich abgetreten werden. Bis in das Jahr 1931 blieb es als Frachter »Antinous« in Fahrt und wurde dann zum Abbruch nach Italien verkauft.

1.2 Pferdeboote

Seit 5000 Jahren fährt der Mensch nachweislich und wissenschaftlich belegt zur See. Er betrieb Handel, führte Seekriege und entdeckte neue Kontinente und Länder. Für die verschiedenste Zwecke entwickelte er immer wieder spezielle Seefahrzeuge. Spezialisierte Schiffs- oder Bootstypen für Landungsunternehmen und amphibische Operationen wurden aber erst im 20. Jahrhundert systematisch entwickelt. Im Ersten Weltkrieg fanden auf beiden Seiten zahlreiche Landungsunternehmen und amphibische Operationen statt, die aber noch ausnahmslos improvisiert waren. In der Regel dienten normale Handelsschiffe als Truppentransporter sowie deren Rettungs- und Verkehrsboote als Ausschiffungs- und Anlandungsfahrzeuge.

Als ein Musterbeispiel für das Zusammenwirken von Kaiserlicher Marine und dem deutschen Heer kann das Landungsunternehmen auf den baltischen Inseln Ösel, Dagö und Moon im Oktober 1917 (Unternehmen Albion) angesehen werden. Aber auch hier verfügte man neben zivilen Schiffen und Booten nur über einfach hergerichtete Landungsboote, den sogenannten Pferdebooten (eigentlich Pferdetransportboote), um die Truppen, ihre Ausrüstung und Bewaffnung sowie den Nachschub von Frachtschiffen aus an offener Küste anzulanden. Eine Kampfanlandung, wie sie die amerikanische Marine später im Zweiten Weltkrieg zu hundertfach praktizierte, war mit diesen Fahrzeugen nicht möglich.

Truppenanlandung mit Hilfe von normalen Rettungsbooten der Transportschiffe während des Unternehmens Albion. Im Hintergrund der Kleine Kreuzer »Danzig« und Transportschiffe. (Foto: Bundesarchiv / Bild 146-1970-074-34 / CC-BY-SA 3.0)

An einem Frachter längsseits liegende Pferdeboote werden während des Unternehmens Albion beladen. Eine Dampfbarkasse hält sich zum Abschleppen bereit. (Foto: Bundesarchiv / Bild 146-1977-101-42 / CC-BY-SA 3.0)

Entwickelt wurden die Pferdeboote von der Hamburger Stülcken Werft in Zusammenarbeit mit Pionieren des Heeres. Erste Verwendung fanden sie in den seit 1900 jährlich stattfindenden größeren Landungsübungen unter jeweiliger Beteiligung von Heerespionieren, Schiffen der Kaiserlichen Marine und gecharterten Handelsschiffen.

Die Pferdeboote hatten eine Länge von 10,50 Meter, eine Breite von 3,40 Meter und einen Tiefgang von lediglich 0,60 Meter. Sie verdrängten 14 Tonnen. An Zuladung konnten sie zehn Tonnen mitnehmen. Das entsprach in etwa 70 Soldaten inklusive ihrer persönlichen Ausrüstung oder zehn Pferden oder zwei 10,5-cm-Feldgeschützen oder einem 15-cm-Feldgeschütz oder einem Lastkraftwagen respektive eine gewichtsäquivalente Mischung aus diesen Beladungsmöglichkeiten.

In ihrer Bootsform waren die Pferdeboote nahezu rechteckig. Sie hatten einen nach oben offenen Laderaum, einen löffelförmigen Bug und achtern eine abklappbare Rampe für das direkte Entladen am Strand. Der doppelte Boden war wasserdicht unterteilt, um auch bei einem eventuellen Kentern ein Sinken zu vermeiden. Die antriebslosen Boote wurden entweder an einer Seilverbindung zwischen Schiff und Strand mithilfe einer Winde hin- und hergezogen oder von Dampfbarkassen respektive Motorbooten geschleppt. Sie waren die ersten deutschen Landungsfahrzeuge, die speziell zu diesem Zweck entwickelt und gebaut wurden.

Der Bau der Pferdeboote fand bis zum Ende des Ersten Weltkrieges statt. Insgesamt kam es zur Fertigung von 65 Einheiten. In den 1920er-Jahren entstand eine leicht verbesser-

Eine Ansammlung von Pferdebooten an einem Landungsstrand. (Foto: Bibliothek für Zeitgeschichte)

te Version, die, obwohl seit den 1930er-Jahren vollkommen überaltert, dennoch bis zum Zweiten Weltkrieg in Verwendung blieb. Ersetzt wurden die Pferdeboote dann durch neu neuentwickelte und leistungsfähigere Pionierlandungsboote (Verdrängung: 29 t, Länge: 15,00 m, Breite: 4,65 m, Antrieb: 2 x Dieselmotor mit jeweils 42 PS, Geschwindigkeit: 8 kn, Zuladung: 20 t, Bewaffnung: Maschinengewehre und / oder leichte Flak).

Ein gegenüber dem Pferdeboot wesentlich leistungsfähigeres Pionierlandungsboot wie es ab Anfang des Zweiten Weltkriegs zum Einsatz kam. (Foto: Bundesarchiv / Bild 101II-MN-2781-19 / CC-BY-SA 3.0)

1.3 Flugzeugmutterschiffe

Ab Kriegsbeginn schien es der Kaiserlichen Marine wünschenswert, über einige flugzeugtragende Schiffe zu verfügen. Die als Flugzeugmutterschiffe bezeichneten Einheiten sollten der Flotte folgen und mit ihren Flugzeugen als »Auge der Schlachtflotte« der Aufklärung dienen. Man wollte sich so Gewissheit über die Gegnerlage verschaffen, um mit den gewonnenen Erkenntnissen taktisch und operativ reagieren zu können.

Als geeignetes Mittel hierfür bot sich das Wasserflugzeug an. Es ließ sich mit den an Bord vorhandenen Ladebäumen auf das Wasser aussetzen und bei der Rückkehr, wenn es neben dem Schiff wasserte, auf gleiche Weise wieder an Bord nehmen. Von Nachteil bei diesem Verfahren war allerdings, dass das Schiff aufstoppen musste. Das kostete einerseits Zeit und anderseits war eine erhöhte Gefährdung durch gegnerische U-Boote gegeben. Gleichwohl hat man dies in Kauf genommen, denn die Ausrüstung eines derartigen Flugzeugmutterschiffs bedingte lediglich an Deck herzurichtende Abstellplätze beziehungsweise Hangars.

Mit den Flugzeugmutterschiffen erreichten die Seeflieger der Kaiserlichen Marine eine deutliche Vergrößerung ihrer Einsatzreichweite. Allerdings waren die hierzu umgebauten Handelsschiffe zu langsam, um in einem Flottenverband mitlaufen zu können. Ersatzweise wurden daher für die Schiffe andere Einsatzmöglichkeiten in Betracht gezogen, wie zum Beispiel Überwachungs- und Sicherungsaufgaben.

Mit dem Umbau von älteren Kleinen Kreuzern wollte man den Nachteil der geringen Geschwindigkeit ausgleichen. Doch die Maßnahme kam zu spät und hatte für den Kriegsverlauf keine weiteren Auswirkungen. Echte Flugzeugträger kamen indes über Planstudien nicht mehr hinaus. Erst die Kriegsmarine machte Jahre später diesen Schritt, ohne allerdings das begonnene Schiff, den Flugzeugträger »Graf Zeppelin«, zu vollenden.

Flugzeugmutterschiff »Answald«

Das erste Flugzeugmutterschiff der Kaiserlichen Marine war die »Answald«. Das Schiff lief am 25. September 1909 beim Bremer Vulkan in Vegesack unter diesem Namen vom Stapel.

Flugzeugmutterschiff »Answald«. (Foto: Archiv Autor)

Eigner war die Hamburg-Bremer-Afrika-Linie, für die der mit 5401 BRT vermessene Frachtdampfer dann bis 1914 im Westafrika-Dienst im Einsatz war.

Für den Umbau zum Flugzeugmutterschiff wurde nach Kriegsausbruch die Kaiserliche Werft in Danzig beauftragt. Der Umfang der Arbeiten beschränkte sich im Wesentlichen auf die Errichtung von zwei Flugzeughangars an Oberdeck, in denen jeweils ein Wasserflugzeug geschützt untergebracht werden konnte. Im Jahre 1915 wurden diese Hangars nochmals vergrößert, sodass nun für die doppelte Anzahl von Flugzeugen Platz vorhanden war.

Für Reparatur- und Wartungszwecke wurden an Bord Werkstätten geschaffen sowie Räume für das flugtechnische Gerät hergerichtet. Das Aussetzen und Einnehmen der Flugzeuge erfolgten über die herkömmlichen Ladebäume des Schiffes. Bereits am 19. August 1914 stellte die »Answald« unter Beibehaltung ihres Namens und der zusätzlichen Kurzbezeichnung F.S. I für die Kaiserliche Marine als Flugzeugmutterschiff in Dienst.

Der Antrieb der »Answald« erfolgte über eine Vierzylinder-Doppelverbunddampfmaschine. Drei Kessel erzeugten für deren Betrieb einen Dampfdruck von 13,5 atü. An Bewaffnung erhielt das Schiff zwei 8,8-cm-Geschütze eingerüstet, die am Bug und am Heck zur Aufstellung kamen.

Kurz nach der Indienststellung begannen auch schon die Erprobungen und Übungen mit den Ein- und Aussetzen der Flugzeuge. Mit den vorhandenen Mitteln ein nicht ganz risikoloses Unterfangen, insbesondere bei Seegang und starken Winden. Des Weiteren war vorgesehen die »Answald« auch als Versorgungseinheit für Torpedoboote zu nutzen, was sich aber nicht bewährte. Auch die geringe Geschwindigkeit des Flugzeugmutterschiffs war für die Zusammenarbeit mit Flotteneinheiten nicht förderlich. Damit waren dem Schiff in seinem Einsatzspektrum Grenzen gesetzt. Für den Einsatz in der Nordsee wurde es als nur bedingt geeignet eingestuft.

Folglich verbrachte die »Answald« den Krieg in der Ostsee, wo ihre Flugzeuge zu Überwachungsaufgaben der Ostseezugänge und des dortigen Seeverkehrs eingesetzt wurden. Nach Kriegsende musste das Schiff an Großbritannien abgeliefert werden. Als »Vulcan City« kam es dort als ziviler Frachter wieder in Fahrt. Im Jahre 1933 wurde die ehemalige »Answald« abgebrochen und verschrottet.

Flugzeugmutterschiff »Santa Elena«

Anfang August 1914 übernahm die Kaiserliche Marine den Frachtdampfer »Santa Elena« (7415 BRT) der Hamburg-Südamerikanischen Dampfschifffahrts-Gesellschaft (Hamburg Süd), der am 16. November 1907 bei Blohm+-Voss in Hamburg vom Stapel gelaufen war.

Auf der Kaiserlichen Werft in Danzig wurde das Schiff zum Flugzeugmutterschiff umgebaut. Die Ausrüstung entsprach derjenigen der »Answald«. Auch auf der »Santa Elena« wurden 1915 die Flugzeughangars für die Mitnahme von vier Flugzeugen vergrößert. Am 23. August 1914 stellte das Schiff unter Beibehaltung des Namens und der zusätzlichen Kurzbezeichnung F.S. II als Flugzeugmutterschiff für die Kaiserliche Marine offiziell in Dienst.

Die »Santa Elena« besaß eine Vierzylinder-Vierfach-Expansionsdampfmaschine und drei Kessel mit einem Dampfdruck von 15 atü. Als Bewaffnung hatte sie achtern zwei 8,8-cm-Geschütze eingerüstet.

Flugzeugmutterschiff »Santa Elena«. (Foto: Bibliothek für Zeitgeschichte)

Flugzeugmutterschiff »Santa Elena«. (Foto: Bibliothek für Zeitgeschichte)

Das Flugzeugmutterschiff »Santa Elena« kam in der östlichen Ostsee zum Einsatz. Ihre Flugzeuge klärten den nördlichen Teil des Rigaischen Meerbusens auf, flogen Angriffe auf russische Seefliegerstationen und nahmen im Oktober 1917 am Unternehmen Albion (Besetzung der baltischen Inseln Ösel, Dagö und Moon) teil, wo sie wertvolle Aufklärungsergebnisse liefern konnten. Die spezielle Aufgabenstellung war dabei für das Schiff wie folgt festgelegt:

- Flugstation für Seeaufklärung und Landerkundung
- Stützpunkt für Wasserflugzeuge
- Nachrichtenübermittler für den Kommandeur der Marineflieger beim Verband

Name	**»Answald«**	**»Santa Elena«**	**»Oswald«**	**»Glyndwr«**	**»Stuttgart«**
Schiffstyp	Flugzeugmutterschiff	Flugzeugmutterschiff	Flugzeugmutterschiff	Flugzeugmutterschiff	Flugzeugmutterschiff
Bauwerft	Bremer Vulkan, Vegesack	Blohm+Voss, Hamburg	J.L. Thompson and Sons, Sunderland, Großbritannien	A. Rodger Co., Glasgow, Großbritannien	Kaiserliche Werft, Danzig
Stapellauf	25. September 1909	16. November 1907	November 1905	Oktober 1904	22. September 1906
Indienststellung	19. August 1914	23. August 1914	17. Juli 1918	16. Dezember 1914	16. Mai 1918
Verdrängung	13.200 t	13.900 t	7640 t	6000 t	4002 t
Länge x Breite x Tiefgang	133,60 x 16,58 x 7,80 m	137,30 x 16,66 x 7,02 m	112,50 x 15,24 x 7,48 m	100,70 x 13,35 x 5,80 m	117,40 x 13,30 x 5,40 m
Besatzungsstärke	107 Mann	122 Mann	95 Mann	91 Mann	322 Mann
Antrieb	1 x Dampfmaschine	1 x Dampfmaschine	1 x Dampfmaschine	1 x Dampfmaschine	2 x Dampfmaschine
Antriebsleistung	1 x 2650 PS	1 x 2800 PS	1 x 2200 PS	1 x 1600 PS	2 x 6600 PS
Wellen / Ruder	1 / 1	1 / 1	1 / 1	1 / 1	2 / 1
Geschwindigkeit	11 kn	11,5 kn	10 kn	10 kn	23 kn
Fahrstrecke	unbekannt	unbekannt	unbekannt	unbekannt	4120 sm bei 12 kn
Bewaffnung	2 x 8,8-cm-Geschütz	2 x 8,8-cm-Geschütz	2 x 8,8-cm-Geschütz	2 x 5,2-cm-Geschütz, später: 2 x 10,5-cm-Geschütz	4 x 10,5-cm-Geschütz, 2 x 8,8-cm-Geschütz
Bordflugzeuge	4	4	4	4	3

Ende November 1917 verlegte die »Santa Elena« zur Unterstützung der dort stationierten »Answald« in die westliche Ostsee. Von Februar bis November 1918 kam das Flugzeugmutterschiff in der Nordsee zum Einsatz. Seine Flugzeuge flogen zur Sicherung der dort tätigen Minensuchverbände Aufklärung und sollten britische Aufklärungsflugzeuge an der Einsichtnahme der deutschen Minensuchtätigkeit hindern.

Nach dem Krieg musste die »Santa Elena« an die Siegermächte abgeliefert werden. In den Folgejahren blieb sie unter wechselnden Namen und verschiedenen Nationalitäten als Frachtdampfer in Fahrt. Im August 1944 wurde die ehemalige »Santa Elena« in Marseille als Blockschiff selbst versenkt. Das Schiff konnte 1945 gehoben werden. Danach folgten der Abbruch und die Verschrottung.

Flugzeugmutterschiff »Oswald«

Das Flugzeugmutterschiff F.S. III »Oswald« war ursprünglich das als Prise aufgebrachte englische Frachtschiff »Oswestry« (3657 BRT). Es fiel daraufhin als Embargoschiff an die Kaiserliche Marine. Gebaut wurde die »Ostwestry« auf der Werft von J.L. Thompson and Sons in Sunderland, wo sie im November 1905 vom Stapel lief. Angetrieben wurde der Frachter von einer Dreizylinder-Dreifach-Expansionsdampfmaschine. Zwei Kessel erzeugten einen Dampfdruck von 12,5 atü.

Das Flugzeugmutterschiff »Oswald« im Aussehen vor dem Umbau zum Flugzeugmutterschiff. (Foto: Bibliothek für Zeitgeschichte)

Das Mittelschiff vom Flugzeugmutterschiff »Oswald« mit den beiden Flugzeughangars. (Foto: Bibliothek für Zeitgeschichte)

Die »Oswestry« diente zunächst als Transport- und Lagerschiff. Im Herbst 1917 nahm sie als Transportschiff an dem Unternehmen Albion (Besetzung der baltischen Inseln Ösel, Dagö und Moon) teil.

Erst vom Februar bis Juli 1918 wurde das Schiff auf der Kaiserlichen Werft in Danzig zum Flugzeugmutterschiff umgebaut. Dabei erhielt es zwei Flugzeughangars zur Aufnahme von je zwei Flugzeugen. Außerdem wurden zwei 8,8-cm-Geschütze eingerüstet, die am Bug und am Heck zur Aufstellung kamen.

Am 17. Juli 1918 stellte die Einheit als Flugzeugmutterschiff »Oswald« in Dienst und kam danach in der westlichen Ostsee zu Überwachungsaufgaben in Verwendung. Weiterhin erfolgten Einsätze im Kattegat als Sicherungs- und Geleitfahrzeug für eigene heimkehrende U-Boote.

Nach Kriegsende wurde die »Oswald« ex »Oswestry« an Großbritannien zurückgegeben. Im Jahre 1924 erfolgte ein Verkauf nach Japan. Das Schiff ging 1945 durch amerikanische Fliegerbomben verloren.

Flugzeugmutterschiff »Glyndwr«

Der Frachtdampfer »Craigronald« (2425 BRT) lief im Oktober 1904 bei A. Rodger Co. in Glasgow vom Stapel. Im Jahr 1911 an die Scarisbrick SS Co. Verkauft, erhielt der Frachter den Namen »Glyndwr«. Bei Kriegsausbruch lag das Schiff in Danzig. Es wurde beschlagnahmt und der Kaiserlichen Marine als Embargoschiff zugeteilt.

Schon im August erfolgte der Umbau zum Flugzeugmutterschiff. Flugzeughangars hat es dabei nicht erhalten. Die vier eingeschifften Flugzeuge standen ungeschützt im Freien auf den Lukendeckeln der Laderäume. Das Aussetzen und Einnehmen der Flugzeuge passierte über die

Flugzeugmutterschiff »Glyndwr«. (Foto: Bibliothek für Zeitgeschichte)

herkömmlichen Ladebäume des Schiffes. Die Indienststellung erfolgte unter Beibehaltung des Namens am 16. Dezember 1914. Eine FS-Kurzbezeichnung hat es dabei nicht erhalten.

Als Antrieb besaß die »Glyndwr« eine Dreizylinder-Dreifach-Expansionsdampfmaschine. Zwei Kessel erzeugten einen Dampfdruck von 12,5 atü. An Bewaffnung standen an Bug und Heck zunächst je ein 5,2-cm-Geschütz. Später wurden diese Geschütze durch Waffen im Kaliber 10,5 cm ausgetauscht.
Nach ihrer Indienststellung fand die »Glyndwr« zunächst Verwendung bei der Pilotenausbildung, kam aber auch ab Frühjahr 1915 in der östlichen Ostsee zu Aufklärungsaufgaben und Bombenabwürfen im Bereich Libau zum Einsatz. Am 4. Juni 1915 lief das Schiff auf eine Mine und erhielt schwere Beschädigungen, was am 23. Juni 1915 eine Außerdienststellung nach sich zog.

Die Marine wollte aber auf Dauer nicht auf das Schiff verzichten. Es wurde repariert und setzte am 16. Dezember 1915 erneut Flagge und Wimpel. Ab April 1916 kam die »Glyndwr« mit ihren Flugzeugen als Flugzeugmutterschiff in der westlichen Ostsee im Aufklärungsdienst wieder zum Einsatz. Dies währte bis zum September. Anschließend wurde das Schiff, wohl infolge seiner schweren Beschädigungen vom Vorjahr, nur noch im Sund als Lichtsperrschiff zum Scheinwerferdienst herangezogen.

Nach Kriegsende wurde die »Glyndwr« wieder an Großbritannien zurückgegeben und nahm nach einer Grundüberholung unter wechselnden Eignern abermalig ihre Tätigkeit als Handelsschiff auf. Sie überstand auch den Zweiten Weltkrieg und wurde Mitte der 1950er-Jahre abgebrochen.

Flugzeugmutterschiff »Stuttgart«

Mit den in Dienst gestellten Flugzeugmutterschiffen hatte die Kaiserliche Marine in den ersten Kriegsjahren ausreichend Erfahrung sammeln können. Diese umgebauten Handelsschiffe hatten jedoch einen entscheidenden Nachteil: Sie waren zu langsam, um in gemeinsamen Operationen mit einem Flottenverband verwendet werden zu können.

So kam Ende 1917 in der Flottenführung der Gedanke auf ältere Kleine Kreuzer zu diesem Zweck umzubauen. Vorteile versprach man sich einerseits durch die Lösung des Geschwindig-

Der Kleine Kreuzer »Stuttgart« in seinem ursprünglichen Aussehen. (Foto: Deutscher Marinebund)

Der Kleine Kreuzer »Stuttgart« in seinem Aussehen als Flugzeugmutterschiff. (Foto: Deutscher Marinebund)

keitsproblems und andererseits durch die Tatsache, dass ein Kleiner Kreuzer sich auch beim Zusammentreffen mit leichten gegnerischen Flotteneinheiten durchsetzen kann.

Die Wahl zum diesbezüglichen Umbau fiel auf die Kleinen Kreuzer »Stuttgart« und »Stettin« der »Königsberg«-Klasse, wobei es nur noch zum Umbau der »Stuttgart« kam. Im Januar 1918 offiziell genehmigt, erfolgte dieser im Februar bis Mai 1918 auf der Kaiserlichen Werft in Wilhelmshaven.

Die »Stuttgart« erhielt dabei achtern eine Flugzeughalle aufgebaut, in der zwei Seeflugzeuge untergebracht werden konnten. Ein drittes Flugzeug konnte noch frei an Deck hinter der Halle abgestellt werden. Das Aussetzen und Einnehmen der Flugzeuge erfolgten seitwärts mithilfe von Ladebäumen. In Abhängigkeit vom Seegang und den Windverhältnissen gestaltete sich dies bei gestoppt liegendem Schiff zum Teil sehr umständlich und zeitaufwendig. Zudem war das Schiff in dieser Zeit für U-Bootangriffe gefährdet.

Der Antrieb des auf der Kaiserlichen Werft in Danzig gebauten Kleinen Kreuzers bestand aus in zwei Maschinenräumen aufgestellten Dreizylinder-Dreifach-Expansionsdampfmaschinen, die aus elf Kesseln bei einem Dampfdruck von 16 atü ihre Energie erhielten. Der Vortrieb des Schiffes erfolgte über zwei Wellen. Damit erreichte das Schiff eine Geschwindigkeit von 23 Knoten.

Die Artillerie erfuhr beim Umbau eine Reduzierung auf vier 10,5-cm- und zwei 8,8-cm-Geschütze, damit Platz für die Flugzeughalle gewonnen werden konnte.

Der Kleine Kreuzer »Stuttgart« war am 1. Februar 1908 in Dienst gestellt worden. Nach vorübergehender Außerdienststellung war er wieder ab 1909 als Artillerieschulschiff im Einsatz und in Zweitfunktion auch am normalen Flottengeschehen beteiligt. Nach Kriegsausbruch kam das Schiff in der Nord- und Ostsee zum Einsatz. Die Skagerrakschlacht überstand es ohne Ausfälle und ging Ende 1916 wieder außer Dienst. Wie sich mittlerweile im Kriegsgeschehen mehrfach gezeigt hatte, konnten die älteren

Schiffe den Anforderungen des Frontdienstes nicht mehr in vollem Umfang gerecht werden.

Nach dem Umbau zum Flugzeugmutterschiff setzte die »Stuttgart« am 16. Mai 1918 erneut Flagge und Wimpel. Sie übernahm nun in der Nordsee unter dem Kommando der Aufklärungsstreitkräfte die Sicherung von Minensuchbooten.

Am 17. Dezember 1918 stellte das Flugzeugmutterschiff »Stuttgart« endgültig außer Dienst. Es wurde am 5. November 1919 aus der Liste der Kriegsschiffe gestrichen und musste am 20. Juli 1920 als Kriegsbeute an Großbritannien abgeliefert werden. Dort wurde es anschließend verschrottet.

Flugzeugmutterschiff-Projekt »Roon«

Die mit der »Stuttgart« gemachten Erfahrungen zeigten allerdings auch, dass ein kleiner Kreuzer nicht die optimale Lösung für ein Flugzeugmutterschiff im gewünschten Sinne darstellte. Als Alternative wurde im August 1918 geprüft den betagten, schon am 5. April 1906 in Dienst gestellten und 10.266 Tonnen verdrängenden Großen Kreuzer »Roon« hierfür auf der Kaiserlichen Werft in Kiel umzubauen. Mindestens je vier größere und kleinere Flugzeuge sollten auf dem 21 Knoten schnellen Schiff untergebracht werden.

Diese Überlegungen fanden aber ein schnelles Ende, denn die Auslastung der Werft ließ erst für den Anfang des Jahres 1919 einen Umbaubeginn zu. Außerdem wurde die »Roon« dringend als Versuchs- und Ausbildungsschiff benötigt, Funktionen, die der Große Kreuzer schon seit November 1916 innehatte. Das Kriegssende machte solche Überlegungen dann ohnehin überflüssig.

Für den 1906 in Dienst gestellten Großen Kreuzer »Roon« gab es Mitte 1918 Überlegungen für den Umbau zum Flugzeugmutterschiff. (Foto: Archiv Autor)

1.4 U-Boothebeschiffe

U-Boothebeschiff »Vulkan«

Das erste deutsche U-Boot »U 1« stellte am 14. Dezember 1906 in Dienst. Schon rechtzeitig machte man sich in der Marineführung Gedanken über ein Bergungs- und Dockschiff für Unterstützungsaufgaben sowie für eventuelle Not- und Unglücksfälle. Dies setzte notwendigerweise ein verhältnismäßig großes, seefähiges und mit einem Hebewerk ausgerüstetes Schiff voraus. Noch bevor mit »U 2« und »U 3« im Sommer 1908 und im Frühjahr 1909 weitere U-Boote folgten, lief am 28. September 1907 ein solches Spezialschiff, das U-Boothebeschiff »Vulkan«, bei den Howaldtswerken in Kiel vom Stapel und stellte am 4. März 1908 in Dienst. Tatsächlich notwendig gewordene Einsätze vor und während des Ersten Weltkrieges bestätigten die Richtigkeit dieser vorsorglichen Maßnahme.

Das U-Boothebeschiff »Vulkan« war als Dockschiff in Katamaran-Bauweise ausgelegt und bestand aus zwei parallel zueinander angeordneten pontonförmigen Schiffskörpern von jeweils fünf Metern Breite. Vorn und achtern waren diese durch brückenförmige Überbauten miteinander verbunden. Bei einer gesamten Schiffsbreite von 16,50 Meter ergab sich eine nutzbare Dockbreite von 6,50 Meter. Die

Das bei den Howaldtswerken in Kiel im Bau befindliche U-Boothebeschiff »Vulkan«. (Foto: Howaldtswerke)

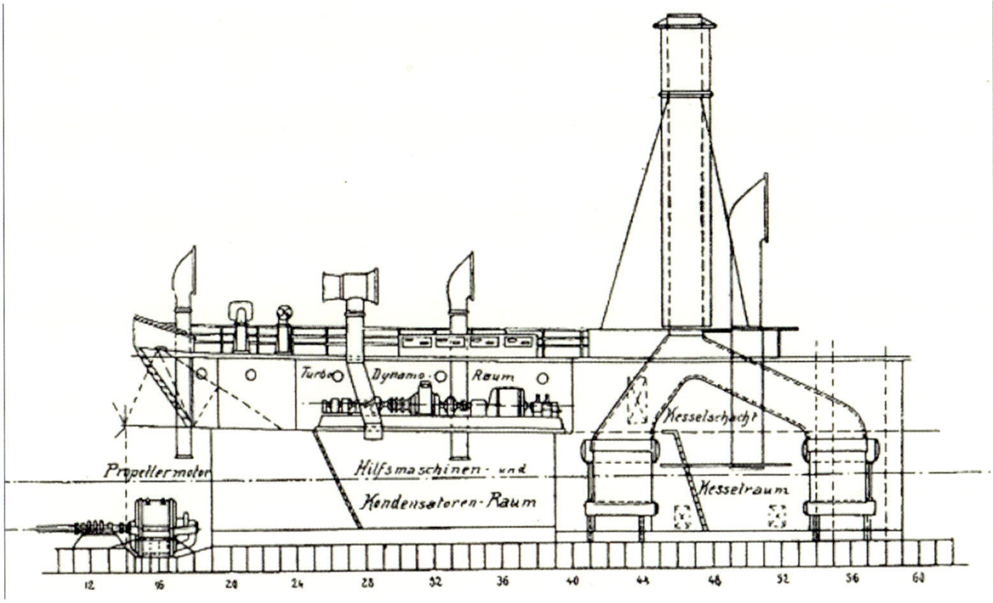

Prinzipskizze der turbo-elektrischen Antriebsanlage des U-Boothebeschiffes »Vulkan«. (Foto: Archiv Autor)

Das U-Boothebeschiff »Vulkan« mit einem zu Reparaturzwecken eingeschwommenen U-Boot. (Foto: Bibliothek für Zeitgeschichte)

Das U-Boothebeschiff »Vulkan« mit zwei längsseits liegenden U-Booten. (Foto: Hugo Steinitz)

Hebekraft der Motorwinden betrug 500 Tonnen. Die Bergung eines U-Bootes war bis zu einer Wassertiefe von 70 Meter möglich.

Die »Vulkan« besaß einen turbo-elektrischen Antrieb. In jedem der beiden Schiffsrümpfe befand sich eine Expansionsdampfmaschine, die einen Turbogenerator antrieb und durch zwei Kessel mit 15 atü ihren Dampf erhielt. Der Vortrieb erfolgte jeweils durch einen Propellermotor mit 600 PS Leistung.

Nach der Indienststellung wurde das U-Boothebeschiff »Vulkan« der Inspektion für das Torpedowesen unterstellt, die auch für die bereits im Dienst befindlichen U-Boote zuständig war. In dem noch relativ kleinen U-Boot-

Das U-Boothebeschiff »Vulkan« passiert den Kaiser-Wilhelm-Kanal. (Foto: Archiv Autor)

bereich war der Kommandant der »Vulkan« für die Durchführung des gesamten Dienstbetriebs zuständig. Dies änderte sich ab Oktober 1910 mit der Bildung der U-Bootsflottille sowie der Aufstellung der U-Bootschule. Letztere befand sich auf der »Vulkan«, deren Kommandant in Personalunion auch Kommandeur der Schule war. Diese Regelung blieb bis 1918 so bestehen. Mit der zunehmenden Zahl von U-Booten und deren größer werdender Bedeutung wurde im März 1914 der gesamte U-Bootsbereich aus der Inspektion für das Torpedowesen ausgegliedert und eine eigene U-Bootsinspektion gebildet.

U-Boothebeschiff »Vulkan«. (Foto: Bibliothek für Zeitgeschichte)

Seine erste Bewährungsprobe hatte das U-Hebeschiff »Vulkan« im Januar 1911. Am 17. Januar 1911 ereignete sich der einzige deutsche U-Boot-Unfall vor dem Ersten Weltkrieg: »U 3« war bei einem Tauchversuch in der Heikendorfer Bucht bei Kiel nicht mehr aufgetaucht. Unglücklicherweise lag die »Vulkan« zum Zeitpunkt des Unglücks mit ausgebauten Bodenventilen im Trockendock. Sie wurde schnellstmöglich klargemacht, während ein Schwimmkran das havarierte Boot soweit einseitig anhob, dass die Besatzung über die Torpedorohre gerettet werden konnte. Der

U-Boothebeschiff »Vulkan«. (Foto: Bibliothek für Zeitgeschichte)

Versuch, das Boot weiter anzuheben, um im Turm noch festsitzende drei Männer zu retten, schlug jedoch fehl, da »U 3« von der Krantrosse rutschte und auf Grund sank. Am nächsten Tag war die »Vulkan« einsatzbereit und hob das Boot. Die drei im Turm eingeschlossenen Besatzungsmitglieder, darunter der Kommandant, konnten nur noch tot geborgen werden.

Am 27. August 1915 gelang dem U-Boothebeschiff »Vulkan« die Bergung des durch einen Tauchunfall vor der Emsmündung am 22. Juni 1915 gesunkenen U-Bootes »U 30«. Von der U-Bootbesatzung hatte allerdings niemand den Unfall überlebt.

Zu einem weiteren Einsatz der »Vulkan« kam es am 11. April 1918 mit der Bergung des am 17. September 1917 in der Nordsee vor Helgoland durch eine Tauchpanne gesunkenen U-Bootes »UC 45«. Auch hier gab es keine überlebenden Besatzungsmitglieder.

Für das U-Boothebeschiff »Vulkan« fanden anschließend keine weiteren Bergungseinsätze mehr statt. Das Schiff stellte am 17. Januar 1919 außer Dienst und musste dann an Großbritannien ausgeliefert werden.

Zusammen mit dem U-Boothebeschiff »Cyclop« begann am 5. April 1919 die Überführungsfahrt, wobei sowohl »Vulkan« wie auch »Cyclop« geschleppt wurden. Zielhafen war Harwich. Begleitschiff war der Kleine Kreuzer »Regensburg«, der später die Besatzung wieder nach Deutschland brachte. Während der Überführungsfahrt verschlechterten sich die Wetterbedingungen. Der Wind frischte allmählich auf Stärke sechs auf. Die nicht allzu hochseetüchtige »Vulkan« geriet bei diesen Wetterbedingungen stark ins Schlingern und Stampfen. Vorsichtshalber wurde die an Bord befindliche Überführungsbesatzung abgeborgen. Das Schiff bekam in dem schweren Wetter Schlagseite und die Schiffsstabilität geriet in Gefahr. Am 6. April 1919 ging das

Name	**»Vulkan«**	**»Cyclop«**
Schiffstyp	U-Boothebeschiff	U-Boothebeschiff
Bauwerften	Howaldtswerke, Kiel	Kaiserliche Werft, Danzig, Bremer Vulkan, Vegesack
Stapellauf	28. September 1907	1916 / 1917
Indienststellung	4. März 1908	1. Juli 1918
Verdrängung	2476 t	4872 t
Länge x Breite x Tiefgang	85,30 x 16,50 x 3,85 m	94,00 x 20,12 x 6,31 m
Besatzungsstärke	108 Mann	150 Mann
Antrieb	2 x Dampfmaschine, 2 x Turbogenerator, 2 x Propellermotor	2 x Dampfmaschine
Antriebsleistung	2 x 600 PS (Propellermotor)	2 x 900 PS
Wellen / Ruder	2 x 1 / 1	2 x 1 / 1
Geschwindigkeit	12 kn	9 kn
Fahrstrecke	unbekannt	unbekannt
Bewaffnung	keine	keine

U-Boothebeschiff »Cyclop«. (Foto: Bibliothek für Zeitgeschichte.)

U-Boothebeschiff »Vulkan« in Folge dessen in der Nordsee auf Position 54° 54′ N und 6° 18′ O verloren. Die »Cyclop« überstand die Schlechtwetterlage und erreichte Harwich.

U-Boothebeschiff »Cyclop«

Das U-Boothebeschiff »Cyclop« wurde 1913 bei der Kaiserlichen Werft in Danzig beauftragt. Der Bau begann im November 1913. Nach Kriegsbeginn kam es wegen der Arbeitsüberlastung der Werft durch den U-Bootbau, der absoluten Vorrang hatte, zu Verzögerungen und in Folge zum Baustopp.

Mit der wachsenden Zahl an U-Booten wurde der Weiterbau aber immer dringender. Die Werft in Danzig kam hierzu jedoch nicht mehr infrage. Gemäß Entscheidung des Reichsmarineamtes vom 10. Juni 1916 erfolgte eine Verlagerung des Baus an den Bremer Vulkan in Vegesack.

Das unfertige Schiff, sein genauer Stapellauf (1916 oder 1917) ist nicht sicher belegt, wurde im Laufe des Jahres 1917 nach Vegesack geschleppt und dort fertig gebaut. Nach anderer Quelle wurden fertige Teile und schon vorhandene Ausrüstung bereits 1916 nach Vegesack transportiert, wo am 18. Juni 1916, also wenige Tage nach der offiziellen Auftragsübertragung, eine Kiellegung stattfand. Der Stapellauf war demnach am 5. April 1917.

Fest steht jedoch wieder, dass die erste Probefahrt am 25. Januar 1918 erfolgte. Die ersten Hebeversuche wurden im Juni 1918 durchgeführt. Die Indienststellung der »Cyclop« fand am 1. Juli 1918 statt.

Das U-Boothebeschiff »Cyclop« war als Weiterentwicklung der »Vulkan« geplant. Allerdings unterschied es sich in der Bauausführung wesentlich. Als Katamaran ausgelegt hatte es zwei 4,81 Meter breite Schiffskörper und 10,50 Meter nutzbare Dockweite, sodass es auf eine Gesamtbreite von 20,12 Meter kam. Ein Hebewerk überspannte die beiden Rümpfe. Die Hebekraft betrug 1000 Tonnen und war damit doppelt so groß wie auf der »Vulkan«.

Für den Antrieb stand in jedem Rumpf eine Dreizylinder-Dreifach-Expansionsdampfmaschine, die von zwei Kessel mit einem Dampfdruck von 15 atü versorgt wurde.

Zum Zeitpunkt der Indienststellung der »Cyclop« wurde das U-Bootbergungskommando aufgestellt und der »Cyclop«-Kommandant in Personalunion zu dessen Leiter ernannt. Außerdem wurde an Bord des U-Boothebeschiffes die Taucher- und Taucherretterschule untergebracht.

Der einzige erwähnenswerte Einsatz bis Kriegsende war am 30. Oktober 1918 die Hebung des am 21. Oktober 1918 nach einer Kollision mit dem Kleinen Kreuzer »Frankfurt« vor der Holtenauer Schleuse gesunkenen U-Bootes »UB 89«. Bei dem Unglück kamen sieben Besatzungsangehörige des U-Bootes ums Leben.

Sonst sind für das U-Boothebeschiff »Cyclop« keine besonderen Einsätze zu verzeichnen. Nach Kriegsende erfolgte keine offizielle Außerdienststellung. Im Frühjahr 1919 war das Schiff vermutlich ohne Besatzung.

Wie das U-Boothebeschiff »Vulkan« musste auch die »Cyclop« an Großbritannien abgeliefert werden. Zusammen mit der »Vulkan« und dem Kleinen Kreuzer »Regensburg«, der später die Überführungsbesatzung wieder nach Deutschland brachte, begann am 5. April 1919 im Schlepp die Überfahrt nach Harwich. Während die »Vulkan« auf dieser Reise unterging, erreichte die »Cyclop« am 9. April ihren Zielhafen. Der Zustand des Schiffes war aber dermaßen desolat, dass die Briten auf eine weitere Nutzung und Wiederindienststellung verzichteten. Das U-Boothebeschiff »Cyclop« wurde im Jahr 1923 abgebrochen.

Das U-Boothebeschiff »Cyclop« nach der Ablieferung in einem englischen Hafen. Rechts im Bild vermutlich der im Bau und Ausrüstung befindliche englische Flugzeugträger »Eagle«. (Foto: Bibliothek für Zeitgeschichte.)

1.5 Fischereischutzschiff »Zieten«

Die »Zieten« war am 9. März 1876 bei Thames Iron Works in London vom Stapel gelaufen und bereits am 1. August 1876 als Torpedofahrzeug für die Kaiserliche Marine in Dienst gestellt worden. Die Namensgebung geht zurück auf den preußischen Husarengeneral Hans Joachim von Zieten.

Die Erprobung von neuen Torpedos war folglich auch die Hauptaufgabe des Schiffes. Sein dritter Kommandant war von Mai 1878 bis Oktober 1880 der damalige Kapitänleutnant und spätere Großadmiral Alfred von Tirpitz, der in dieser Zeit den Auftrag hatte, die deutsche Torpedowaffe aufzubauen.

Um die Wirkung der neuen Waffe zu demonstrieren, versenkte Tirpitz mit der »Zieten« in der Heikendorfer Bucht am 28. Juli 1880 - im Beisein des Kronprinzen Friedrich und Prinzen Wilhelm - aus einer Entfernung von 400 Metern die alte Dampffregatte »Barbarossa« mit einem scharfen Torpedo. In diesem Jahr endete auch die Laufbahn des Schiffes als Torpedofahrzeug.

Im Jahr 1881 wurde die »Zieten« einer Grundinstandsetzung unterzogen und zum Aviso umgebaut. Für das Schiff begann nun ein elfjähriger Dienst in den Verbänden der Flotte. Im September 1892 stellt der Aviso »Zieten« für fünf Jahre außer Dienst.

Nach den im Jahr 1897 vorgenommenen Reparaturen und der Umbewaffnung des Schiffes setzte die »Zieten« als Fischereischutzschiff am 16. März 1897 erneut Flagge und Wimpel.

Das Fischereischutzschiff »Zieten« war ein nach einem englischen Entwurf sehr leicht gebauter Querspant-Eisenbau mit acht wasserdichten Abteilungen. Das Schiff hatte ein yachtähnliches äußeres Erscheinungsbild, war ein gutes Seeschiff und manövrierte gut.

Als Antrieb standen zwei Zweizylinder-Zweifach-Expansionsdampfmaschinen zur Verfügung, die jeweils auf eine Welle wirkten. Sechs Kessel lieferten den benötigten Dampf unter einem Druck von 5,3 atü. Damit erreichte das Schiff eine Geschwindigkeit von 16 Knoten.

Als Fischereischutzschiff war die »Zieten« mit sechs, ab 1900 nur noch mit vier, 5-cm-Geschützen bewaffnet.

Zu diesem dritten Verwendungszweck der »Zieten« wählte man ausschließlich Besatzungsmitglieder aus, die zivilberuflich aus der Fischerei kamen. Die Besatzungsstärke umfasste 111 Mann.

Name	**»Zieten«**
Schiffstyp	Fischereischutzschiff
Bauwerft	Thames Iron Works, London, Großbritannien
Stapellauf	9. März 1876
Indienststellung	16. März 1897
Verdrängung	1170 t
Länge x Breite x Tiefgang	79,40 x 8,56 x 4,63 m
Besatzungsstärke	111 Mann
Antrieb	2 x Dampfmaschine
Antriebsleistung	2 x 1000 PS
Wellen / Ruder	2 / 1
Geschwindigkeit	16 kn
Fahrstrecke	1770 sm bei 9 kn
Bewaffnung	4 x 5-cm-Geschütz

Für die »Zieten« begannen nun bis zum Ersten Weltkrieg Reisen zu den Fischgründen in der Nordsee, vor England und Schottland, vor Norwegen und im Norden bis zu den Shetland-, Faeroer- und Hebriden-Inseln sowie bis nach Island.

Die Aufgabe der »Zieten« bestand in der Hilfe für deutsche und auch ausländische Fischereifahrzeuge. Je nach Bedarf konnte sowohl medizinische als auch technische Hilfe geleistet werden. In den deutschen Hoheitsgewässern übernahm das Schiff zusätzlich seepolizeiliche Aufgaben. In dieser Funktion brachte es mehrmals ausländische Fischereifahrzeuge auf, die unerlaubt fischten.

In den Wintermonaten lag die »Zieten« mit reduzierter Besatzung in Wilhelmshaven, wurde aber nicht, wie damals üblich, außer Dienst gestellt.

Das Fischereischutzschiff »Zieten« wurde auch gelegentlich für kurze Perioden in den normalen Flottendienst eingebunden und nahm als Unterstützungseinheit an Flottenmanövern teil.

Nach Kriegsausbruch trat das Fischereischutzschiff »Zieten« zur Hafenflottille der Jade und Weser. Im Juli 1918 wurde es bis Kriegsende Führerboot der Vorpostenflottille der Elbe. Danach nahm es verschiedene Hilfs- und Unterstützungsdienste im Bereich der Nordsee wahr.

Am 5. Juli 1919 stellte das Fischereischutzschiff »Zieten« endgültig außer Dienst. Es kam auf eine Dienstzeit von insgesamt 43 Jahren. Im April 1921 erfolgte der Verkauf des Schiffes zum Abwracken.

Das Fischereischutzschiff »Zieten« hat mit der Steuerbord Ankerkette an einem Dalben festgemacht. (Foto: Archiv Autor)

1.6 Depeschenboot »Sleipner«

Mit dem 1898 auf Kiel gelegten, am 26. Juli 1899 vom Stapel gelaufenen und am 24. Oktober 1899 in Dienst gestellten Torpedoboot »S 90« begann bei der Kaiserlichen Marine die erste Bauserie der sogenannten Großen Torpedoboote. Gegenüber den bisherigen Torpedobooten hatten sie bessere Seeeigenschaften, größere Seeausdauer und eine stärkere Bewaffnung. Insgesamt 48 Einheiten (»S 90« bis »S 131« und »G 132 bis G 137«) entstanden in den nächsten Jahren auf der Schichau Werft in Elbing und der Germaniawerft in Kiel.

Die Torpedoboote der »S 90«-Bauserie waren nicht von einer einheitlichen Konstruktion. Die Verdrängung bewegte sich von anfangs 396 Tonnen für »S 90« bis zu 693 Tonnen für »G 137«, entsprechend die Schiffslängen von 63 bis 72 Meter.

Zwei Dreizylinder-Dreifach-Expansionsdampfmaschinen, jeweils auf eine der beiden Wellen geschaltet, verliehen den Booten eine Geschwindigkeit von 28 Knoten. Die Boote »S 125« und »G 137« waren Drei-Wellen-Schiffe und die ersten mit Dampfturbinen ausgerüsteten Einheiten der Kaiserlichen Marine. Das Torpedoboot »G 137« erreichte eine Geschwindigkeit von 32 Knoten.

Die Bewaffnung der Torpedoboote bestand aus drei schwenkbaren Torpedorohren auf dem Oberdeck im Kaliber von 45 Zentimeter. Die Artillerie umfasste 5-cm-Geschütze in unterschiedlicher Anzahl. Einige Boote waren auch schon mit einem 8,8-cm-Geschütz ausgerüstet.

Mit den Torpedobooten »S 90«, »S 91« und »S 92« kamen ein einziges Mal in der Geschich-

Depeschenboot »Sleipner«. (Foto: Archiv Autor)

Das Depeschenboot »Sleipner« und die Kaiserliche Yacht »Hohenzollern«. (Foto: Bibliothek für Zeitgeschichte)

Das Depeschenboot »Sleipner« in einem norwegischen Fjord. (Foto: Archiv Autor)

te der deutschen Torpedoboote drei Einheiten im Auslandsdienst in Verwendung. Sie verlegten anlässlich des Boxeraufstandes im Sommer 1900 zusammen mit dem Lazarettschiff »Gera« nach Ostasien. Am 26. Juli 1900 verließ der Verband Wilhelmshaven und erreichte am 6. Oktober Schanghai, um anschließend nach Tsingtau zu verlegen.

Die drei Torpedoboote wurden in der Folgezeit zur Überwachung der chinesischen Gewässer und Flussmündungen eingesetzt. In Begleitung des Großen Kreuzers »Kaiserin Augusta« kehrten »S 91« und »S 92« am 6. März 1902 wieder nach Deutschland zurück, wo sie Anfang Juni eintrafen.

Das Depeschenboot »Sleipner« und die Kaiserliche Yacht »Hohenzollern« in einem norwegischen Fjord. Im Hintergrund links ist der Kleine Kreuzer »Königsberg« zu erkennen. (Foto: Archiv Autor)

Das Schwesterboot »S 90« blieb in Tsingtau stationiert. Nach Kriegsausbruch versah das Boot Sicherungsdienst für den Stützpunkt Tsingtau. Am 17. Oktober gelang es »S 90« den japanischen Kreuzer »Takachiho« mit einem Torpedo zu versenken. Als Folge des Vorrückens der japanischen Streitkräfte musste sich »S 90« angesichts der aussichtslosen Lage des Pachtgebietes Kiautschou am 17. Oktober 1914 dem Zugriff der Japaner durch Selbstversenkung entziehen.

Das Torpedoboot »S 97« aus dieser Bauserie hatte ebenfalls einen bemerkenswerten Lebenslauf. Es stellte am 28. Mai 1900 in Dienst. Schon drei Tage später wurde es am 31. Mai in »Sleipner« umbenannt. Der Name geht zurück auf die nordische Mythologie und bezieht sich auf das achtbeinige Pferd Sleipnir des Göttervaters Odin respektive Wodan.

Lediglich zwei 5-cm-Geschütze gehörten zur Bewaffnung der »Sleipner«, die eher zum Salutschießen als für Kampfhandlungen gedacht waren. An besonderer Ausrüstung besaß sie auf dem Achterschiff ein Deckshaus für Gäste.

Die »Sleipner« stand bis Kriegsausbruch ausschließlich zur Verfügung des Kaisers. Sie war als Begleit- und Depeschenboot der Kaiserlichen Yacht »Hohenzollern« zugeordnet und machte deren Reisen mit. Im Gegensatz zu den übrigen Torpedobooten der Kaiserlichen Marine besaß die »Sleipner«, wie auch die Kaiseryacht selbst, einen weißen Anstrich und gelbe Schornsteine.

Nach Kriegsausbruch kam die »Sleipner«, zum Torpedoboot zurückgerüstet, als »T 97« in der Nordsee zunächst im Küstenschutz und dann in den Jahren 1917 / 1918 im Geleit- und Vorpostendienst in Verwendung. Zuletzt war das ehemalige Depeschenboot des Kaisers und nunmehrige Torpedoboot Führerboot der 6. Halbflottille der II. Geleitflottille. In die Reichsmarine übernommen, erfolgte am 22. März 1921 die Streichung aus der Liste der Kriegsschiffe und im Mai 1921 der Verkauf zum anschließenden Abbruch.

Name	**»Sleipner«**
Schiffstyp	Depeschenboot
Bauwerft	Schichau Werft, Elbing
Stapellauf	16. Dezember 1899
Indienststellung	28. Mai 1900
Verdrängung	443 t
Länge x Breite x Tiefgang	63,00 x 7,00 x 2,99 m
Besatzungsstärke	57 Mann
Antrieb	2 x Dampfmaschine
Antriebsleistung	2 x 2950 PS
Wellen / Ruder	2 / 1
Geschwindigkeit	27 kn
Fahrstrecke	830 sm bei 17 kn
Bewaffnung	2 x 5-cm-Geschütz

Das Depeschenboot »Sleipner« in Kiellinie mit der Kaiserliche Yacht »Hohenzollern« beim Einlaufen in Kiel. (Foto: Deutscher Marinebund)

1.7 Kaiserliche Yachten

Kaiserliche Yacht »Hohenzollern« (1876)

Der am 3. Juni 1858 in Dienst gestellte und 1862 zur Königlichen Yacht umgebaute Aviso »Grille« erwies sich in seiner Eignung für Repräsentationszwecke, seiner geringen Größe und seiner Seetüchtigkeit als Kaiserliche Yacht zunehmend als unzureichend. Daher erhielt die Norddeutsche Schiffbau AG in Kiel im Jahre 1874 zunächst den Auftrag für einen Entwurf und dann 1875 auch den Vertrag für den Bau eines Nachfolgeschiffes.

Schon am 5. Juli 1876 lief das Schiff vom Stapel und erhielt den Namen »Hohenzollern«. Die Fertigstellung des luxuriös mit wertvollem Mobiliar, Tapeten und Leuchtern ausgestatten Schiffes zog sich bis in das Jahr 1880 hin. Am 10. April 1880 stellte die neue Kaiserliche Yacht in Dienst. Wie damals allgemein bei der Flotte praktiziert, wurde auch die »Hohenzollern« nur in den Sommermonaten in Dienst gehalten.

Die in querspantweise gebaute Kaiserliche Yacht »Hohenzollern« hatte sechs wasserdichte Abteilungen. Sie war als Hybridschiff mit Dampf- und Segelantrieb ausgelegt. Im Interesse eines ruhigen Ganges der Maschinenanlage und der Stabilität des Schiffes sah man nach dem damaligen Stand der Technik

Die Kaiserliche Yacht »Hohenzollern« war als Raddampfer mit Hilfsbesegelung (Schonertakelung) konzipiert. (Foto: Bibliothek für Zeitgeschichte)

Die Kaiserliche Yacht »Hohenzollern« in einem norwegischen Fjord. (Foto: Rijksmuseum)

Die Kaiserliche Yacht »Hohenzollern« in küstennahen Gewässern. (Foto: Deutscher Marinebund)

einen Vortrieb mit Seitenrädern vor. Das ging zwar zulasten der Manövriereigenschaften, was aber für die Verwendung als Yacht als vernachlässigbar angesehen wurde.

Als Antrieb des Schiffes diente eine Zweizylinder-Einfach-Expansionsdampfmaschine. Der benötigte Dampf wurde in sechs Kesseln mit einem Druck von zwei atü erzeugt. Die zwei seitlichen Schaufelräder hatten jeweils zwölf Schaufeln und einen Durchmesser von 8,23 Meter. Die beiden Masten trugen eine Schonertakelung mit einer Segelfläche von 356 Quadratmeter. Ein Hilfsantrieb aus Segeln war damals wegen der noch technischen Störanfälligkeit der Dampfmaschinen durchaus üblich. An Geschwindigkeit konnte die Kaiserliche Yacht »Hohenzollern« 15 Knoten erreichen.

Als Bewaffnung hatte die Kaiserliche Yacht zwei von der Firma Krupp gespendete Ringkanonen (Prunkgeschütze) im Kaliber von 12,5

Das Mittelschiff der »Hohenzollern« mit seinen mächtigen Schaufelrädern. (Foto: Bibliothek für Zeitgeschichte)

Einer der beiden Schaufelradkästen der »Hohenzollern«. (Foto: Rijksmuseum)

Zentimeter an Bord. Im Jahr 1884 wurden diese durch zwei 8,7-cm-Ringkanonen und fünf 3,7-cm-Revolverkanonen ausgetauscht. Die Geschütze dienten weniger einem Gefecht, sondern vielmehr dem maritimen Zeremoniell bei den protokollarischen Verpflichtungen der Kaiserlichen Yacht.

Ihren ersten aktiven Einsatz hatte die »Hohenzollern« im Juli 1880, als der Kronprinz Friedrich und Prinz Wilhelm von Bord der Kaiserlichen Yacht Manövertätigkeiten, die Versenkung der alten ausrangierten Dampffregatte »Barbarossa« durch einen Torpedoschuss der »Zieten«, das Legen einer Minensperre und den Stapellauf der Panzerkorvette »Baden« verfolgten.

In den Folgejahren wurde die Kaiserliche Yacht »Hohenzollern« durch Kaiser Wilhelm I nur zu wenigen protokollarischen Zwecken verwendet. In den Wintermonaten war sie ohnehin außer Dienst gestellt. Dies änderte sich mit der Thronbesteigung des marinebegeisterten Wilhelm II, seinem Enkel. Der neue Kaiser nutzte die Yacht recht intensiv für protokollarische wie auch für private Reisen in der Ostsee und nach Norwegen sowie zu deutschen Häfen und Marinestützpunkten. Im Juli / August 1889 war die »Hohenzollern« mit dem Kaiserpaar an Bord im Mittelmeer unterwegs. Am 9. August 1890 fuhr die »Hohenzollern« mit Kaiser Wilhelm II an Bord zur offiziellen Inbesitznahme nach Helgoland.

Beim Stapellauf des Avisos »ST«, der neuen Kaiserlichen Yacht, die ebenfalls den Namen »Hohenzollern« bekommen sollte, war in Stettin am 27. Juni 1892 auch die bisherige »Hohenzollern« zugegen. Noch am selben Tag wurde das Schiff in »Kaiseradler« umbenannt.

Die »Kaiseradler« wurde zunächst noch als Kaiserliche Yacht geführt und genutzt. Mit der Indienststellung der neuen »Hohenzollern« am 8. April 1893 änderte sich am 17. April die Klassifizierung. Das Schiff wurde jetzt als Aviso eingestuft. Am 16. Oktober 1893 stellte die »Kaiseradler« außer Dienst.

Anlässlich der Einweihungsfeierlichkeiten des Kaiser-Wilhelm-Kanals, dem heutigen Nord-Ostsee-Kanal, fand die reaktivierte »Kaiseradler« vom Juni bis August 1895 nochmals eine kurzzeitige Verwendung. Am 28. August 1895 holte sie endgültig Flagge und Wimpel nieder.

Die Kaiserliche Marine strich das Schiff erst am 26. Mai 1909 aus der offiziellen Liste der Kriegsschiffe. Im Juli 1912 wurde die »Kaiseradler« ex »Hohenzollern« zum Abwracken verkauft und in Danzig abgebrochen.

Kaiserliche Yacht »Hohenzollern« (1892)

Die von seinem Großvater Kaiser Wilhelm I. übernommene Kaiserliche Yacht »Hohenzollern« entsprach weder den technischen noch den repräsentativen Vorstellungen des marinebegeisterten Kaisers Wilhelm II. Das im April 1880 in Dienst gestellte Schiff war noch als Schaufelraddampfer gebaut und hatte bei rund 91 Meter Länge eine Verdrängung von 1962 Tonnen. Die Höchstgeschwindigkeit lag bei 15 Knoten.

Deshalb und auch wegen negativer Erfahrungen, die Kaiser Wilhelm II bei Reisen mit der »Hohenzollern« machte, wurden bereits im Etat 1889 / 1890 Haushaltsmittel für einen größeren Neubau gefordert. Im Kriegsfalle sollte das Schiff auch für militärische Zwecke genutzt werden. Es wurde daher als Aviso »ST« für größere Kommandoverbände bezeichnet. Nach heftiger Debatte im Reichstag über diese doch nicht so ganz glaubwürdige Begründung für die Nutzung des Schiffes wurden die Geldmittel für das Bauvorhaben aber dann doch bewilligt.

Name	**»Hohenzollern«**	**»Hohenzollern«**	**»Hohenzollern«**
Schiffstyp	Kaiserliche Yacht	Kaiserliche Yacht	Kaiserliche Yacht
Bauwerft	Norddeutsche Schiffbau AG, Kiel	Stettiner Vulcan, Stettin	Stettiner Vulcan, Stettin
Stapellauf	5. Juli 1876	27. Juni 1892	29. September 1914
Indienststellung	10. April 1880	8. April 1893	entfällt
Verdrängung	1962 t	4460 t	8094 t
Länge x Breite x Tiefgang	90,65 x 17,70 x 4,66 m	122,00 x 14,00 x 6,21 m	137,40 x 19,00 x 6,40 m
Besatzungsstärke	145 Mann	313 Mann	450 Mann
Antrieb	1 x Dampfmaschine	2 x Dampfmaschine	3 x Dampfturbine
Antriebsleistung	3000 PS	9000 PS	15.000 PS
Wellen / Ruder	2 x Schaufelrad / 1 x Ruder	2 / 1	3 / 1
Geschwindigkeit	15 kn	20 kn	21 kn
Fahrstrecke	1870 sm bei 10 kn	2520 sm bei 14 kn	2000 sm bei 19 kn
Bewaffnung	2 x 12,5-cm-Geschütz, ab 1884: 2 x 8,7-cm-Geschütz, 5 x 3,7-cm-Geschütz	8 x 5-cm-Geschütz, ab 1907: 2 x 5,2-cm-Geschütz	2 x 5,2-cm-Geschütz

Kaiserliche Yacht »Hohenzollern«. (Foto: Bibliothek für Zeitgeschichte)

Kaiserliche Yacht »Hohenzollern«. (Foto: Archiv Autor)

Kaiserliche Yacht »Hohenzollern«. (Foto: Rijksmuseum)

Mit dem Stapellauf der neuen »Hohenzollern« am 27. Juni 1892 beim Stettiner Vulcan in Stettin erfolgte am selben Tag die Umbenennung der bisherigen Namensträgerin in »Kaiseradler«. Danach offiziell als Aviso bezeichnet, blieb das Schiff zunächst noch kurzzeitig als Kaiserliche Yacht in Verwendung und stellte am 16. Oktober 1893 außer Dienst. Ohne eigentliche weitere Nutzung erfolgte sein Abbruch allerdings erst 1912. Die neue »Hohenzollern« stellte am 8. April 1893 in Dienst.

Die stets mit einem weißen Anstrich versehene neue Kaiserliche Yacht »Hohenzollern« war als Quer- und Längsspant Stahlbau ausgeführt. Der Rumpf hatte zur Leckstabilität und Sinksicherheit 13 wasserdichte Abteilungen. Das Schiff war reichlich mit luxuriös ausgestatten Räumlichkeiten für den Kaiser und sein Gefolge sowie mit Repräsentationsräumen ausgestattet.

Die Kaiserliche Yacht »Hohenzollern« im Kaiser-Wilhelm-Kanal. (Foto: Schmidt & Wegener)

Die Kaiserliche Yacht »Hohenzollern« im Sommer 1907 in Begleitung des Kleinen Kreuzers »Königsberg« auf Nordlandreise in einem norwegischen Fjord. (Foto: Nasjonalbiblioteket)

Die Kaiserliche Yacht »Hohenzollern« im November 1901 bei einem Besuch in Portsmouth. (Foto: Bibliothek für Zeitgeschichte)

Die Kaiserliche Yacht »Hohenzollern« am 20. Juni 1895 beim Auslaufen aus der Schleuse Holtenau. (Foto: Archiv Autor)

Die Kaiserliche Yacht »Hohenzollern« war Motiv auf den Briefmarken der deutschen Kolonien. Hier am Beispiel einer Briefmarke von Deutsch-Südwestafrika. (Foto: Archiv Autor)

»Das Aeußere des Schiffes ist ungemein gefällig, die Linien sind schlank und graziös und der nach vorn vorspringende Rammsporn lässt den Charakter als Kriegsschiff nicht verkennen, während im Übrigen das über einen großen Teil des Schiffes sich erstreckende Promenadendeck, die leicht nach hinten geneigten Masten und Schornsteine dem Schiff das Aussehen eines modernen Schnelldampfers geben.« (zitiert nach: von Reventlow, Die deutsche Flotte, Seite 143 / 144).

Zwei Dreizylinder-Dreifach-Expansionsdampf-

Kaiser Wilhelm II mit seiner Umgebung auf der »Hohenzollern«. (Foto: Theodor Jürgensen)

maschinen wirkten auf jeweils eine Welle. Sie wurden aus acht Kesseln mit einem Dampfdruck von 12 atü versorgt. Beim Umbau in den Jahren 1906 / 1907 erhielt die »Hohenzollern« 13 modernere Kessel. Der Abzug von Rauch und Abgasen erfolgte über zwei Schornsteine. An den drei vorhandenen Masten konnten Schratsegel mit einer Fläche von 436 Quadratmeter gesetzt werden. Sie dienten weniger dem Vortrieb als vielmehr dem Zweck bei grobem Seegang die Schlinger- und Rollbewegungen des Schiffes zu dämpfen.

Die Kaiserliche Yacht »Hohenzollern« war mit acht 5-cm-Geschützen ausgerüstet. Sie waren auf dem Vor- und Achterschiff aufgestellt und dienten der Durchführung des maritimen Zeremoniells. Nach der Grundinstandsetzung von 1906 / 1907 reduzierte sich die Anzahl auf zwei 5,2-cm-Geschütze. Für den Kriegsfall war eine stärkere Bewaffnung mit drei 10,5-cm-Geschützen vorgesehen, wozu es aber nicht gekommen ist.

Über die Verwendung und Nutzung der Kaiserlichen Yacht »Hohenzollern« ist in zeitgenössischer Literatur zu lesen: »Die Kaiserliche Yacht »Hohenzollern« dient in Friedenszeiten ausschließlich zur Verfügung Sr. Majestät des Kaisers und wird nach dessen jeweiligen Bestimmungen in und außer Dienst gestellt. Für den Kriegsfall hingegen ist sie als Kreuzer vorgesehen und kann in ihrer Armierung demgemäß durch mehrere Geschütze verstärkt werden.« (zitiert nach: von Reventlow, Die deutsche Flotte, Seite 142).

Die Kaiserliche Yacht »Hohenzollern« blieb, von kurzen Instandsetzungsintervallen in den Wintermonaten abgesehen, nach ihrer Indienststellung permanent für den reiselustigen Kaiser im Einsatz. Das europäische Ausland in der Nord- und Ostsee sowie Länder im Mittelmeer waren ständige Reiseziele. Auch den Sprung über den Atlantik hat die »Hohenzollern« geschafft. Im Februar 1902 besuchte sie

Kaiser Wilhelm II in der Brückennock der »Hohenzollern«. Ein kleines Podest sorgt zur besseren Aussicht für einen höheren Stand des Kaisers. Eine mit Glasscheiben versehene Überdachung schützte im Falle eines Falles vor Wind, Regen und Gischt. (Foto: Theodor Jürgensen)

Die Kaiserstandarte wehte im Topp des Großmastes, wenn sich Kaiser Wilhelm II eingeschifft hatte. Die Standarte maß vier Meter im Quadrat. (Foto: David Liuzzo)

mit dem Kaiserbruder Prinz Heinrich an Bord New York. Stets wurde die Kaiserliche Yacht auf ihren Reisen durch detachierte Kriegsschiffe der Kaiserlichen Marine und durch das eigens hierfür hergerichtete Depeschenboot »Sleipner«, das ehemalige Torpedoboot »S 97«, begleitet.

Erst nach 13 Dienstjahren erfolgte für eine Grundüberholung und Modernisierung eine fast einjährige Außerdienststellung. Als Ersatz sprang der Hapag-Dampfer »Hamburg« als Kaiserliche Yacht ein. Unmittelbar nach Rückkehr von einer Nordlandreise stellte angesichts der politischen Spannungen und den Anzeichen eines Krieges die »Hohenzollern« am 31. Juli 1914 außer Dienst. Die einst in der Baubegründung erwähnte Verwendung zu militärischen Zwecken kam während des Krieges nicht zustande. Nach Streichung aus der Liste der Kriegsschiffe am 27. Dezember 1920 wurde das Schiff 1923 zum Abbruch verkauft und abgewrackt.

In der rund 21 Jahren langen Indiensthaltung der Kaiserlichen Yacht »Hohenzollern« führte das Schiff an 1600 Tagen die Kaiserstandarte. Das heißt: Kaiser Wilhelm II, obwohl selbst nicht allzu seefest und zur Seekrankheit neigend, hat sich in dieser Zeit rund 4,5 Jahre an Bord aufgehalten. Das Schiff war sozusagen zu seinem »schwimmenden Schloss« geworden.

Seine korrekte Verwendung zu repräsentativen dienstlichen und offiziellen Anlässen einerseits und die häufige private Nutzung andererseits, wie, um nur ein Beispiel zu nennen, die traditionellen jährlichen Nordlandreisen in die norwegischen Fjorde, liefen eng nebeneinander einher und waren nicht selten auch miteinander verflochten. Bedenkt man zudem, dass die »Hohenzollern« und die sie stets begleitenden Marineschiffe sowie die als Depeschenboot ausschließlich dem Kaiser zu Verfügung stehende »Sleipner« aktive Kriegsschiffe des Deutschen Reiches waren, so war die kaiserliche Reisetätigkeit auf der »Hohen-

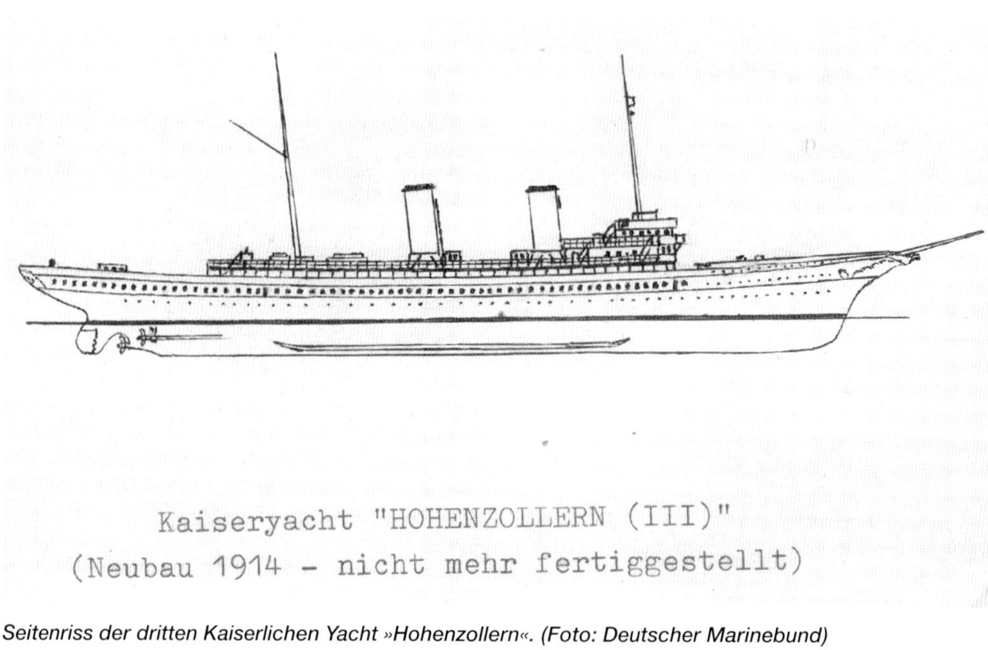

Seitenriss der dritten Kaiserlichen Yacht »Hohenzollern«. (Foto: Deutscher Marinebund)

Der Stapellauf der dritten Kaiserlichen Yacht »Hohenzollern« erfolgte am 29. September 1914 ohne jegliches Zeremoniell und ohne eigentliche Schiffstaufe. (Foto: Bibliothek für Zeitgeschichte)

Die dritte Kaiserliche Yacht »Hohenzollern« im unfertigen Zustand an der Pier der Bauwerft. (Foto: Bibliothek für Zeitgeschichte)

zollern« für den Steuerzahler doch eine recht teure Angelegenheit.

Kaiserliche Yacht »Hohenzollern« (1914)

Im Jahre 1913 wurde bei der Werft A.G. Vulcan in Stettin mit dem Bau einer dritten »Hohenzollern« begonnen. In einer Buchpublikation von 1917 wird die neue Kaiserliche Yacht wie folgt beschrieben: »Eine neue Kaiserliche Yacht ist im Bau und wird an die Stelle der alten »Hohenzollern« treten. Der Neubau verdrängt 7300 Tonnen gegen 4280 Tonnen der jetzigen »Hohenzollern«. Diese ist ursprünglich als Aviso gebaut, das neue Schiff von vornherein als Kaiseryacht und weist daher eine Reihe von Vorzügen gegenüber der alten auf. Im Aussehen und im Innern gleicht der Neubau den Fürstenyachten anderer großer Seestaaten. Er hat als Repräsentationsyacht des deutschen Kaisers ein vornehmes Äußere und eine entsprechende innere Ausstattung, doch ist übertriebener Luxus vermieden, sodass die geforderte Bausumme von zehn Millionen Mark nicht überschritten wird. Um ein zu starkes Schlingern, wie es zu oft bei der alten »Hohenzollern« aufgetreten ist, zu verhindern, ist die neue Yacht länger und breiter gebaut.« (zitiert nach: Handbuch der Deutschen Marine und der Seestreitkräfte des Auslandes, Seite 213 / 214).

Die neue und dritte »Hohenzollern« lief am 29. September 1914 wegen des eingetretenen Kriegszustandes ohne jegliche Feierlichkeiten vom Stapel. Eine eigentliche Schiffstaufe hat dabei nicht stattgefunden. Bis Kriegsende erfolgte kein Weiterbau.

Als Antrieb waren drei Dampfturbinen vorgesehen, die mit ihrer Leistung von 15.000 PS dem Schiff eine Geschwindigkeit von 21 Knoten geben sollten. In dem 1917 erschienen »Handbuch der Deutschen Marine und der Seestreitkräfte des Auslandes« wird diese Antriebsanlage wie folgt beschrieben: »Die Turbotransformatorenanlage nach dem System Föttinger hat den Vorteil, daß sie eine Ersparnis der Betriebskosten mit sich bringt, die Umdrehungszahl der Turbinen auf eine für Schrauben rationelle herabträgt und das Rückwärtsfahren ohne besondere Rückwärtsturbinen ermöglicht.«

Für zeremonielle Zwecke war eine Bewaffnung mit zwei 5.2-cm-Geschütze vorgesehen. Für den Mobilmachungsfall war eine weitere Einrüstung von jeweils vier 10,5-cm- und 5,2-cm-Geschützen geplant.

Im unfertigen Zustand wurde das Schiff am 17. November 1919 formal aus der Liste der Kriegsschiffe gestrichen. Weil sich keine anderweitige Verwendung ergab, kam es im Jahre 1923 zum Verkauf und anschließender Abwrackung des Schiffskörpers.

1.8 Regierungsyacht »Komet«

Nicht so groß und nicht so luxuriös ausgestattet, aber dennoch für den ihr zugedachten Zweck durchaus imponierend war die Regierungsyacht »Komet« als Gouvernement-Schiff dem deutschen Gouverneur in Deutsch-Neuguinea für offizielle Anlässe und Kontrollfahrten unterstellt.

Als Ersatz für die seit dem 3. Juni 1909 auf der Fahrt Samari-Island / Brisbane verschollene Regierungsjacht »Seestern« lief die »Komet« am 6. April 1911 - nach anderer Quelle am 4. Juni 1911 - beim Bremer Vulkan in Vegesack vom Stapel. Nach der Endausrüstung verlegte das Schiff in das Schutzgebiet Deutsch-Neuguinea, wo es im August 1911 ankam, was wiederum für den früheren Stapellauftermin spricht. Stationiert wurde die »Komet« in Rabaul. Sie führte die Dienstflagge des Reichskolonialamtes (Reichskolonialflagge).

Die »Komet« hatte eine schnittige Schiffsform und ein elegantes yachtartiges Aussehen. Das Schiff war gut ausgestattet und wurde vom Gouverneur und hochrangigen Kolonialbeamten für Inspektionsreisen sowie von der Kolonialpolizei Deutsch-Neuguineas genutzt. Die Besatzungsstärke wird mit 50 Mann angegeben, die sich aus deutschen Offizieren und einheimischen Mannschaften zusammensetzte.

Ihr Antrieb erfolgte durch zwei Dreizylinder-Dreifach-Expansionsdampfmaschinen, die auf je eine Welle wirkten und aus drei Kesseln mit einem Dampfdruck von 13,5 atü versorgt wurden. An Bewaffnung waren zwei

Regierungsyacht »Komet«. (Foto: Archiv Autor)

Dienstflagge des Reichskolonialamtes / Reichskolonialflagge. (Foto: David Liuzzo)

Die Regierungsyacht »Komet« als australisches Patrouillenboot »Una«. (Foto: Archiv Autor)

3,7-cm-Revolverkanonen an Bord vorhanden.

Am 20. Juli 1914 verließ der amtierende Gouverneur Dr. Haber auf der »Komet« Rabaul mit Ziel Morobe, wo eine Stationsbesichtigung und eine kurze Patrouille geplant waren. Die Nachricht vom Ausbruch des Ersten Weltkriegs erreichte das Schiff über Funk. Die »Komet« verlegte daraufhin sofort zurück.

Haber stellte anschließend die »Komet« dem zu dieser Zeit noch in der Südsee operierenden Ostasiengeschwader unter Vizeadmiral Maximilian Reichsgraf von Spee zur Verfügung. Hierbei kam die Regierungsyacht bis Ende September 1914 als Versorgungs- und Unterstützungsschiff für den Hilfskreuzer »Prinz Eitel Friedrich« zum Einsatz.

Mit dem Vorrücken australischer Truppen und der zunehmenden Präsenz britischer Marineeinheiten war die Regierungsyacht »Komet« gezwungen, sich zu verstecken, um nicht in die Hände der Australier oder Briten zu fallen. Fluchtort war eine an der Nordküste der Insel Neu-Pommern gelegenen Lagune. Die »Komet« blieb dort vor Anker liegen. Am 9. Oktober 1914 wurde sie von Truppen der Australian Naval and Military Expeditionary Force entdeckt und aufgebracht. Der Ankerplatz erhielt daraufhin von den Australiern die Bezeichnung Komethafen. Die »Komet« und ihre deutsche Besatzung wurden nach Sydney überführt.

Nach erfolgter Umrüstung wurde die »Komet« am 17. November 1914 als »Una« in den Dienst der australischen Marine gestellt. Als Patrouillenboot und Mehrzweckschiff erhielt die »Una« ex »Komet« im Operationsgebiet der Australischen Marine eine neue Verwendung.

Im Jahr 1920 wurde die »Una« aus der Liste der Kriegsschiffe gestrichen. Ab 1925 diente sie als »Akuna« in Port Phillip beim Port Phillip Pilot Service als Lotsenboot. Erst im Jahr 1951 – nach anderer Quelle 1953 – wurde das Schiff außer Dienst gestellt und dann 1955 abgewrackt.

Name	**»Komet«**
Schiffstyp	Regierungsyacht
Bauwerft	Bremer Vulkan, Vegesack
Stapellauf	6. April 1911
Indienststellung	unbekannt
Verdrängung	1600 t
Länge x Breite x Tiefgang	69,50 x 9,50 x 4,10 m
Besatzungsstärke	50 Mann
Antrieb	2 x Dampfmaschine
Antriebsleistung	2 x 700 PS
Wellen / Ruder	2 / 1
Geschwindigkeit	13 kn
Fahrstrecke	unbekannt
Bewaffnung	2 x 3,7-cm-Geschütz

1.9 Flusskanonenboote

Die Unruhen in China um die Jahrhundertwende erforderten auf den chinesischen Flüssen die Stationierung von kleineren Kriegsschiffen. Das Befahren der chinesischen Wasserstraßen war für die ausländischen Kriegsschiffe vertraglich geregelt worden. Die vom Deutschen Reich dort eingesetzten Flusskanonenboote sollten im Bedarfsfall den Schutz und gegebenenfalls den Abtransport deutscher Staatsbürger gewährleisten. Mit zunächst als Sofortmaßnahme angekauften und entsprechend hergerichteten Flussschiffen und dann später mit eigens für diesen Zweck gebauten Einheiten kam die Kaiserliche Marine diesen Forderungen nach. Unterstellt waren die Einheiten dem in Tsingtau stationierten Ostasiatischen Kreuzergeschwader.

Flusskanonenboot »Schamien«

Da der Neubau eines Flusskanonenbootes nicht schnell genug zu realisieren war, kaufte im November 1899 die Kaiserliche Marine von der Hongkonger Kowloondock Co. das im Juni 1899 vom Stapel gelaufene Dampfboot »Tong Cheong«. Nach militärischen Um- und Einbauten stellte es am 20. Oktober 1900 als Flusskanonenboot »Schamien« in Dienst. Der Namen bezieht sich auf eine Fremdenniederlassungsinsel im Sikiang, dem Hauptstrom des Perlflusses.

Die »Schamien« verdrängte nur knapp 37 Tonnen und hatte lediglich eine Länge von 24,00 Meter. Die Besatzung der »Schamien« wurde aus abkommandierten Soldaten des Kanonenbootes »Luchs«, das seiner Zeit dem Ostasiatischen Kreuzergeschwader angehörte, gebildet. Außerdem waren sechs chinesische Hilfskräfte an Bord. Erst im Januar 1901 traf eine eigene Besatzung aus Deutschland ein.

Der Antrieb der »Schamien« erfolgte durch zwei Zweizylinder-Zweifach-Expansionsdampfmaschinen, die auf je eine Welle wirkten und mit ihren insgesamt 100 PS eine Geschwindigkeit von 10 Knoten ermöglichten.

Die Bewaffnung bestand lediglich aus einer 3,7-cm-Maschinenkanone und Maschinengewehren. Für den Mobilmachungsfall war noch-

Flusskanonenboot »Schamien«. (Foto: Bibliothek für Zeitgeschichte)

mals ein 6-cm-Geschütz zur Einrüstung vorgesehen.

Ohne besondere Ereignisse kam die »Schamien« auf dem Perlfluss / Kanton-Fluss in den kommenden Jahren zum Einsatz. Während dieser Zeit war sie nicht in Kampfhandlungen verwickelt.

Als das in Deutschland gebaute Flusskanonenboot »Tsingtau« in China zur Verwendung bereitstand, stellte die »Schamien« am 2. Februar 1904 außer Dienst und wurde kurz darauf nach Hongkong verkauft.

Flusskanonenboot »Vorwärts«. (Foto: Archiv Autor)

Flusskanonenboot »Vorwärts«

Neben dem Flusskanonenboot »Schamien« gehörte auch das Flusskanonenboot »Vorwärts« zu den Einheiten, die auf den chinesischen Flüssen zum Einsatz kamen. Entstanden ist das Schiff als Passagierflussdampfer »Wuchow« bei Farnham, Boyd & Co. in Schanghai. Es lief 1899 für die Canton & Macao-Steamboat Co. Ltd. vom Stapel.

Im Sommer 1900 wurde das Schiff von der Kaiserlichen Marine gechartert und zunächst als Truppentransporter auf den chinesischen Flüssen verwendet. Am 11. März 1901 kam dann ein Kaufvertrag zustande. In Tsingtau erfolgte anschließend der notwendige Umbau und am 19. März stellte das Schiff als Flusskanonenboot »Vorwärts« offiziell in Dienst.

Das Flusskanonenboot »Vorwärts« verdrängte bei 47,00 Meter Länge 406 Tonnen. Die 33-köpfige Besatzung wurde durch das Torpedoboot »Taku« gestellt, das in Tsingtau zur Reparatur lag. Hierbei handelte es sich um den ehemaligen chinesischen Zerstörer »Hai-Lung«, der bei den Kämpfen um die Taku-Forts im Juni 1900 erobert worden war.

Das Torpedoboot »Taku«, das Flusskanonenboot »Vorwärts« und das Torpedoboot »S 90« (v.l.n.r.) gemeinsam im Schwimmdock von Tsingtau. (Foto: Bundesarchiv / Bild 137-003365 / CC-BY-SA 3.0)

Drei chinesische Hilfskräfte befanden sich zusätzlich an Bord.

Der Antrieb erfolgte durch zwei Zweizylinder-Zweifach-Expansionsdampfmaschinen von zusammen 500 PS. Das Schiff besaß zwei Wellen und erreichte eine Geschwindigkeit von elf Knoten.

An Bewaffnung befanden sich zwei 5-cm-Geschütze und Maschinengewehre an Bord.

Name	**»Schamien«**	**»Vorwärts«**	**»Tsingtau«**	**»Vaterland«**	**»Otter«**
Schiffstyp	Flusskanonenboot	Flusskanonenboot	Flusskanonenboot	Flusskanonenboot	Flusskanonenboot
Bauwerft	unbekannt, Hongkong, China	Farnham, Boyd & Co., Schanghai, China	Schichau Werft, Elbing	Schichau Werft, Elbing	Tecklenborg Werft, Geestemünde
Stapellauf	Juni 1899	1899	18. April 1903	26. August 1903	15. Juli 1909
Indienststellung	20. Oktober 1900	19. März 1901	3. Februar 1904	28. Mai 1904	1. April 1910
Verdrängung	36,8 t	406 t	280 t	280 t	314 t
Länge x Breite x Tiefgang	24,00 x 3,60 x 1,40 m	47,00 x 7,50 x 2,20 m	50,10 x 8,00 x 0,94 m	50,10 x 8,00 x 0,94 m	54,10 x 8,65 x 0,85 m
Besatzungsstärke	11 + 6 Mann	33 + 3 Mann	47 + 9 Mann	47 + 9 Mann	47 + 5 Mann
Antrieb	2 x Dampfmaschine	2 x Dampfmaschine	2 x Dampfmaschine	2 x Dampfmaschine	2 x Dampfmaschine
Antriebsleistung	2 x 50 PS	2 x 250 PS	2 x 650 PS	2 x 650 PS	2 x 650 PS
Wellen / Ruder	2 / 1	2 / 2	2 / 2	2 / 2	2 / 2
Geschwindigkeit	10 kn	11 kn	13 kn	13 kn	15 kn
Fahrstrecke	450 sm bei 10 kn	unbekannt	1630 sm bei 9 kn	1630 sm bei 9 kn	4350 sm bei 5 kn
Bewaffnung	1 x 3,7-cm-Geschütz	2 x 5-cm-Geschütz	1 x 8,8-cm-Geschütz, 1 x 5-cm-Geschütz	1 x 8,8-cm-Geschütz, 1 x 5-cm-Geschütz	2 x 5,2-cm-Geschütz

Nach seiner Indienststellung wurde das Flusskanonenboot »Vorwärts« als Stationär auf dem Jangtsekiang eingesetzt. In den folgenden Jahren bereiste es seinen Patrouillenbereich ohne nennenswerte Vorkommnisse. Zu Überholungen verlegte die »Vorwärts« gelegentlich nach Schanghai oder Tsingtau. Weiterhin kam es von Fall zu Fall zur Zusammenarbeit mit dem Flusskanonenboot »Vaterland«.

Am 31. März 1910 wurde die »Vorwärts« in Schanghai außer Dienst gestellt und am 18. Juni aus der Liste der Kriegsschiffe gestrichen. Eine chinesische Firma erwarb das Schiff und verwendete es wieder als Passagierflussdampfer.

Modellaufnahme des Flusskanonenbootes »Tsingtau«. (Foto: Hans Karr)

Flusskanonenboot »Tsingtau«

Da die bereits in Dienst stehenden und aus Zivilfahrzeugen umgebauten Flusskanonenboote »Schamien« und »Vorwärts« den Anforderungen nicht genügten, wurden bei der Schichau Werft in Elbing zwei Flusskanonenboote, die Schwesterboote »Tsingtau« und »Vaterland«, in Auftrag gegeben.

Die »Tsingtau« lief am 18. April 1903 vom Stapel. Nach Abschluss der Erprobungen wurde das Flusskanonenboot wieder zerlegt, nach Hongkong verschifft und dort auf einer Privatwerft erneut zusammengebaut. Am 3. Februar 1904 erfolgte die Indienststellung.

Das Flusskanonenboot »Tsingtau« an der Pier liegend. (Foto: Bibliothek für Zeitgeschichte)

Das Flusskanonenboot »Tsingtau« ist auf einem chinesischen Fluss unterwegs. (Foto: Bibliothek für Zeitgeschichte)

Das Flusskanonenboot »Tsingtau« bestand aus neun Stahlpontons, die durch Schraubbolzen verbunden waren. Es verdrängte 280 Tonnen und hatte eine Länge von 50,10 Meter. Die gemischte deutsch-chinesische Besatzung hatte eine Stärke von insgesamt 56 Mann.

Zwei Dreizylinder-Dreifach-Expansionsdampfmaschinen mit zusammen 1300 PS wirkten auf zwei Wellen und verliehen dem Boot eine Geschwindigkeit von 13 Knoten. Die Dampfmaschinen waren in einem eigenen Maschinenponton aufgestellt.

Je ein 8,8-cm- und 5-cm-Geschütz bildeten die Bewaffnung. Außerdem waren Maschinengewehre an Bord vorhanden.

Das Einsatzgebiet des Flusskanonenbootes »Tsingtau« erstreckte sich auf den Hsikiang-Fluss und das Kanton-Flussgebiet einschließlich Hongkong und Macao. Bei den üblichen Flussfahrten gab es, abgesehen von einer Hilfeleistung bei einem Großbrand in Macao und vom gelegentlichen Vorgehen gegen Piraten, kaum besondere Ereignisse.

Nach Ausbruch des Ersten Weltkriegs stellte die »Tsingtau« am 2. August 1914 in Kanton außer Dienst und wurde aufgelegt. Bis auf einen kleinen Rest verließ die Besatzung das Schiff. Eine Gruppe erreichte auf dem Landweg Tsingtau und wurde dort auf den Hilfskreuzer »Cormoran« kommandiert. Ein anderer Teil versuchte nach Manila durchzukommen, wurde aber von den Niederländern interniert. Das Flusskanonenboot selbst wurde beim Kriegseintritt von China am 21. März 1917 von der immer noch an Bord befindlichen Restbesatzung selbst versenkt.

Flusskanonenboot »Vaterland«

Das Flusskanonenboot »Vaterland« ist ein Schwesterboot zu der »Tsingtau«. Auf der Schichau Werft in Elbing lief es am 26. August 1903 vom Stapel. Nach Abschluss der Erprobungen wurde das Flusskanonenboot wieder zerlegt, nach Schanghai verschifft und dort erneut zusammengebaut. Die »Tsingtau« war eine Stiftung des Hauptverbandes deutscher Flottenvereine im Ausland. Am 28. Mai 1904 erfolgte die Indienststellung mit einer 56 Mann starken gemischten deutsch-chinesischen Besatzung. Der deutsche Anteil rekrutierte sich aus der Besatzung des Kleinen Kreuzers »Sperber«.

Das Flusskanonenboot »Vaterland« als Pierlieger. (Foto: Bibliothek für Zeitgeschichte)

Die schiffbauliche und die technische Auslegung sowie die Bewaffnung der »Vaterland« waren identisch mit derjenigen des Schwesterbootes »Tsingtau«.

Flusskanonenboot »Vaterland«. (Foto: Bibliothek für Zeitgeschichte)

Nach ihrer Indienststellung übernahm die »Vaterland« die vorgesehene Station auf dem Jangtsekiang. Gelegentlich wurde Schanghai angelaufen; unter anderem auch zu Überholungs- und Wartungsarbeiten. Zusammenarbeit gab es von Fall zu Fall mit den Flusskanonenbooten »Vorwärts« und »Otter«. Ansonsten gibt es, von dem Einsatz bei ab und zu aufflackernden lokalen Unruhen einmal abgesehen, nichts Erwähnenswertes. Im Jahre 1911 war die »Vaterland« häufig bei der Abwehr und Bekämpfung von Unruhen beaufschlagt. Danach wurde es für die nächsten Jahre wieder ruhig um das Boot, das weiterhin seine Patrouillenfahrten durchführte.

Flusskanonenboot »Vaterland«. (Fotos: Deutscher Marinebund)

Beim Ausbruch des Ersten Weltkriegs reiste das Gros der Besatzung über Land nach Tsingtau und wurde auf den Hilfskreuzer »Cormoran« kommandiert. Die Restbesatzung legte das Flusskanonenboot »Vaterland« in Nanking auf. Um das Boot vor dem Zugriff durch den Gegner zu schützen, erfolgte ein Scheinverkauf an eine deutsche Firma und die Namensänderung in »Landesvater«.

Flusskanonenboot »Vaterland«. (Fotos: Deutscher Marinebund)

Das Flusskanonenboot »Vaterland« (vorne) und das ebenfalls in Ostasien stationierte Kanonenboot »Iltis«. (Foto: Deutscher Marinebund)

Nach dem Kriegseintritt Chinas wurde das Flusskanonenboot am 20. März 1917 beschlagnahmt und als »Li-Sui« in die Chinesische Marine eingereiht. Im Jahre 1932 wechselte es zur Marine von Mandschuko und erhielt den Namen »Risui«. Zehn Jahre später stellte das Boot außer Dienst. Der Verbleib ist unbekannt. Vermutlich wurde das ehemalige Flusskanonenboot »Vaterland« abgewrackt.

Flusskanonenboote »Otter«

Das Flusskanonenboot »Otter« wurde im Jahre 1908 bei der Tecklenborg Werft in Geestemünde beauftragt. Am 15. Juli 1909 lief es dort vom Stapel. Nach den Erprobungen wurde das Schiff wieder zerlegt und mit einem Frachtschiff nach Schanghai verschifft. Dort erfolgte der Zusammenbau und am 1. April 1910 die Indienststellung.

Der Schiffsentwurf des Flusskanonenbootes »Otter« war an die Flusskanonenboote »Tsingtau« und »Vaterland« angelehnt. Der Rumpf war als Querspanten-Stahlbau gefertigt und setzte sich aus neun Pontons zusammen, die durch Schraubbolzen miteinander verbunden waren. Das Boot verdrängte 314 Tonnen und hatte eine Länge von 54,10 Meter. Besonderes Merkmal der »Otter« und einmalig in der Kaiserlichen Marine war der vorhandene Vierbein-Gittermast.

Von der 47 Mann starken Besatzung bildete die Besatzung des einen Tag zuvor außer Dienst gestellten Flusskanonenbootes »Vorwärts« den Besatzungsstamm. Weiterhin waren noch fünf chinesische Hilfskräfte an Bord.

Der Antrieb der »Otter« bestand aus zwei Dreizylinder-Dreifach-Expansionsdampfmaschinen. Über zwei Wellen erreichte das Boot mit der 1300 PS starken Maschinenanlage eine Geschwindigkeit von 15 Knoten.

Bewaffnet war das Flusskanonenboot mit zwei 5,2-cm-Geschützen und Maschinengewehren.

Nach ihrer Indienststellung kam die »Otter« bis Ende des Jahres als Stationär auf dem Jangtsekiang-Fluss zum Einsatz. Nach der Überwinterung in Chungking folgte ab Mai 1911

Das Flusskanonenboot »Otter« mit seinem markanten Vierbein-Gittermast. (Foto: Bibliothek für Zeitgeschichte)

Das Flusskanonenboot »Otter« um 1910 vermutlich auf dem Jangtsekiang. (Foto: Archiv: Autor)

ein Werftaufenthalt in Schanghai. Danach war das Flusskanonenboot wieder auf dem Jangtsekiang in Fahrt. In den nächsten Jahren wiederholten sich die Abläufe: Überwinterung in Chungking, Werftüberholung in Schanghai und danach wieder Patrouillendienst auf dem Jangtsekiang.

In der Spannungszeit im Sommer 1914 wurde das Flusskanonenboot »Otter« in Nanking aufgelegt. Mit Ausnahme eines kleinen Wachkommandos reiste die übrige Besatzung auf dem Landweg nach Tsingtau. Um einen fremden Zugriff auf das Boot zu verhindern, erfolgte der Scheinverkauf an eine ortsansässige deutsche Firma.

Mit dem Kriegseintritt Chinas wurde die mittlerweile in »München« umbenannte »Otter« am 20. März 1917 beschlagnahmt und als Kanonenboot »Li-Tsieh« in die chinesische Flotte eingegliedert. Das Boot sank am 16. Oktober 1929 - nach einer anderen Quelle am 19. Oktober - bei einem sowjetischen Luftangriff auf dem Sungari. Das Wrack wurde 1932 verschrottet.

1.10 Tender »Lauting«

Die »Lauting« war ein für das Schutzgebiet Kiautschou und das Ostasiatische Kreuzergeschwader vorgesehener Tender, Schlepper und Minenleger. Gebaut wurde das Schiff bei den Howaldtswerken in Kiel, wo es am 10. November 1906 vom Stapel lief. Die Namensgebung geht zurück auf den höchsten in dem Pachtgebiet gelegenen Berg.

Nach Fertigstellung und Absolvierung der Probefahrten wurde die »Lauting«, deren Rumpf in elf wasserdichte Abteilungen unterteilt war, zerlegt, nach Tsingtau verschifft und dort wieder zusammengebaut. Sie hatte eine elf Mann starke Zivilbesatzung und fuhr unter der Reichsdienstflagge.

Der Antrieb des 582 Tonnen verdrängenden und rund 43 Meter langen Schiffes bestand aus einer Dreizylinder-Dreifach-Expansionsdampfmaschine mit 450 PS Leistung. Sie ermöglichte eine Geschwindigkeit von

Der auch als Schlepper und Minenleger genutzte Tender »Lauting« im Hafen von Tsingtau. (Foto: Bibliothek für Zeitgeschichte.)

10 Knoten. Der benötigte Dampf wurde in zwei Kesseln mit einem Dampfdruck von 12,5 atü erzeugt.

Eine Bewaffnung war nicht vorhanden. Allerdings hatte das Schiff Einrichtungen zur Aufnahme und Verlegung von 120 bis 150 Minen.

In Friedenszeiten diente die »Lauting« dem Ostasiatischen Kreuzergeschwader als Tender und kam im Kaiserlichen Gouvernement in Tsingtau auch als Schlepper zum Einsatz. Nach Kriegsausbruch legte das Schiff, nun unter dem Kommando eines Marineoffiziers, im August 1914 mehrere Minensperren.

Beim Legen einer Minensperre musste sich die »Lauting« am 23. August vor dem im Seegebiet erschienenen englischen Zerstörer »Kennet« zurückziehen. Am 24. August geriet sie nach einer weiteren durchgeführten Minenlegeoperation selbst auf eine Mine. Vermutlich hatte am Vortag die »Kennet« ebenfalls das Seegebiet vermint. Ein auf der »Lauting« gefundener Sprengsplitter ließ eine eindeutige Zuordnung auf eine englische Mine zu.

Die »Lauting« erlitt durch den Minentreffer schwere Beschädigungen, konnte aber noch mit eigener Kraft in Tsingtau einlaufen. Von einer Reparatur wurde allerdings Abstand genommen. Weitere Minenlegeoperationen wären ohnehin nicht mehr möglich gewesen, da japanische Flottenverbände ab Ende August den Stützpunkt Tsingtau blockierten. Am 29. September wurde die »Lauting« im Innenhafen von Tsingtau selbst versenkt.

Nach der japanischen Besetzung Tsingtaus wurde das Schiff wieder gehoben, repariert und von der Japanischen Marine unter dem Namen »Shirogame« als Bergungsschlepper in Dienst gestellt. Von 1931 bis 1938 war das

Die Reichsdienstflagge der Kaiserlichen Marine von 1893 bis 1918. (Foto: David Liuzzo)

Schiff in Privatbesitz. Danach übernahm es erneut die Japanische Marine, nannte es nun »Hakuun Maru« und setzte es als Transporter ein. Am 30. Mai 1945 lief es auf eine vom amerikanischen Gegner gelegte Mine und sank.

Name	**»Lauting«**
Schiffstyp	Tender
Bauwerft	Howaldtswerke, Kiel
Stapellauf	10. November 1906
Indienststellung	1907
Verdrängung	582 t
Länge x Breite x Tiefgang	43,40 x 9,00 x 3,02 m
Besatzungsstärke	11 Mann (zivil)
Antrieb	1 x Dampfmaschine
Antriebsleistung	1 x 450 PS
Wellen / Ruder	1 / 1
Geschwindigkeit	10 kn
Fahrstrecke	3200 sm bei 7 kn
Bewaffnung	keine, Mitnahme von Minen

1.11 Lazarettschiff »Gera«

Das Lazarettschiff »Gera« war eines der acht Schiffe der »Städte«-Klasse des Norddeutschen Lloyd (NDL). Die kombinierten Passagier- und Frachtschiffe kamen auf dem Nordatlantik, nach Südamerika und nach Australien sowie nach Ostasien zum Einsatz.

Gebaut wurde die »Gera«, wie auch ihre sieben Schwesterschiffe, in Großbritannien bei der Fairfield Shipbuilding & Engineering Co. in Glasgow. Am 8. November 1890 lief der Dampfer vom Stapel und stellte am 13. Dezember für den NDL Dienst. Am 1. Januar 1891 trat die mit 5319 BRT vermessene »Gera« ihre Jungfernreise zum Río de la Plata an. Am 19. Juli 1893 fuhr sie erstmals als Reichspostdampfer auf der Reichspostdampferlinie nach Ostasien. An Passagieren konnte die »Gera« in der I., II. und III. Klasse 49, 38 und 1901 Personen mitnehmen.

Der Antrieb der »Gera« bestand aus einer Dreizylinder-Dreifach-Expansionsdampfmaschine mit deren 3200 PS das 126,49 Meter lange Schiff eine Geschwindigkeit von 13 Knoten erreichte. Vier Kessel lieferten den benötigten Dampf mit einem Dampfdruck von 10,6 atü.

Während des Boxeraufstandes in China übernahm die Kaiserliche Marine die »Gera« als Lazarettschiff. Die gemischte zivil-militärische Besatzung bestand aus 130 Mann. Die Versorgungskapazität umfasste 320 Patienten, die durch 48 Ärzte und Sanitätspersonal be-

Das nach Tsingtau bestimmte Lazarettschiff »Gera« verlässt am 27. Juli 1900 Wilhelmshaven. Am Heck weht die Reichsdienstflagge. (Foto: Johann Georg Siehl)

Das in Tsingtau vor Anker liegende Lazarettschiff »Gera«. (Foto: Bibliothek für Zeitgeschichte)

treut wurden. Das Schiff fuhr unter der Reichsdienstflagge.

Am 26. Juli 1900 verließ sie in Begleitung der Torpedoboote »S 90«, »S 91« und »S 92« Wilhelmshaven in Richtung Tsingtau. Vom 10. Oktober 1900 bis zum 22. Juni 1901 war die »Gera« dann dort als stationäres Lazarettschiff dem Ostasiatischen Kreuzergeschwader zugeteilt. Nach ihrer Rückkehr nach Deutschland wurde die »Gera« am 6. August 1901 wieder an den Eigner zurückgegeben.

Die »Gera« blieb noch einige Jahre unter der Flagge des NDL in Fahrt und wurde schließlich 1908 nach Italien verkauft. Als »Valparaiso« betrieb der italienische Lloyd del Pacifico weiterhin das Schiff. Am 14. Oktober 1917 fiel es vor der libyschen Küste einem Torpedoangriff des deutschen U-Bootes »UB 48« zum Opfer.

Name	**»Gera«**
Schiffstyp	Lazarettschiff
Bauwerft	Fairfield Shipbuilding & Engineering Co., Glasgow, Großbritannien
Stapellauf	8. November 1890
Indienststellung	26. Juli 1900
Vermessung	5319 BRT
Länge x Breite x Tiefgang	126,49 x 14,63 x 9,10 m
Besatzungsstärke	105 Mann (zivil), 25 Mann (militärisch)
Antrieb	1 x Dampfmaschine
Antriebsleistung	1 x 3200 PS
Wellen / Ruder	1 / 1
Geschwindigkeit	13 kn
Fahrstrecke	unbekannt
Bewaffnung	keine

1.12 Hilfskriegsschiff »Goetzen«

Die Ostafrikanischen Eisenbahn-Gesellschaft gab mit Zustimmung der Kolonialabteilung des Auswärtigen Amtes 1912 bei der Meyer Werft in Papenburg einen Dampfer in Auftrag, der auf dem Tanganjikasee dem Waren- und Personentransport dienen sollte. An den See grenzten seiner Zeit im Osten Deutsch-Ostafrika, im Westen Belgisch-Kongo und im Südwesten das englische Nordrhodesien.

Es sollte ein außergewöhnlicher Auftrag werden. Die Kiellegung des Schiffes, das später den Namen »Goetzen« erhalten sollte, erfolgte im Februar 1913. Der Namen geht zurück auf Graf Gustav Adolf von Götzen, der von 1900 bis 1906 Gouverneur in Deutsch-Ostafrika war. Häufig wird der Schiffsname auch als »Graf Götzen« publiziert, was aber eindeutig falsch ist. Am Bug des Dampfers stand immer – ohne gräflichen Titel - lediglich »Goetzen«.

Da das Schiff zerlegt an seinen Zielort transportiert werden musste, galt es entsprechend vorzusorgen. In »Köhlers Flotten-Kalender 2011« ist auf Seite 265 diesbezüglich zu lesen: »Als Grundsatz für die Bauart galt einerseits, die einzelnen Schiffs- und Maschinenteile und die Kessel möglichst endgültig fertigzustellen. Andererseits musste in Bezug auf Abmessungen und Gewicht auf die Verladungsmöglichkeit mit dem Seeschiff und mit der Eisenbahn Rücksicht genommen werden. Im Übrigen wurde das Schiff zusammengeschraubt. Alle Aufbauten, Kabinen und sonstige Räume wurden fertiggestellt.«

Nach der Abnahme im November 1913 wurde das ganze Schiff wieder auseinandergebaut und die Einzelteile nach Hamburg transportiert. Von dort ging es mit Dampfern der Deutschen Ostafrika-Linie nach Daressalam, der Hauptstadt

Das Hilfskriegsschiff »Goetzen« an einer Festmachertonne liegend. (Foto: Bibliothek für Zeitgeschichte)

Das Hilfskriegsschiff »Goetzen« mit eingeschifften Truppen an Bord. (Foto: Archiv Autor)

von Deutsch-Ostafrika. In Daressalam erfolgte die Verladung auf die Tanganjikabahn - auch als Mittellandbahn bezeichnet - zum Weitertransport nach der am nördlichen Ufer des Tanganjikasees gelegen Hafenstadt Kigoma.

In vielen bislang erschienenen Veröffentlichungen über die »Goetzen« wird behauptet, dass die Einzelteile von Daressalam aus in Kisten verpackt von rund 5000 einheimischen Trägern in drei Monaten über 900 Kilometer nach Kigoma getragen wurden. Das scheint zwar die Vorstellungen über die damaligen Verhältnisse in Afrika zu bestätigen, ist aber eindeutig falsch und auch irreal. Diese Darstellung entbehrte jeglicher Grundlage.

Zum einen war seit März 1914 die Strecke Daressalam–Kigoma der Tanganjikabahn für den öffentlichen Verkehr freigegeben und damit ein leistungsfähiges und adäquates Transportmittel vorhanden. Zum anderen ist es unmöglich, dass nicht mehr weiter zerlegbare tonnenschwere Schiffsteile wie zum Beispiel eine Antriebswelle oder eine Schiffsschraube oder Stahlplatten für die Außenhaut des Schiffes einfach so mal 900 Kilometer von Menschen durch unwegsames Gelände getragen werden können.

In Kigoma wurde dann auf einem eigens dafür angelegten Bauplatz Stück für Stück der er-

Name	**»Goetzen«**
Schiffstyp	Hilfskriegsschiff
Bauwerft	Meyer Werft, Papenburg
Stapellauf	5. Februar 1915
Indienststellung	9. Juni 1915
Verdrängung	1200 t
Länge x Breite x Tiefgang	71,40 x 10,00 x 2,30 m
Besatzungsstärke	40 Mann
Antrieb	2 x Dampfmaschine
Antriebsleistung	2 x 250 PS
Wellen / Ruder	2 / 1 (?)
Geschwindigkeit	9 kn
Fahrstrecke	unbekannt
Bewaffnung	1 x 10,5-cm-Geschütz, 1 x 8,8-cm-Geschütz, 2 x 3,7-cm-Geschütz

neute und diesmal endgültige Zusammenbau der »Goetzen« durchgeführt. Die Papenburger Werft hatte für diese Arbeiten extra eine Mannschaft zusammengestellt, die dieses vor Ort erledigte beziehungsweise überwachte. Hierzu waren bereits vor Ort Werftanlagen und Werkstätten eingerichtet worden, die aber in Folge des Kriegsbeginns nicht zu 100 Prozent fertiggestellt werden konnten, weil noch nicht die gesamte Ausrüstung aus Deutschland angekommen war. Dennoch ist am 5. Februar 1915 die neu zusammengebaute »Goetzen« vom Stapel gelaufen. Am 9. Juni 1915 erfolgte dann unter der Reichskriegsflagge die Indienststellung als Hilfskriegsschiff.

Ergänzend ist noch anzumerken, dass mit der »Goetzen« auch ein Schwesterschiff »Rechenberg« beauftragt wurde, welches aber in Folge des Kriegsausbruchs nicht mehr fertiggestellt wurde. Die bereits verbauten Teile wurden 1915 auf der Werft in Papenburg wieder abgebrochen.

Auf der »Goetzen« gab es sechs Einzelkammern für Passagiere der I. Klasse und fünf Doppelkammern für Passagiere der II. Klasse. Die Besatzungsstärke betrug 40 Mann, nach anderer Quelle 60. Die Frachtkapazität des mit 793 BRT vermessenen Schiffes wird mit 480 Tonnen angegeben. Weiterhin konnte es zum Betreiben der Dampfanlage noch 60 Tonnen Kohle und zehn Tonnen Wasser mitnehmen. Zum Be- und Entladen standen ein 2-t- und ein 10-t-Ladebaum mit Dampfwinde zur Verfügung.

Der Antrieb der »Goetzen« erfolgte über zwei Dreizylinder-Dreifach-Expansionsdampfmaschinen. In zwei Kesseln, die sowohl mit Kohle als auch mit Holz betrieben werden konnten, wurde ein Dampfdruck von 12 atü aufgebaut. Mit der abgegebenen Gesamtleistung von 500 PS erreicht das Schiff eine Geschwindigkeit von neun bis zehn Knoten.

Gleichzeitig mit ihrer Indienststellung wurde

Die Geschützmannschaft beim Geschützexerzieren an dem 10,5-cm-Geschütz der »Goetzen«. (Foto: Archiv Autor)

Das an der Pier liegende Hilfskriegsschiff »Goetzen«. (Foto: Bibliothek für Zeitgeschichte)

die »Goetzen« als Hilfskriegsschiff verwendet. In einigen Publikationen wird das Schiff auch etwas hochtrabend als Hilfskreuzer bezeichnet. Sie erhielt nach der Selbstversenkung des zuvor im Rufiji-Delta durch englische Seestreitkräfte blockierten Kleinen Kreuzers »Königsberg« im August 1915 ein 10,5-cm-Geschütz auf der Back eingerüstet. Weiterhin kamen noch ein 8,8-cm-Geschütz und zwei 3,7-cm-Revolverkanonen an Bord.

Statt wie ursprünglich geplant auf dem Tanganjikasee Personen- und Warentransporte durchzuführen, operierte die »Goetzen« nun als Hilfs- und Unterstützungsschiff für die Schutztruppe unter Oberst, später Generalmajor, Paul von Lettow-Vorbeck. Von der »Goetzen« wurden hauptsächlich Truppentransporte durchgeführt. Neben seiner Stammbesatzung von 40 Mann konnte der Dampfer noch bis zu 1000 Soldaten an Bord nehmen. Gelegentlich wurden aber auch Kommandounternehmungen gegen die Belgier und die Briten unternommen.

Das Schiff operierte hauptsächlich nachts, da es am Tage wegen seiner Größe ein weit sichtbares Ziel geboten hätte. Den beiden anderen Anrainern am Tanganjikasee, den Kriegsgegnern Belgien und Großbritannien, war das Schiff ein großes Ärgernis, was leicht zu verstehen ist.

Große Anstrengungen die »Goetzen« außer Gefecht zu setzen, unternahmen die Belgier aus der Luft. Sie bombardierten den Dampfer, wenn er bei Tage in seinem Heimathafen Kigoma lag. Bis auf einige Splitter, die an Bord einschlugen, blieben diese teilweise heftigen Angriffe ohne Erfolg.

Das Aus für das Hilfskriegsschiff »Goetzen«

Das Passagier- und Frachtschiff »Liemba« ex »Goetzen« auf einer Aufnahme vom Februar 2016. Durch die im Laufe der Zeit vorgenommenen Umbauten hat sich das äußere Erscheinungsbild des Schiffes total verändert. (Foto: Emi454 / CC-BY-SA 4.0)

kam, nachdem die Bewaffnung von Bord gegeben und der an Land operierenden Schutztruppe zur Verfügung gestellt werden musste, um herangeführte englische Verbände abzuwehren. Das abgerüstete Schiff war somit nicht mehr von weiterem Nutzen. Damit es nicht in feindliche Hände fallen konnte, wurde es am 21. Juli 1916 in Kigoma selbst versenkt. Bevor dies jedoch geschah, wurden alle wichtigen technischen Teile und Anlagen vorsorglich eingefettet und somit konserviert.

Nach Kriegsende gelang es den Belgiern, den Versenkungsort der »Goetzen« ausfindig zu machen. Ein Bergungsversuch wurde zwar unternommen, konnte aber nicht erfolgreich beendet werden. Mehr Erfolg sollten dann 1924 die Briten haben.

Nach den Bestimmungen des Versailler Vertrages wurde Großbritannien Mandatsmacht über das ehemalige Deutsch-Ostafrika. Im Vertrauen auf gute deutsche Handwerksarbeit unternahmen sie einen erneuten und dieses Mal erfolgreichen Bergungsversuch. Am 16. März 1924 tauchte nach acht Jahren die »Goetzen« wieder aus dem Wasser auf.

Dank der vor der Versenkung vorgenommenen Konservierung war die Reinigung und die Reparatur der »Goetzen« kein großes Problem. Mit durchgeführten Umbauten dauerte es dann aber doch noch drei Jahre, bis das Schiff unter dem neuen Namen »Liemba« im Frühjahr 1927 wieder auf dem Tanganjikasee in Fahrt kam. Wie einst geplant transportiert das Schiff seither Passagiere und Waren auf dem Tanganjikasee.

Erst im Jahre 1970 wurde die »Liemba« stillgelegt, da sie scheinbar verbraucht war. Die Dampfmaschine und die Kessel wurden ausgebaut und der große Schornstein entfernt. In den Jahren 1976 bis 1978 kam dann doch noch eine umfassende Renovierung zustande. Mit zwei jeweils 625 PS starken Dieselmotoren ausgerüstet ging es ab 1979 wieder auf Fahrt. Eine weitere Generalüberholung fand 1993 statt.

Die »Liemba« wird heute, mehr als 100 Jahre nach ihrem Stapellauf, in Tansania von der staatlichen Marine Services Company Ltd. betrieben. Ihr Zustand ist aber nicht mehr der beste, sodass sie in Kigoma in der Werft liegt. Die Sanierung des für die Region immer noch wichtigen Schiffes, das nicht nur den Ersten Weltkrieg, sondern auch zahlreiche lokale Unruhen und Bürgerkriege überstanden hat, gestaltet sich schwierig, da die notwendigen finanziellen Mittel für das wohl älteste weltweit noch im Dienst befindlichen Passagierschiffes fehlen.

1.13 Vermessungsschiffe

Vermessungsschiff »Planet«

Der zunehmenden Erschließung der deutschen überseeischen Schutz- und Kolonialgebiete folgte um die Jahrhundertwende auch die Ausdehnung und die Verstärkung der Seevermessung durch die Kaiserliche Marine. Zwar war die Marine schon immer am Vermessungswesen und der Meeresforschung mit umgebauten und entsprechend hergerichteten Kanonenbooten wie zum Beispiel »Hyäne«, »Möwe« und »Wolf« aktiv gewesen, nun aber sollten speziell für diesen Zweck gebaute Einheiten beschafft werden.

Für den Einsatz in den Kolonien und in ausländischen Gewässern ließ die Marine daher das Vermessungsschiff A bauen, da die genannten Einheiten wegen Überalterung dem gewünschten Verwendungszweck nicht mehr genügten. Auf der Werft AG Weser in Bremen erfolgte am 15. Mai 1905 die Kiellegung. Das dann auf den Namen »Planet getaufte Schiff lief am 2. August 1905 relativ formlos vom Stapel und stellte am 16. November 1905 in Dienst.

Zunächst wurde der Neubau jedoch skeptisch und kritisch betrachtet. Das Kaiserliche Kommando der Marinestation der Nordsee hielt das Schiff nach der im November 1905 durchgeführten Seeklarbesichtigung für die zugedachte Verwendung, insbesondere für die Regionen südlich vom Kap der Guten Hoffnung, als völlig ungeeignet. Die »Planet« wurde dabei zwar als gutes Wohnschiff beurteilt, aber der schon angedachte Neubau eines zweiten Vermessungsschiffes wurde nicht befürwortet.

Das Vermessungsschiff »Planet« auf einer zeitgenössischen Postkarte mit einer Briefmarke aus dem Kolonialgebiet Deutsch-Neuguinea. (Foto: Archiv Autor)

Vermessungsschiff »Planet«. (Foto: Bibliothek für Zeitgeschichte)

Das Reichsmarineamt ordnete daraufhin eine gründliche Erprobung der Seeeigenschaften des Vermessungsschiffes an. Die Prüfungskommission kam dabei zu einem völlig anderen Ergebnis, sodass der geplanten Verwendung der »Planet« wie auch der Beschaffung eines zweiten Schiffes nichts mehr im Wege stand.

Beim Schiffsentwurf hatte man im Hinblick auf die Verwendung in tropischen Gewässern auf großzügige, luftige Räume geachtet. Ausreichende Seefähigkeit und Widerstandsfähigkeit gegen Klimaeinflüsse sowie eine gute Unterbringung für die Besatzung waren bestimmende Konstruktionsmerkmale. Der für Kriegsschiffe eigentlich untypische weiße Anstriche sorgte bei den hohen Außentemperaturen und der intensiven Sonneneinstrahlung ebenfalls für moderate Temperaturverhältnisse in den Decks. Die Besatzungsstärke der »Planet« betrug 104 Mann.

Als Antrieb dienten zwei Dreizylinder-Drei-

Name	**»Planet«**	**»Möwe«**
Schiffstyp	Vermessungsschiff	Vermessungsschiff
Bauwerft	AG Weser, Bremen	Kaiserliche Werft, Wilhelmshaven
Stapellauf	2. August 1905	2. Juli 1906
Indienststellung	16. November 1905	12. März 1907
Verdrängung	826 t	812 t
Länge x Breite x Tiefgang	59,20 x 9,80 x 3,44 m	58,90 x 9,84 x 3,26 m
Besatzungsstärke	104 Mann	104 Mann
Antrieb	2 x Dampfmaschine	2 x Dampfmaschine
Antriebsleistung	2 x 175 PS	2 x 175 PS
Wellen / Ruder	2 / 1	2 / 1
Geschwindigkeit	9,5 kn	9,5 kn
Fahrstrecke	3820 sm bei 7 kn	3820 sm bei 7 kn
Bewaffnung	3 x 3,7-cm-Geschütz	3 x 3,7-cm-Geschütz

fach-Expansionsdampfmaschinen, die auf jeweils eine Welle wirkten. Ihre Maschinenleistung betrug insgesamt 350 PS. Zwei Kessel lieferten den benötigten Dampf mit einem Druck von elf atü. Die Antriebsanlage verlieh dem Schiff eine Geschwindigkeit von 9,5 Knoten. Für den Kriegsfall war eine Bewaffnung mit drei 3,7-cm-Revolverkanonen vorgesehen. Des Weiteren befanden sich Handwaffen an Bord.

Mitte Dezember 1905 unternahm die »Planet« eine Fahrt von Kiel über Skagen nach Brunsbüttel und wieder zurück, um die wissenschaftlichen Einrichtungen zu erproben. Hier sei auch angemerkt, dass der Einsatz des Schiffes in der Regel ohne Einschiffung von Wissenschaftlern erfolgen sollte. Für die Durchführung sämtlicher wissenschaftlicher Facharbeiten hatten Kommandant und Offiziere eine besondere Ausbildung an wissenschaftlichen Fachinstituten erhalten.

Schon am 21. Januar 1906 lief die »Planet« - entgegen der eigentlichen Regel mit einem Wissenschaftler an Bord - in Richtung Südsee aus. Umfangreiche Forschungs- und Vermessungsarbeiten wurden auf der Ausreise erledigt. Im Oktober 1906 erreichte das Schiff den Bismarck-Archipel und hatte bis dahin entlang der afrikanischen Westküste, der ostafrikanischen Küste, den Malediven und im Indischen Ozean 211 Tiefseelotungen, mehr als 20 Ballon- und 40 Drachenaufstiege durchgeführt. Dabei erreichte der höchste vorgenommene Drachenaufstieg eine Höhe von 5880 Meter. Der höchste Ballonaufstieg betrug 17.000 Meter. Hinzu kamen weitere wissenschaftliche Messungen des Salz- und Gasgehalts der Tiefsee und unzählige meteorologische Beobachtungen.

Die »Planet« blieb in der gesamten Folgezeit in den westpazifischen deutschen Kolonialgebieten im Einsatz. Sie führte zahlreiche Forschungs- und Vermessungsfahrten durch und unterstützte zeitweise auch anderweitig die deutsche Kolonialverwaltung in dieser Region. Zu ihren größten Erfolgen gehört zweifellos die Entdeckung der bislang unbekannten Meerestiefen im Sunda-Graben (7455 m) und im Philippinen-Graben (9788 m). Wie spätere Lotungen durch andere Forschungsschiffe ergaben, hat der 1325 Kilometer lange Philippinengraben seine tiefste Stelle bei 10.540 Meter.

Zwischendurch lief die »Planet« zu notwendigen Instandsetzungsarbeiten immer mal wieder Sydney, Singapur, Brisbane, Manila oder Tsingtau an. Nach Deutschland sollte das Vermessungsschiff allerdings nicht mehr zurückkehren.

Am 29. Juli 1914 traf auf der »Planet«, die bei der Vermessung der Gewässer der Karolinen-Insel Truk beschäftigt war, über Funk die Nachricht des Admiralstabes aus Berlin mit dem Hinweis auf politische Spannungen ein. In der Nacht vom 30. / 31. Juli erfolgte der Befehl von Vizeadmiral Maximilian Reichsgraf von Spee, dem Chef des zu dieser Zeit in der Südsee operierenden Ostasiatischen Kreuzergeschwaders, nach Jap (heute: Yap), einer Insel im Archipel der West-Karolinen, zu ver-

Das Vermessungsschiff »Planet« an einer Festmachertonne. (Foto: Bibliothek für Zeitgeschichte)

legen. Im Kriegsfalle sollten die dortige Funk- und Kabelstation durch die »Planet« gesichert werden.

Am 28. September erschien der Hilfskreuzer »Cormoran« vor Ort und übernahm nahezu die gesamte Besatzung der »Planet«. Als man nach der Stärke des Funkverkehrs die Annäherung britischer Kriegsschiffe vermutete, verließ die »Cormoran« am 30. September das Atoll in Richtung Guam.

Von allen Verbindungen getrennt und ohne die Möglichkeit der Nachversorgung auf sich alleine gestellt, wurde die »Planet«, nachdem ein japanisches Landungskorps die Insel besetzte, von der als Wachkommando zurückgelassenen 13 Mann starken Restbesatzung am 7. Oktober 1914 vor der Karolinen-Insel Jap selbst versenkt. Auch die Zerstörung der Funkstation ist den Männern noch gelungen.

Die Hebungsversuche der Japaner waren zunächst erfolglos. Erst am 8. Oktober 1916 ist es ihnen gelungen, das Vermessungsschiff »Planet« zu bergen. Es wurde nach Osaka geschleppt und dort abgebrochen.

Vermessungsschiff »Möwe«

Die Kiellegung des Vermessungsschiffes B fand am 13. März 1906, also zu einem Zeitpunkt, als sich die »Planet« schon auf dem Weg in die Südsee befand, bei der Kaiserlichen Werft in Wilhelmshaven statt. Auch hier erfolgte am 2. Juli 1906 ein Stapellauf ohne besondere Feierlichkeiten. Das Schiff übernahm von dem im Vorjahr außer Dienst gestellten Kanonenboot und Vermessungsschiff »Möwe« den Namen. Es setzte am 12. März

Modellaufnahme von dem Vermessungsschiff »Möwe«. (Foto: Hans Karr)

Vermessungsschiff »Möwe«. (Fotos: Archiv Autor)

1907 erstmalig Flagge und Wimpel und begann dreiwöchige Seeerprobungen.

Hinsichtlich der schiffbaulichen Gegebenheiten, des Antriebs, der Bewaffnung und der Besatzungsstärke gelten die schon bei der »Planet« genannten Angaben. Die beiden Schiffe lassen sich jedoch leicht aufgrund einer äußerlichen Besonderheit unterscheiden. Im Gegensatz zur »Planet« führte die »Möwe« eine kleine Hilfsbesegelung. Am vorderen Mast war ein Rahsegel vorhanden und am achteren Mast befand sich ein Besansegel.

Vermessungsschiff »Möwe«. Man beachte die Hilfsbesegelung an den Masten. (Foto: Bibliothek für Zeitgeschichte)

Das war eine durchaus sinnvolle schiffbauliche Maßnahme. Ließen sich doch die Schiffsbewegungen bei unruhiger See mit dem Besansegel bei der Verwendung als Stützsegel dämpfen und reduzieren, was für die Durchführung der Vermessungstätigkeit der »Möwe« von Vorteil war. Beide Segel konnten aber auch bei günstigen Windverhältnissen zur Unterstützung der Maschine als Vortrieb genutzt werden. Dadurch ließ sich der Kohlevorrat schonen.

Erste Vermessungsfahrten unternahm die »Möwe« zunächst in der Ost- und Nordsee und verblieb auch ansonsten noch in heimatlichen Gewässern. Dabei war das Schiff 1907 unter anderem auch für die in Hamburg ansässige Deutsche Seewarte tätig. Von dieser mit Spezialballons, Drachen und Messgeräten zur Erforschung der Atmosphäre ausgestattet, führte die »Möwe« bis nördlich von Bergen Messungen durch und arbeitete gleichzeitig auch auf dem Gebiet der Ozeanografie.

Auch in den Folgejahren blieb das Vermessungsschiff »Möwe« in der Nord- und Ostsee im Einsatz. Weiterhin wurden auf dem Schiff Lehrgänge durchgeführt, um den Auslandsstationsschiffen der Kaiserlichen Marine fachlich ausgebildetes Vermessungspersonal mitgeben zu können.

Nach Übernahme der von der Deutschen Seewarte gestellten Spezialeinrichtung verließ erst am 3. Mai 1911, vier Jahre nach ihrer Indienststellung, die »Möwe« Wilhelmshaven in Richtung Afrika. Auftrag des Schiffes war die Durchführung von astronomischen, ozeanografischen, meteorologischen und magnetischen Untersuchungen. Solche Aufgaben übernahmen die vor dem Auslaufen an wissenschaftlichen Einrichtungen eingewiesenen und geschulten Offiziere. Wissenschaftler befanden sich nicht an Bord.

Nach ersten Tätigkeiten an der europäischen und afrikanischen Atlantikküste setzte das Schiff ab Oktober 1911 vor der Küste von Deutsch-Südwestafrika seine Vermessungsarbeiten fort. Ende 1912 verlegte die »Möwe« in die Gewässer von Deutsch-Ostafrika und blieb dort bis Mitte 2014 aktiv.

Am 24. Juli 1914 erhielt die »Möwe« den Befehl ihre Arbeiten wegen der politischen Lage in Europa abzubrechen und nach Daressalam zu verlegen. Die Mobilmachungs-Bestimmung sah für die »Möwe« vor, das Schiff aufzulegen, mit der Besatzung einen geeigneten Dampfer als Hilfskreuzer auszurüsten und im Indischen Ozean Kreuzerkrieg zu führen. Dazu standen ihre drei 3,7-cm-Revolverkanonen zur Ver-

Vermessungsschiff »Möwe«. (Fotos: Bibliothek für Zeitgeschichte)

Das vor Daressalam selbst versenkte und gekenterte Vermessungsschiff »Möwe«. (Foto: Bibliothek für Zeitgeschichte)

fügung. Außerdem sollte der auf der Ostafrikanischen Station tätige Kleine Kreuzer »Königsberg« noch mit zwei 8,8-cm-Geschützen diesbezüglich unterstützen.

Doch aus der Handelskriegsführung wurde nichts. Zwar war schon bald der im Hafen liegende Dampfer »Tabora« der Deutschen Ostafrika-Linie als potenzieller Hilfskreuzer bestimmt worden, doch die geringen zur Verfügung stehenden Kohlevorräte des Schiffes waren nicht gerade optimal für die Durchführung des Vorhabens. Dennoch sollte ab dem 5. August 1914 die Ausrüstung beginnen. Allerdings erschienen schon am gleichen Tag englische Kriegsschiffe vor dem Hafen. Der vorgesehene Plan war damit nicht mehr umsetzbar.

Das Vermessungsschiff »Möwe« wurde folglich aufgelegt. Bis auf ein Wachkommando wurde am Folgetag die Besatzung und die Artillerie des Vermessungsschiffes der in Deutsch-Ostafrika vorhandene Schutztruppe unter Oberst, später Generalmajor, Paul von Lettow-Vorbeck eingegliedert. Als »Abteilung Möwe« verlegte die Besatzung nach Kigoma am Tanganjikasee, um den Schutz der dortigen Region zu übernehmen. Sie bemannte eine kleine Flotte von behelfsmäßig bewaffneten und dort verfügbaren Seedampfern und war zunächst die stärkste militärische Kraft auf dem See.

Als am 8. August ein britisches Kriegsschiff vor Daressalam erschien und Landziele beschoss, öffnete das Wachkommando in Erwartung weiteren englischen Vorgehens auf der »Möwe« die Bodenventile und zündete die vorbereiteten Sprengladungen. Das Schiff sollte nicht in britische Hände fallen. Mit Steuerbord-Schlagseite sank die »Möwe« auf Grund. Ein Teil der Aufbauten ragte noch aus dem Wasser. Das Wrack wurde später von den Briten gehoben und danach verschrottet.

Die von dem Vermessungsschiff »Möwe« im Laufe seiner Dienstzeit gewonnenen wissenschaftlichen Ergebnisse über die Wasserverhältnisse vor der westafrikanischen Küste, die unterseeischen Strukturen vor der Kongo-Mündung und vor Südwestafrika sowie die geografischen, hydrografischen und meteorologischen Gegebenheiten vor Deutsch-Ostafrika waren für die Wissenschaft von großer Bedeutung. Eine geplante Tiefseeforschungsfahrt in den Indischen und Pazifischen Ozean fiel dem Ausbruch des Ersten Weltkriegs und dem Endschicksal des Schiffes zum Opfer.

Die Vermessungs- und Forschungstätigkeiten der Kaiserlichen Marine mit dem Vermessungsschiff »Möwe« – wie auch mit der »Planet« – fanden nationale und internationale wissenschaftliche Anerkennung. Auch die Reichsmarine / Kriegsmarine setzte ab den 1920er-Jahren diese Tradition mit dem Forschungsschiff »Meteor« fort.

1.14 Stationsschiff »Loreley«

Die Kaiserliche Marine unterhielt im östlichen Mittelmeer ein ständiges Stationsschiff. Seit dem 30. August 1879 war dies der Radaviso »Loreley«. Das acht Jahre zuvor am 19. August 1871 auf der Kaiserlichen Werft in Wilhelmshaven vom Stapel gelaufene Fahrzeug kam Mitte der 1890er-Jahre altersbedingt an die Grenze seiner Verwendbarkeit und die Kaiserliche Marine musste sich nach einem Ersatz umsehen.

Als Glücksfall erwies sich die seiner Zeit in England zum Verkauf anstehende Dampfyacht »Mohican«. Das Schiff war am 1. Juni 1885 bei D.&W. Henderson & Co. in Glasgow vom Stapel gelaufen und seit seiner Fertigstellung ab 1886 in ziviler Nutzung.
Nach dem erfolgten Ankauf wurde die »Mohican« für militärische Zwecke hergerichtet. Als Bewaffnung erhielt das Schiff zwei 5-cm-Geschütze eingerüstet. Es stellte unter dem Namen »Ersatz Loreley« am 6. August 1896 für die Kaiserliche Marine in Dienst und verlegte anschließend als zukünftiges Stationsschiff in das Mittelmeer.

Am 10. August 1896 wurde der bisherige radgetriebene Aviso »Loreley« aus der Liste der Kriegsschiffe gestrichen, aber erst am 7. September, dem Tag des Eintreffens des neuen Stationsschiffes, in Konstantinopel außer Dienst gestellt. Die »Ersatz Loreley« übernahm nun die Aufgaben des Stationärs und der Schiffsname wurde in »Loreley« geändert. Die alte »Loreley« wurde danach verkauft. Über ihr weiteres Schicksal ist nichts bekannt.

Radaviso »Loreley«. (Foto: Archiv Autor)

Die neue »Loreley« war ein Querspant-Stahlbau mit Holzdecks. Der rund 69 Meter lange Schiffsrumpf war in sieben wasserdichte Abteilungen unterteilt. Sie galt allgemein als ein gutes Seeschiff mit guten Manövriereigenschaften. Bei Seegang geriet das Schiff jedoch schnell ins Stampfen. Die »Loreley« hatte eine Besatzung von 61 Mann.
Als Antrieb diente eine Dreizylinder-Dreifach-Expansionsdampfmaschine mit einer Leistung von 700 PS. Den benötigten Dampf erzeugte mit neun atü ein kohlebefeuerter Kessel. Die »Loreley« erreichte eine Geschwindigkeit von zwölf Knoten und bei neun Knoten eine Fahrtstrecke von 3900 Seemeilen. Weiterhin war die »Loreley« als Schoner getakelt und führte an drei Masten eine Segelfläche von 435 Quadratmeter.

Nach der Ankunft in Konstantinopel begannen für die »Loreley« die Routineaufgaben eines Stationsschiffes. Der deutsche Botschafter im Osmanischen Reich nutzte das Schiff für Repräsentationsreisen in das Schwarze Meer und in die Ägäis. Im Oktober 1898 war es Begleitschiff für die Kaiserliche Yacht »Hohenzollern« beim Besuch des Kaiserpaares in der Türkei. Mit dem Kaiser und der Kaiserin an Bord wurde eine kurze Fahrt in das Schwarze Meer unternommen. Bei der sich diesem Besuch anschließenden Palästinareise des Kaiserpaares war die »Loreley« wieder Begleitschiff für die Kaiserliche Yacht »Hohenzollern«.

In den Folgejahren war sie im gesamten östlichen Mittelmeer immer wieder zu Repräsentationsfahrten unterwegs und stand Mitgliedern der Kaiserlichen Familie bei deren Mittelmeeraufenthalten zur Verfügung. Bei politischen Unruhen oder Krisen zeigte sie in der Region Flagge und stand für die Unterstützung und den Schutz deutscher Staatsangehöriger bereit. Im August / September 1910 war die »Loreley« die Plattform für die formelle Übergabe der beiden an die Türkei verkauften deutschen Linienschiffe »Kurfürst Friedrich Wilhelm« und »Weißenburg«, die als »Barbaros Hayreddin« und »Torgut Reis« in die Osmanische Flotte integriert wurden. Über den Jahreswechsel 1910 / 1911 wurde in Triest eine viermonatige Grundüberholung durchgeführt.

Das Jahr 1912 war in der Region von Krisen geprägt und die »Loreley« hielt sich überwiegend in türkischen Gewässern auf. Nach Ausbruch des 1. Balkankrieges wurde sie in die neu aufgestellte Mittelmeerdivision eingegliedert. Im November 1912 brachte die »Loreley« den Bruder des türkischen Sultans nebst Gefolge aus dem bedrohten Saloniki nach Konstantinopel in Sicherheit. Im Februar und März 1913 war das Schiff zu einer Werftliegezeit ein weiteres Mal in Triest. Für den Rest des Jahres und in der ersten Jahreshälfte 1914 war wieder Routinedienst als Stationsschiff angesagt.

Bei Ausbruch des Krieges stand die »Loreley« mehr oder weniger einsam auf verlorenem Posten im östlichen Mittelmeer. Zu Operationen der deutsch-türkischen Marineeinheiten - Großer Kreuzer »Goeben« / »Yavuz Sultan Selim« und Kleiner Kreuzer »Breslau« / »Midilli« - wurde sie jedoch nicht herangezogen. Das Schiff stellte vielmehr am 6. August 1914 außer Dienst.
Jedoch kam die »Loreley« später ohne offizielle Indienststellung zur Begleitung von Munitionstransportern im Marmarameer sowie sonstiger Frachttransporte wieder zum Einsatz. Dabei fuhr sie mit einer gemischten deutsch-türkischen Besatzung unter der Reichsdienstflagge.

Stationsschiff »Loreley«. (Foto: Archiv Autor)

Am 2. November 1918 wurde das Stationsschiff »Loreley« endgültig aus der Liste der Kriegsschiffe gestrichen und der Türkei überlassen. Nach einer Zeit als Auflieger kaufte im April 1924 ein türkischer Reeder das Schiff und setzte es unter dem Namen »Haci Paşa« als Frachtschiff ein. Am 2. Januar 1926 verließ der nunmehrige Frachter den Hafen von Batum / Georgien mit Zielhafen Samsun / Türkei. Seither ist das Schiff im Schwarzen Meer verschollen.

Name	**»Loreley«**
Schiffstyp	Stationsschiff
Bauwerft	D.&W. Henderson & Co., Glasgow, Großbritannien
Stapellauf	1. Juni 1885
Indienststellung	6. August 1896
Verdrängung	924 t
Länge x Breite x Tiefgang	68,70 x 8,40 x 4,58 m
Besatzungsstärke	61 Mann
Antrieb	1 x Dampfmaschine
Antriebsleistung	1 x 700 PS
Wellen / Ruder	1 / 1
Geschwindigkeit	12 kn
Fahrstrecke	3900 sm bei 9 kn
Bewaffnung	2 x 5-cm-Geschütz

Kapitel 2 - Kriegsmarine

2.1 Hilfskreuzer

Hilfskreuzer »Atlantis«

Der Hilfskreuzer »Atlantis« – auch als HSK 2 (Handelsstörkreuzer 2) und Schiff 16 sowie bei den Briten als Raider C bezeichnet – war das frühere Motorschiff »Goldenfels« der DDG Hansa. Am 16. Dezember 1937 lief das Schiff bei der Werft Bremer Vulkan in Vegesack vom Stapel. Nach seiner Fertigstellung war das mit 7862 BRT vermessene Frachtschiff im Fahrtgebiet nach Asien eingesetzt. Bei Kriegsausbruch befand sich die »Goldenfels« in Deutschland und wurde zwecks Umbaus zum Hilfskreuzer von der Kriegsmarine beschlagnahmt. Die Indienststellung als Hilfskreuzer »Atlantis« erfolgte am 19. Dezember 1939 unter dem Kommandanten Kapitän zur See Bernhard Rogge.

Der Frachter war ein Querspant-Stahlbau mit langen Brückenaufbauten in Schiffsmitte sowie erhöhter Back und Achterschiff. Sechs Frachtluken und Einrichtungen zur Mitnahme von zwölf Passagieren waren vorhanden.

Der Umbau zum Hilfskreuzer wurde unter strengster Geheimhaltung bei der Deschimag Werft in Bremen durchgeführt. Dabei wurden Unterkünfte für die eigene Besatzung von weit über 300 Mann sowie für die unterzubringenden Besatzungen gekaperter Handelsschiffe in den Frachträumen geschaffen. Des Weiteren kamen zahlreiche unterschiedliche für das Leben an Bord und für den Dienstbetrieb notwendige Räumlichkeiten zum Einbau. Außerdem wurde Vorsorge getroffen, um später auf See die Schiffssilhouette verändern zu können, um so das Schiff zu tarnen und dem Aussehen gegnerischer oder neutraler Handelsschiffe anzugleichen. Unter anderem konnten als Attrappe ein zweiter Schornstein und zusätzliche Kranpfosten aufgestellt werden. Hinter umklappbaren Verkleidungen kam die Artillerie zum Einbau. Damit der Charakter eines Handelsschiffes nicht verloren ging, mussten, um bei einer möglichen Luftaufklärung nicht aufzufallen, auch Tarnmaßnahmen gegen Einsichtnahme aus der Luft getroffen werden.

Hilfskreuzer »Atlantis«. (Foto: Archiv Autor)

Hilfskreuzer »Atlantis«. (Fotos: Bibliothek für Zeitgeschichte)

Der Antrieb der »Atlantis« bestand aus zwei doppeltwirkenden MAN Sechszylinder-Zweitakt-Dieselmotoren, die zusammen 7600 PS an Leistung brachten. Beide Dieselmotoren wirkten auf eine Welle und ermöglichten eine Geschwindigkeit von 16 Knoten. Bei einem Vorrat von 3000 Kubikmeter Kraftstoff und einer Geschwindigkeit von zehn Knoten ergab sich für HSK 2 eine Einsatzreichweite von 60.000 Seemeilen.

Als Hauptbewaffnung erhielt der Hilfskreuzer sechs 15-cm-Geschütze eingebaut. Hinter umklappbaren Schanzkleidern wurden vorne vier und achtern zwei Geschütze aufgestellt. Weiterhin war als Anhaltekanone ein 7,5-cm-Geschütz an Bord. Am Heck stand eine 3,7-cm-Doppelflak und an den Schiffseiten nochmals vier 2-cm-Flak-Geschütze. Unter der Brücke befanden sich an beiden Seiten jeweils zwei schwenkbare 53,3-cm-Torpedorohre für den Einsatz der 24 mitgenommenen Torpedos. Alle Waffensysteme waren getarnt aufgestellt. Des Weiteren konnten 92 Minen geladen werden. Zur Aufklärung führte Schiff 16 zwei Bordflugzeuge des Typs Heinkel He 114 A-2 mit sich. Nach einer anderen Quelle sind sie später auf See gegen zwei modernere Flugzeuge des Typs Arado Ar 196 ausgetauscht worden sein.

Nach der Ausbildung der Besatzung lief die »Atlantis«, als norwegisches Handelsschiff »Knute Nelson« getarnt, am 11. März 1940 von Kiel zum Handelskrieg aus. Sie war der erste deutsche Hilfskreuzer, der im Zweiten Welt-

Der Hilfskreuzer »Atlantis« mit einem zur Veränderung der Schiffssilhouette aufgebauten zweiten Schornstein. (Foto: Bibliothek für Zeitgeschichte)

Die beiden vorne an Backbord-Seite eingebauten 15-cm-Geschütze konnten durch umklappbare Schanzkleider getarnt werden. (Foto: Bibliothek für Zeitgeschichte)

Eines der beiden achteren 15-cm-Geschütze nach seiner Enttarnung. (Foto: Bibliothek für Zeitgeschichte)

Der Hilfskreuzer »Atlantis« war mit Bordflugzeugen des Typs Heinkel He 114 A-2 ausgerüstet. (Foto: Archiv Autor)

krieg zum Einsatz kam. Rasch folgten ihr die Hilfskreuzer »Orion«, »Widder«, »Thor« (erste Fahrt), »Pinguin«, »Komet« und als Schlussschiff »Kormoran«. Die Schiffe werden auch als erste Hilfskreuzerwelle bezeichnet. Sie waren alle in den Jahren 1940 / 1941 auf den Weltmeeren aktiv.

Anfang April brach Schiff 16 über die Dänemarkstraße in den Atlantik durch und verlegte rasch nach Süden. Die Route Kapstadt - Freetown war als erstes Operationsgebiet vorgesehen. Vorher wollte der Hilfskreuzer nicht auffallen und ging gesichteten Schiffen zunächst aus dem Weg. Am 3. Mai 1940 hatte die »Atlantis« mit der Versenkung der »Scientist« westlich des heutigen Namibia ihr erstes Opfer gefunden und den Handelskrieg begonnen.

Vor Kap Agulhas wurden am 10. / 11. Mai die mitgeführten Minen geworfen und anschließend bis Mitte November im Indischen Ozean sehr erfolgreich Handelskrieg geführt. Dabei hielt sich die »Atlantis« abwechselnd im Seegebiet zwischen Indien und Australien sowie im Seegebiet nordöstlich bis östlich von

Madagaskar auf. Zwölf Schiffe fielen dem Hilfskreuzer zum Opfer. Im Dezember traf die »Atlantis« mit dem Hilfskreuzer »Pinguin« zusammen und führte anschließend von Mitte Dezember 1940 bis Anfang Januar 1941 auf den Kerguelen eine notwendig gewordene Maschinenüberholung durch.

Ab 23. Januar 1941 begann für Schiff 16 wieder der Handelskrieg. Östlich von Madagaskar konnte der Hilfskreuzer zwei Schiffe aufbringen. Im Südatlantik fand am 14. Februar ein Treffen mit dem Panzerschiff »Admiral Scheer« statt, ebenso im April ein Treffen mit dem Hilfskreuzer »Kormoran«.

Von Anfang Februar bis Ende Juni wurden sechs weitere Schiffe im Südatlantik und östlich von Madagaskar Opfer von HSK 2. In den Gewässern um Südafrika entging »Atlantis« Mitte Mai der Entdeckung durch den Flugzeugträger »Eagle« und das Schlachtschiff »Nelson«.

Am 1. Juli trafen sich die Hilfskreuzer »Atlantis« und »Orion«, wobei »Atlantis« die »Orion« mit Kraftstoff versorgte. »Atlantis« lief danach via Indischer Ozean in den Pazifik ab. Am 10. September 1941 wurde der Frachter »Silvaplana« nordöstlich von Neuseeland das letzte Schiff, das die »Atlantis« aufbringen konnte. Als Prise wurde es nach Bordeaux entlassen, wo es Mitte November ankam. Da im Pazifik kein Schiffsverkehr angetroffen wurde, umrundete Schiff 16 Kap Hoorn und erreichte im Oktober 1941 wieder den Südatlantik.

Hier erhielt das Schiff von der Seekriegsleitung den Befehl, den Handelskrieg einzustellen und stattdessen im Südatlantik operierende U-Boote zu versorgen. Das erste U-Boot, das unterstützt wurde, war am 13. November 1941 »U 68«.

Am frühen Morgen des 22. November trafen sich »Atlantis« und »U 126« ungefähr 350 Seemeilen nordwestlich der Ascension-Insel. Bei diesem Treffen wurden sie von dem englischen Kreuzer »Devonshire« überrascht. Um 08:30 Uhr eröffnete dieser das Feuer. Als holländisches Handelsschiff getarnt gab die »Atlantis« über Funk Alarmsignale, wobei sie behauptete, von einem deutschen Kriegsschiff angegriffen zu werden. Doch die Kriegslist funktionierte nicht. Die »Devonshire« machte zwar eine Feuerpause, doch um 09:30 Uhr be-

Der englische Kreuzer »Devonshire« besiegelte am 22. November 1941 das Schicksal des Hilfskreuzers »Atlantis«. (Foto: Bibliothek für Zeitgeschichte)

gann sie wieder mit dem Wirkungsschießen. Der Hilfskreuzer wurde wiederholt schwer getroffen und geriet in Brand. Um 09:58 Uhr erging der Befehl das Schiff zu sprengen und zu verlassen. Um 10:15 Uhr ist die »Atlantis« gesunken. Der englische Kreuzer drehte daraufhin ab, ohne sich um die Schiffbrüchigen zu kümmern. Möglicherweise hatte er Sorge von dem in der Nähe vermuteten U-Boot angegriffen zu werden.

Die überlebende Besatzung, acht Mann waren in dem Gefecht gefallen, wurde von »U 126« an Bord genommen beziehungsweise in Rettungsbooten geschleppt und zwei Tage später an das im Seegebiet stehende und herbeigeeilte deutsche Versorgungsschiff »Python« abgegeben.

Bei der Versorgung von »U 68« und »U A« wurde die »Python« am 1. Dezember 1941 von dem englischen Kreuzer »Dorsetshire«, einem Schwesterschiff der »Devonshire«, ebenfalls überrascht und angegriffen. Das Versorgungsschiff versenkte sich daraufhin selbst. Die »Atlantis«-Besatzung musste nun zum zweiten Mal in die Rettungsboote, dieses Mal zusammen mit der Mannschaft der »Python«. Auch die »Dorsetshire« kümmerte sich nicht um die schiffbrüchige Mannschaft des versenkten Gegners.

Die beiden U-Boote nahmen jeweils 100 Mann an Bord, ein weiterer Teil der Schiffbrüchigen musste mit Schwimmwesten in Schlauchbooten an Oberdeck bleiben und der Rest fand Platz in den zehn vorhandenen Rettungsbooten, die von den U-Booten geschleppt wurden. Ein Verkehrsboot fuhr mit eigener Kraft zwischen den beiden U-Booten und den Schleppbooten hin und her. Es stellte die Versorgung der Bootsinsassen sicher. Ziel der beiden außergewöhnlichen Schleppzüge war Frankreich.

Am 3. und 5. Dezember 1941 erreichten »U 129« und »U 124« die Szene und übernahmen ebenfalls Schiffbrüchige. Am 12. Dezember treffen sich die deutschen U-Boote mit den italienischen U-Booten »Luigi Torelli«, »Enrico Tazzoli«, »Pietro Calvi« und »Guiseppe Finzi«. Damit entspannt sich die Lage und alle Schiffbrüchige können an Bord eines U-Bootes gebracht werden. Zwischen dem 24. und dem 29. Dezember erreichten die deutschen und italienischen U-Boote nach und nach St. Nazaire. Eine spektakuläre Rettungsaktion über rund 4000 Seemeilen, die in der Seefahrt- und

Bei der Annäherung des englischen Kreuzers »Dorsetshire« musste sich das Versorgungsschiff »Python«.selbst versenken. (Foto: Archiv Autor)

Name	»Atlantis«	»Kormoran«
Schiffstyp	Hilfskreuzer	Hilfskreuzer
Bauwerft	Bremer Vulkan, Vegesack	Germaniawerft, Kiel
Stapellauf	16. Dezember 1937	15. September 1938
Indienststellung	19. Dezember 1939	9. Oktober 1940
Verdrängung	17.600 t	19.900 t
Länge x Breite x Tiefgang	155,00 x 18,70 x 8,70 m	164,00 x 20,20 x 8,50 m
Besatzungsstärke	350 Mann	400 Mann
Antrieb	2 x Dieselmotor	4 x Dieselmotor, 2 x Elektro-Fahrmotor
Antriebsleistung	2 x 3800 PS	4 x unbekannt, 2 x 8000 PS
Wellen / Ruder	2 / 1	2 / 1
Geschwindigkeit	16 kn	18 kn
Fahrstrecke	60.000 sm bei 10 kn	84.500 sm bei 10 kn
Bewaffnung	6 x 15-cm-Geschütz, 1 x 7,5-cm-Geschütz, 2 x 3,7-cm-Geschütz, 4 x 2-cm-Geschütz, 4 x 53,3-cm-Torpedorohr, Minen	6 x 15-cm-Geschütz, 2 x 3,7-cm-Geschütz, 5 x 2-cm-Geschütz, 6 x 53,3-cm-Torpedorohr, Minen
Ausrüstung	2 x Bordflugzeug	2 x Bordflugzeug, 1 x Leichtes Schnellboot

Marinegeschichte einmalig ist und eine hervorragende seemännische Leistung darstellt, nahm damit ein glückliches Ende.

Der Hilfskreuzer »Atlantis« hat mit 622 Tagen die längste Einsatzfahrt eines deutschen Hilfskreuzers durchgeführt. Das gilt sowohl für den Ersten wie auch für den Zweiten Weltkrieg. Dabei legte er eine Strecke von 102.000 Seemeilen zurück. Insgesamt 22 Schiffe mit zusammen 145.968 BRT hat HSK 2 aufgebracht. Davon wurden als Prisen fünf nach französischen Häfen und eine nach Japan geschickt. Am Zielort angekommen sind jedoch nur zwei. Die anderen vier fielen auf der Fahrt dorthin verschiedenen Kriegsereignissen zum Opfer.

Auffallend am Schicksal der »Atlantis« und der »Python« ist die Tatsache, dass beide Schiffe bei der Versorgung von U-Booten vom Gegner gestellt wurden. Bis weit nach dem Krieg war nicht bekannt, dass es einer englischen Entermannschaft Anfang Mai 1941 gelungen war, von dem durch Wasserbombern zum Auftauchen gezwungenen »U 110« Geheimdokumente und eine Chiffriermaschine Enigma zu bergen. In Folge gelang auch der Einbruch in den Funkschlüssel der deutschen U-Boote. Mit großer Sicherheit liegt hier die Lösung für diese doch etwas ungewöhnlichen Zusammentreffen der deutschen und englischen Kriegsschiffe, denn ohne Fernmeldeverkehr war das Treffen zwischen den deutschen Einheiten nicht zu arrangieren gewesen und der Gegner hörte vermutlich mit.

Hilfskreuzer »Kormoran«

Der Hilfskreuzer »Kormoran« war mit einer Vermessung von 8736 BRT und einer Verdrängung von 19.900 Tonnen der größte der im Zweiten Weltkrieg eingesetzten deutschen Hilfskreuzer. Das Schiff führte auch die Bezeichnungen HSK 8 (Handelsstörkreuzer 8) und Schiff 41 sowie Raider G beim englischen Kriegsgegner.

Gebaut wurde der Hilfskreuzer bei der Germaniawerft in Kiel, wo er unter dem Namen »Steiermark« am 15. September 1938 als Frachtschiff vom Stapel lief. Für die Hamburg-Amerika-Linie (Hapag) sollte das Schiff auf der Route nach Ostasien in Fahrt kommen, wurde aber vor Kriegsbeginn nicht mehr vollständig fertig. Es blieb lediglich bei einer Probefahrt.

Zwecks Verwendung als Hilfskreuzer wurde die »Steiermark« von der Kriegsmarine requiriert und im Jahr 1940 entsprechend umgebaut. Als »Kormoran« stellte sie am 9. Oktober 1940 unter dem Kommando von Korvettenkapitän, - ab 1. April 1941 Fregattenkapitän - Theodor Detmers in Dienst.

Die »Kormoran« war ein Querspant-Stahlbau mit sechs Frachtluken. Typisch für das Schiff war sein Maierform-Bug. Die Back und das Achterschiff waren erhöht. In Schiffsmitte befanden sich die recht umfangreich dimensionierten Aufbauten mit einem großen breiten Schornstein. Einrichtungen für die Mitnahme von zwölf Passagieren waren vorhanden.

Beim Umbau zum Hilfskreuzer erfolgte auf der Deutschen Werft in Hamburg. Dabei wurden in den Frachträumen Unterbringungsmöglichkeiten für die 400 Mann starke Besatzung wie auch für die später an Bord kommenden gefangenen Besatzungsmitglieder der gekaperten Handelsschiffe geschaffen. Darüber hinaus kamen Wasch- und Sanitärräume, Bäckerei, Wäscherei, Lazarett, Kantine und weitere notwendige Betriebsräume zum Einbau. Für das Schiffsäußere wurden Tarn- und Veränderungsmöglichkeiten der unterschiedlichsten Art vorgesehen. Insbesondere die einzurüstenden Waffen mussten einerseits wirkungsvoll verborgen werden, durften aber andererseits auch nicht in ihrem Gebrauch eingeschränkt werden.

Der Anrieb des Hilfskreuzers »Kormoran« war diesel-elektrisch ausgelegt. Vier Krupp-Germaniawerft Neunzylinder-Viertakt-Dieselmotoren waren auf jeweils einen Generator gekuppelt und versorgten so die beiden Elektro-Fahrmotoren von Siemens mit Strom. Diese waren jeweils auf eine Welle geschaltet und

Der Hilfskreuzer »Kormoran« beim Zusammentreffen mit anderen deutschen Einheiten. (Foto: Bundesarchiv / Bild 146-1969-117-48 / CC-BY-SA 3.0)

Der Hilfskreuzer »Kormoran« bei einem Treffen mit einem U-Boot. (Foto: Bundesarchiv / Bild 146-1985-074-27 / CC-BY-SA 3.0)

Der Hilfskreuzer »Kormoran« erwartet ein zu versorgendes U-Boot. (Foto: Bundesarchiv / Bild 146-1969-117-46 / CC-BY-SA 3.0)

Hilfskreuzer »Kormoran«. (Fotos: Bibliothek für Zeitgeschichte)

gaben eine Gesamtleistung von 16.000 PS ab. Bei einem Vorrat von 5200 Kubikmeter Kraftstoff und einer Geschwindigkeit von zehn Knoten ergab sich mit dieser Maschinenanlage für HSK 8 eine Einsatzreichweite von 84.500 Seemeilen. Schiff 41 verfügte damit über die größte Reichweite aller deutschen Hilfskreuzer im Zweiten Weltkrieg.

Als Hauptbewaffnung erhielt der Hilfskreuzer sechs 15-cm-Geschütze eingebaut. Je zwei Geschütze waren am Bug und am Heck an den Schiffsseiten getarnt aufgestellt. Die beiden übrigen befanden sich, ebenfalls in verdeckter Aufstellung, auf Luke 2 und Luke 4. Das ursprünglich als Anhaltekanone eingebaute 7,5-cm-Geschütz kam noch vor Auslaufen wieder von Bord, da es sich als unbrauchbar erwiesen hatte. Aus Heeresbeständen wurden zwei 3,7-cm-Panzerabwehrgeschütze eingerüstet. Versteckt standen sie beidseitig unterhalb der Brücke. Fünf hydraulisch ausfahrbare 2-cm-Geschütze waren über das Schiff verteilt aufgestellt und vervollständigten die Rohrbewaffnung des Hilfskreuzers. Außerdem waren sechs 53,3-cm-Torpedorohre vorhanden. Vier schwenkbare Rohre standen getarnt in Zwillingsandordnung beidseitig im Zwischendeck. Je ein Einzelrohr war an jeder Schiffsseite als Unterwasserrohr eingebaut. Insgesamt konnten 24 Torpedos mitgenommen werden. Sie dienten sowohl dem Eigenbedarf wie auch zur Abgabe an im Einsatzgebiet operierende U-Boote. Weiterhin konnte der Hilfskreuzer 360 Minen mitnehmen. Zur Aufklärung führte Schiff 41 zwei Bordflugzeuge des Typs Arado Ar 196 mit sich. Ein Leichtes Schnellboot mit der Bezeichnung »LS 3« (11,9 t, 12,50 x 3,46 x 1,02 m, 1500 PS, 38

Hilfskreuzer »Kormoran« im Kielwasser des Panzerschiffes »Admiral Scheer«. (Foto: Bibliothek für Zeitgeschichte)

Der Hilfskreuzer »Kormoran« war mit zwei Bordflugzeugen des Typs Arado Ar 196 ausgerüstet. (Foto: Bundesarchiv / Bild 101II-MW-1949-03 / Hipper / CC-BY-SA 3.0)

kn, ein 2-cm-Geschütz, zwei Heckschächte für vier Minen) ergänzte die waffentechnische Ausrüstung von Schiff 41. »LS 3« sollte zum Verlegen von Minen genutzt werden.

Am 3. Dezember 1940 verließ »Kormoran« als letztes Schiff der ersten Hilfskreuzerwelle Gotenhafen. Über den Sund, das Kattegat, den Skagerrak, die nördliche Nordsee und die Dänemarkstraße erreichte HSK 8 den Atlantik.

In den Jahren 1942 / 1943 sollten noch als zweite Welle die Hilfskreuzer »Thor« (zweite Fahrt) und »Michel« (erste Fahrt), »Stier« und »Michel« (zweite Fahrt) zum Handelskrieg auslaufen. Weitere geplante Hilfskreuzereinsätze - »Komet« (zweite Fahrt), »Coronel« und »Hansa« - kamen nicht mehr zur Umsetzung. Die zunehmende Überwachungstätigkeit der englischen Royal Navy und die veränderte Seekriegslage ließen ihren Einsatz nicht mehr zu.

Im Januar 1941 versenkte die »Kormoran» in dem Seegebiet zwischen Südamerika und Westafrika (Natal-Freetown-Enge) ihren ersten Frachter. Bis Mitte April brachte sie noch weitere sieben Schiffe in diesem Seeraum auf, wovon eines - der kanadische Tanker »Canadolite« - als Prise nach Bordeaux in Marsch gesetzt wurde. Außerdem führte Schiff 41 Treffen mit dem Panzerschiff »Admiral Scheer«, dem Versorger »Nordmark« und den Hilfskreuzern »Pinguin« und »Atlantis« sowie den U-Booten »U 124«, »U 105« und »U 106« durch. Diese Treffen dienten der gegenseitigen Versorgung der Einheiten sowie dem Erfahrungsaustausch. Ende April 1941 verließ »Kormoran« den Atlantik und verlegte um das Kap der Guten Hoffnung in den Indischen Ozean.

Das Hauptoperationsgebiet wurde jetzt der Seeraum südlich von Indien. Drei Schiffe konnte der Hilfskreuzer bis Ende Juni dort versenken. Eine geplante Verminung des See-

Der im Gefecht mit dem Hilfskreuzer »Kormoran« gesunkene australische Kreuzer »Sydney«. (Foto: Allan C. Green)

gebietes vor Madras kam wegen Insichtkommens des englischen Hilfskreuzers »Canton« nicht zur Durchführung.

Im August 1941 stieß die »Kormoran« in die Gewässer um Java und Sumatra vor und traf sich Ende Oktober mit dem aus Japan kommenden Versorger »Kulmerland«, der neben Kraftstoff, Schmiermittel und Proviant auch Weißmetall-Lager, die für Einsatzfähigkeit der Motoren dringend benötigt wurden, abgeben konnte. Mit den erhaltenen Versorgungsgütern wäre »Kormoran« theoretisch in der Lage gewesen bis zum Juni 1942 in See bleiben zu können. Die Rückkehr nach Frankreich war allerdings schon für den März 1942 vorgesehen. Doch daraus sollte nichts werden.

Am 19. November 1941 kam es westlich von Australien auf Position 26° 34´ S und 111° 00´ O zu einem verhängnisvollen Zusammentreffen mit dem australischen Kreuzer »Sydney«. Die »Kormoran« drehte nach der ersten Sichtung ab und wollte nach Westen entkommen. Doch der schnellere Kreuzer holte schon bald den Hilfskreuzer ein. Auf Anfrage gab sich der längst gefechtsklare Hilfskreuzer als niederländisches Frachtschiff »Straat Malakka« aus. Mit einer langsamen und für ein Handelsschiff typischen Signalübermittlung wurde Zeit gewonnen. Als sich die »Sydney« querab auf 900 Meter genähert hatte, ließ »Kormoran« um 17:30 Uhr die Tarnung fallen, setzte die deutsche Seekriegsflagge und eröffnete aus allen Rohren in schneller Salvenfolge ein präzises Feuer.

Die »Sydney« wurde gleich zu Beginn des Gefechts von Granaten und einem Torpedo schwer getroffen. Dabei fielen große Teile ihrer Artillerie aus. Mit zunächst zwei und dann nur noch mit einem 6-inch-Turm konnte der Kreuzer das Feuer kurzzeitig erwidern, erzielte dabei auf »Kormoran« einige Treffer und setzte sich dann brennend nach Süden ab. Um 18:25 Uhr stellte die »Kormoran« bei einer Entfernung von nun 10.000 Meter das Artilleriefeuer ein. Um 21:00 Uhr wurde noch einmal ein besonders helles Aufflackern beobachtet, dann wurde von der »Sydney« nichts mehr gesehen. Der australische Kreuzer versank damals spurlos. Kein Besatzungsmitglied überlebte. Das Schicksal der »Sydney« konnte nie vollständig geklärt werden. Der Untergang des Kreuzers war der größte Verlust der Royal Australian Navy in beiden Weltkriegen.

Bei dem Gefecht erhielt die »Kormoran« nur wenige Treffer. Der unglücklichste von diesen explodierte im Maschinenraum und richtete dort große Schäden an. Fast das gesamte Maschinenpersonal kam dabei ums Leben. Brennender Kraftstoff löste größere und sich schnell ausbreitende Brände aus. Eine Brandbekämpfung zur Rettung des Schiffes blieb erfolglos beziehungsweise war nicht mehr möglich.

Der Kommandant befahl in dieser aussichtslosen Lage die Selbstversenkung des Schiffes. Um 00:10 Uhr zündete am 20. November 1941 die Sprengladung auf der »Kormoran«. Um 00:35 Uhr gingen mit einer gewaltigen Explosion die an Bord noch vorhandenen Minen hoch. Eine mehrere hundert Meter hohe Stichflamme zuckte in die Nacht und die »Kormoran« begann über den Achtersteven zu sinken. Damit endete das Duell »Kormoran« gegen »Sydney«, das für beide Kontrahenten tödlich ausgegangen war.

In sechs Rettungsbooten und zwei Schlauchbooten überstanden 320 Mann der Besatzung des Hilfskreuzers den Untergang. Etwa 40 Mann waren in dem Gefecht gefallen und weitere 40 ertranken, als ihr Schlauchboot nach dem Aussetzen kenterte. Zwischen dem 23. und 27. November wurde ein Großteil der Schiffbrüchigen von verschiedenen Schiffen aufgenommen und nach Australien gebracht. Zwei der Rettungsboote erreichten eigenständig die australische Küste. Bis in das Jahr 1947 musste die gerettete »Kormoran«-Besatzung in Gefangenschaft ausharren.

Der Hilfskreuzer »Kormoran« hat auf seiner 350 Tage dauernden Einsatzfahrt insgesamt zehn Schiffe mit 56.965 BRT versenkt und ein weiteres Schiff mit 11.309 BRT als Prise nach Bordeaux geschickt. Sie war zudem der einzige Hilfskreuzer der in einem Seegefecht einen Kreuzer versenkt hatte.

Die australische Regierung beschloss Ende der 1990er-Jahre, die Wracks der »Sydney« und der »Kormoran« zu suchen, um den Sachverhalt endgültig aufzuklären. Es bildete sich die Finding Sydney Foundation, welche in Kooperation mit der Royal Australian Navy Anfang 2008 eine erfolgreiche Suche durchführte. Das Wrack der »Kormoran« konnte am 12. März 2008 entdeckt werden und vier Tage später schließlich auch das Wrack der »Sydney«.

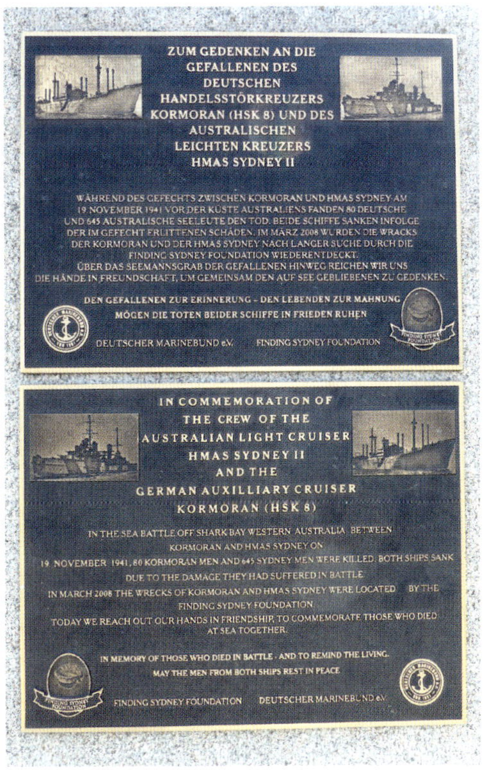

Im Marine-Ehrenmal Laboe wird mit einer Gedenktafel an das Gefecht zwischen dem Hilfskreuzer »Kormoran« und dem australischen Kreuzer »Sydney« erinnert. (Foto: Hans Karr)

2.2 Flottentender »Hela«

Die Reichsmarine übernahm aus dem Schiffsbestand der Kaiserlichen Marine das Minensuchboot »M 135«. Im Ersten Weltkrieg war »M 135« im Minenräumdienst eingesetzt. Auch in den ersten Nachkriegsjahren wurde das Boot zum Minenräumen verwendet, denn nach Artikel 193 des Versailler Vertrages war Deutschland verpflichtet, die Räumung der Minen in der Nordsee in die Wege zu leiten. Ab Februar 1923 erfolgte die Umklassifizierung zum Flottentender und »M 135« erhielt jetzt den Namen »Hela«.

Mitte der 1930er-Jahre genügte die »Hela« nicht mehr den Anforderungen der Flotte. So entstanden im Zuge der Wiederaufrüstung der Kriegsmarine Pläne für den Neubau eines Flottentenders von angemessener Größe für die rasch wachsende Flotte. Es sollte dem Flottenchef als schwimmende und mobile Basis dienen, um seine Führungs- und Verwaltungsaufgaben wahrnehmen zu können.

Unter der amtsinternen Bezeichnung »Flottentender Hela Ersatz Hela« wurde am 19. Juni 1936 die Stülcken-Werft in Hamburg mit dem Bau beauftragt. Wegen der starken Auslastung der Werft kam es jedoch erst nach über einem Jahr am 23. November 1937 zur Kiellegung. Am 28. Dezember 1939 lief die neue »Hela« vom Stapel. Die Indienststellung fand nach einer fast drei Jahre dauernden Bauzeit am 16. Oktober 1940 statt.

Der rund 100 Meter lange Schiffskörper des Flottentenders »Hela« war in 13 wasserdichte Abteilung unterteilt und besaß auf fast der gesamten Schiffslänge einen Doppelboden. Der Flottentender war ein modernes Schiff. An Bord waren alle Einrichtungen vorhanden, die von einem Flottenstab zur Führung seiner unterstellten Einheiten benötigt wurden. Der Aufbautenbereich an Oberdeck war überwiegend mit Stabsquartieren belegt. Sogar ein Pkw für notwendige Dienstfahrten an Land war vorhanden. Sein Abstellplatz befand sich in der Schiffsmitte vor den achteren Aufbauten unter dem Kran.

Als Antrieb kamen zwei MAN Sechszylinder-Viertakt-Dieselmotoren mit einer Gesamtleistung von 6360 PS zum Einbau. Sie wirkten jeweils auf eine Welle. Die ursprüngliche Planung hatte vier Dieselmotoren vorgesehen, die paarweise über ein Getriebe auf die Wellen geschaltet werden sollten. Da sie nicht zeitge-

Der Flottentender »Hela« hatte ein yachtähnliches Aussehen. (Foto: Semut23A / CC-BY-SA 4.0)

Flottentender »Hela«. (Foto: Bibliothek für Zeitgeschichte)

recht geliefert werden konnten, wurde dann auf die Zwei-Diesel-Lösung umgeplant.

Die Bewaffnung bestand aus zwei 10,5-cm-Geschützen, die vorne und achtern aufgestellt waren. Auf den hinteren Aufbauten standen ein 3,7-cm- und ein 2-cm-Geschütz. Vor dem Brückenaufbau war nochmals ein 2-cm-Geschütz eingerüstet.

Ursprünglich sollte auch ein Bordflugzeug vom Typ Arado Ar 196 und eine Katapultanlage an Bord kommen. Doch darauf wurde frühzeitig verzichtet, da in Folge des Kriegsbeginns abzusehen war, dass die »Hela« nur in heimatlichen Gewässern - vornehmlich in der Ostsee - zum Einsatz kommen würde. Der Bedarf für ein bordgestütztes Flugzeug für Kampf-, Aufklärungs- oder Transportaufgaben war daher nicht mehr gegeben.

Nach seiner Indienststellung und der üblichen Erprobungszeit wurde der neue Flottentender »Hela« im Flottenkommando dem Stab des 2. Admirals der Flotte unterstellt. Ab August 1943 wurde die »Hela« bei den Ausbildungsflottillen der U-Boote eingesetzt und kam dabei überwiegend als Zielschiff zum Einsatz. Den Krieg überstand das Schiff, abgesehen von leichten

Der Flottentender »Hela« im Tarnanstrich. (Foto: Bibliothek für Zeitgeschichte)

Schäden nach einem Luftangriff am 16. April 1945 auf Swinemünde, ohne Verluste.

Nach Kriegsende fiel der Flottentender »Hela« der Sowjetunion als Beuteschiff zu. Die Übergabe fand am 25. Dezember 1945 statt. Unter russischer Flagge stellte das Schiff am 13. Mai 1946 als »Angara« erneut in Dienst und blieb zunächst bei der Baltischen Flotte als Schulschiff in Verwendung. Im Jahre 1950 verlegte die »Angara« zur russischen Schwarzmeer Flotte nach Sewastopol. Zunächst diente das Schiff der Sowjetregierung als Reise- und Gästeschiff sowie als Dienstyacht für den Chef der Schwarzmeer Flotte. Das Schiff war wegen seiner komfortablen Inneneinrichtung in den

Der Flottentender »Hela« sollte nach ursprünglicher Planung ein Bordflugzeug vom Typ Arado Ar 196 erhalten, was aber nicht umgesetzt wurde. Die Abbildung zeigt eine Ar 196 auf dem Schlitten der Katapultanlage des Schweren Kreuzers »Admiral Hipper«. (Foto: Archiv Autor)

höheren Kreisen geschätzt. Ab 1953 kam die »Angara« als Führungsschiff in der Schwarzmeer Flotte zum Einsatz.

Angeblich fanden in den Jahren 1983 und 1989 Grundüberholungen auf einer griechischen Werft statt. Im Februar 1995 hatte es im Maschinenraum gebrannt. Die anschließende Verwendung als Wohnschiff »PKZ-14« lässt vermuten, dass dabei die Antriebsanlage so stark beschädigt wurde, dass sich eine Reparatur nicht mehr lohnte beziehungsweise nicht mehr durchgeführt werden konnte. In Weyers Flottentaschenbuch 1997 / 98 ist die »Angara« letztmalig als aktive Einheit der russischen Marine erwähnt.

Name	**»Hela«**
Schiffstyp	Flottentender
Bauwerft	Stülcken Werft, Hamburg
Stapellauf	28. Dezember 1939
Indienststellung	16. Oktober 1940
Verdrängung	2520 t
Länge x Breite x Tiefgang	99,80 x 12,70 x 4,05 m
Besatzungsstärke	259 Mann + Stabspersonal
Antrieb	2 x Dieselmotor
Antriebsleistung	2 x 3180 PS
Wellen / Ruder	2 / 1
Geschwindigkeit	19 kn
Fahrstrecke	2000 sm bei 15 kn
Bewaffnung	2 x 10,5-cm-Geschütz, 1 x 3,7-cm-Geschütz, 2 x 2-cm-Geschütz

In der Folgezeit wurde das Schiff kaum noch gewartet. In 2007 erfolgte der Verkauf an einen italienischen Eigner. Es sollte zu einer Luxusyacht umgebaut werden, was zwar begonnen, aber letztendlich doch nicht zu Ende gebracht wurde. Ende 2019 wurde »PKZ-14« ex »Angara« ex »Hela« verschrottet.

Die Aufnahme vom 18. Juli 2008 zeigt »PKZ-14« ex »Angara« ex »Hela« am damaligen Liegeplatz in Sewastopol. (Foto: George Chemilevsky)

2.3 Flottenbegleiter »F 1«-Klasse

Am 1. April 1933 stellte das Panzerschiff »Deutschland« in Dienst. Es war das erste moderne, mit innovativer Technik ausgerüstete und mit neu entwickelter Artillerie bestückte Großkampfschiff der Reichsmarine respektive Kriegsmarine. Zwei weitere Einheiten waren im Bau, zusätzliche Schiffe in der Planung. Um die entsprechenden Sicherungsfahrzeuge für die Panzerschiffe bereitzustellen, plante man in der Konstruktionsabteilung der Marine in den Jahren 1932 bis 1934 einen völlig neuen Schiffstyp, den sogenannten Flottenbegleiter.

Dieser sollte im Nahbereich den Schutz vor U-Boot- und Luftangriffen gewährleisten und zusätzlich in minengefährdeten Seegebieten, wie etwa Nord- und Ostsee, bei Bedarf den großen Einheiten den Weg freiräumen. Für diese Aufgaben glaubte man mit einem 600-t-Boot auskommen zu können, zumal diese Schiffsgröße nicht mit den Bestimmungen der damals gültigen internationalen Flottenverträgen kollidierte. Die Anzahl möglicher Einheiten in dieser Größe war zudem in diesen Verträgen nicht begrenzt. Letztendlich wurde die angestrebte Verdrängung von 600 Tonnen dann doch überschritten, blieb aber als offizielle amtliche Standardverdrängung weiterhin bestehen.

Die Bauaufträge für zehn Flottenbegleiter, die keine Namen, sondern nur alphanumerische Bezeichnungen erhielten, gingen 1934 an die Germaniawerft in Kiel (»F 1« bis »F 6«), an Blohm+Voss in Hamburg (»F 7«, »F 8«) und an die Kriegsmarinewerft in Wilhelmshaven (»F 9«, »F 10«). Zwischen Dezember 1935 und März 1938 stellten die Einheiten in Dienst. Mit ihnen wurden in Kiel zwei Geleitflottillen gebildet. Zur 1. Geleitflottille gehörten die Flottenbegleiter »F 1«, »F 2«, »F 5«, »F 6«, »F 9« und »F 10«. Die Boote »F 3«, »F 4«, »F 7« und »F 8« bildeten die 2. Geleitflottille.

Ein Flottenbegleiter läuft eine hohe Fahrtstufe. (Foto: Deutscher Marinebund)

Schon bei geringem Seegang fuhren die Flottenbegleiter ein nasses Vorschiff. (Foto: US Navy)

Die Flottenbegleiter waren Querspant-Längsbänder-Stahlbauten, die mit zwölf Querschotten in 13 wasserdichte Abteilungen unterteilt waren. Über etwa 86 Prozent ihrer Schiffslänge besaßen sie einen Doppelboden. Die Aufbauten waren teilweise aus Leichtmetall. Auf den Booten waren zunächst keine Schlingerkiele vorhanden. Sie besaßen jedoch eine aktive Schlingerdämpfungsanlage, die sich allerdings als fatal erwies. Bei Fehlbedienung erreichte sie allzu leicht das Gegenteil ihrer zugedachten Funktion und ließ das Boot aufschaukeln, bis hin zu einer kritischen Schräglage nahe der Grenze zur Kenterung. Infolgedessen durfte sie ab 1938 nicht mehr benutzt werden. Sie wurde später ausgebaut und durch Schlingerkiele ersetzt.

Name	**»F 1«-Klasse**
Schiffstyp	Flottenbegleiter
Bauwerften	Germaniawerft, Kiel, Blohm+Voss, Hamburg, Kriegsmarinewerft, Wilhelmshaven
Stapelläufe	siehe Tabelle
Indienststellungen	siehe Tabelle
Verdrängung	1028 t
Länge x Breite x Tiefgang	75,94 x 8,80 x 3,24 m
Besatzungsstärke	121 bis 145 Mann
Antrieb	2 x Dampfturbine
Antriebsleistung	2 x 7000 PS
Wellen / Ruder	2 / 2
Geschwindigkeit	28 kn
Fahrstrecke	1250 sm bei 16 kn
Bewaffnung	2 x 10,5-cm-Geschütz, 4 x 3,7-cm-Geschütz, 2 x 2-cm-Geschütz, Wasserbomben, Minen

Die Flottenbegleiter erwiesen sich zudem als topplastig, was man nur bedingt durch Verkürzung des achteren Mastes und des achteren Schornsteins sowie durch den Wegfall das achteren Scheinwerferstandes kompensieren konnte. Ihr Verhalten im Seegang wird als sensibel und unberechenbar beschrieben. Gegen die See verzeichneten sie starke Fahrtverluste. Außerdem zeigte sich, dass die Verbände zu schwach ausgelegt waren und daher zur

Die Flottenbegleiter hatten die typische Heckform eines Minensuchbootes. (Foto: Deutscher Marinebund)

Rissbildung neigten. Mit diesen beschriebenen Mängeln waren sie daher nur bedingt für den Einsatz in der Nordsee geeignet.

Entsprechend ihrer zugedachten Verwendung zur Sicherung der Panzerschiffe mussten die Flottenbegleiter eine hohe Geschwindigkeit besitzen, gefordert waren 28 Knoten. Ein Antrieb mit Dieselmotoren wäre eigentlich naheliegend gewesen, war jedoch wegen des großen Gewichts der damaligen Schiffsdiesel bei der geringen Bootsgröße technisch nicht umsetzbar. Die Flottenbegleiter erhielten daher Hochdruck-Heißdampf-Turbinenanlagen. Sie waren die ersten Einheiten, die mit diesem neuartigen, allerdings noch nicht genügend erprobten Antriebssystem ausgerüstet wurden.

Je eine BBC-Turbine wirkte über ein Rädergetriebe auf eine der beiden Wellen. Den notwendigen Dampf erzeugten zwei Kesselanlagen. Auf den Flottenbegleiter »F 1« bis »F 6« kamen La Mont-Kessel (450°, 80 atü) zum Einbau. Ab »F 7« wurden Velox-Benson-Kessel (480°, 80 atü) verwendet. Mit der insgesamt erzeugten Leistung von 14.000 PS erreichten

Diese Aufnahme zeigt den Flottenbegleiter »F 2« in der ursprünglichen Bauausführung mit langen Schornsteinen, langem Achtermast und achterem Scheinwerferstand. (Foto: Deutscher Marinebund)

Auf dieser Abbildung des Flottenbegleiters »F 3« sind die wegen der vorhandenen Topplastigkeit durchgeführten Verkürzungen des zweiten Schornsteins und des achteren Mastes sowie der Wegfall des Scheinwerferstandes deutlich zu erkennen. (Foto: Deutscher Marinebund)

Flottenbegleiter »F 8«. (Foto: Archiv Autor)

Trotz aller schiffbaulichen Mängel waren die Flottenbegleiter, im Bild »F 8«, doch recht schnittig und formschön gebaute Schiffe. (Foto: Deutscher Marinebund)

die Flottenbegleiter eine Geschwindigkeit von 28 Knoten. Die Reichweite war allerdings mit 1250 Seemeilen bei 16 Knoten nicht allzu berauschend.

Im späteren Dienstbetrieb erwies sich die Antriebsanlage als äußerst störanfällig. Immer wieder gab es Maschinenausfälle und Störungen hauptsächlich bei den Kesseln. Ein Herabsetzen des Betriebsdrucks brachte kaum Verbesserungen. Die Boote mussten wegen ihrer Maschinenanlagen häufig in die Werft. Sie erhielten bald den Spitznamen »Bahnhofsflottille«, weil sie sich - insbesondere wegen ihrer Maschinenanlage - öfters in der gegenüber dem Kieler Hauptbahnhof gelegenen Germaniawerft zur Reparatur aufhielten.

Die Bewaffnung war – so der Hinweis in einer Quelle – »nach allgemeiner marineinterner Einschätzung das Beste an diesen Booten und vergleichsweise zu ihrer Größe recht stattlich«. Als Hauptbewaffnung waren zwei 10,5-cm-Geschütz mit Schutzschild vorhanden. Sie waren auf der Back und auf dem hinteren Aufbaudeck positioniert. Zur Flugabwehr befanden sich in Doppellafetten vier 3,7-cm-Geschütze an Bord. Zwei 2-cm-Geschütze in Einzellafette standen in den Brückennocken. Zwei weitere vorgesehene 2-cm-Waffen dieses Modells fielen dem oben erwähnten Abbau des Toppgewichts zum Opfer.

Ebenso wurden die anfangs geplanten beiden Torpedorohre nicht eingerüstet. Sie hätten eine

Flottenbegleiter »F 6«. (Foto: Deutscher Marinebund)

Name	Bauwerft	Kiellegung	Stapellauf	Indienststellung
»F 1« / »Jagd«	Germaniawerft, Kiel	02. August 1934	01. März 1935	15. Dezember 1935
»F 2«	Germaniawerft, Kiel	07. August 1934	02. April 1935	27. Februar 1936
»F 3« / »Hai«	Germaniawerft, Kiel	22. August 1934	01. Juni 1935	07. März 1936
»F 4«	Germaniawerft, Kiel	22. August 1934	02. Juli 1935	05. April 1936
»F 5«	Germaniawerft, Kiel	06. September 1934	14. August 1935	01. Mai 1936
»F 6« / »Königin Luise«	Germaniawerft, Kiel	06. September 1934	01. Oktober 1935	25. Juni 1936
»F 7«	Blohm+Voss, Hamburg	10. Januar 1935	25. Mai 1936	15. Februar 1937
»F 8«	Blohm+Voss, Hamburg	29. Januar 1935	27. Juli 1936	08. April 1937
»F 9«	Marinewerft, Wilhelmshaven	12. November 1934	11. Mai 1936	21. August 1937
»F 10«	Marinewerft, Wilhelmshaven	12. November 1934	11. Mai 1936	12. März 1938

Vergrößerung der Einheiten zur Folge gehabt und dann wäre die schon ohnehin nicht stimmig deklarierte Standardverdrängung von 600 Tonnen absolut nicht mehr zu halten gewesen.

Besonderes Augenmerk legte man auf die Sperrwaffenausrüstung. Je nach Minentyp sollten 50 bis 62 Minen mitgeführt werden. Angesichts der Topplastigkeit wurde, wie in einer Quelle vermerkt, eine solche Beladung jedoch nie durchgeführt. Die Ausrüstung mit Minensuchgerät entsprach dem damaligen Stand der Waffentechnik. Für das Ausbringen der Räumgeräte standen am Heck zwei Davits zur Verfügung.

Weiterhin konnten die Flottenbegleiter auf zwei Werfern und zwei Ablaufbahnen Wasserbomben mitnehmen. Ihre maximale Gesamtzahl wird mit 36 Stück angegeben.

Im Laufe der Indiensthaltungen und kriegsbedingter Um- und Nachrüstungen war die aufgezeigte Bewaffnung jedoch von Boot zu Boot unterschiedlich.

An besonderer Ausrüstung führten die Flottenbegleiter zwei Motorpinassen mit sich. Zum Aussetzen und Einnehmen stand für jede Pinasse ein 6-t-Ladebaum zur Verfügung. Außerdem verfügten sie als Beiboot über eine Jolle.

Schon kurz nach ihren Indienststellungen hatte sich in Manövern gezeigt, dass die Flottenbegleiter nicht in der Lage waren, ihre eigentlichen Aufgaben zu erfüllen. Zum vorgesehenen Schutz der Großkampfschiffe waren sie nicht geeignet. Nur ihrer Verwendung als Minensucher schienen sie bedingt gerecht zu werden. Als Folge wurde schon am 29. Oktober 1938 die 2. Geleitflottille aufgelöst und die Boote in

Der Flottenbegleiter »F 9« auf einer Aufnahme des Nachrichtendienstes der amerikanischen Marine aus dem Jahr 1939. (Foto: US Navy)

der 1. Geleitflottille zusammengefasst. Dieser nun als Geleitflottille bezeichnete Verband wurde in Cuxhaven stationiert und dann am 1. April 1940 gänzlich aufgelöst.

Die Boote wurden, teilweise schon 1938 beginnend, anderen Aufgabenbereichen zugeführt. Hierzu wurden sie, mit Ausnahme von »F 5« und »F 9«, in den Jahren 1938 bis 1940 außer Dienst gestellt und für verschiedene Verwendungen umgebaut. Im Krieg fanden sie bei operativen Einsätzen keine Verwendung. Sie wurden als nicht kriegsverwendungsfähig angesehen. Einzige Ausnahme bildete der Flottenbegleiter »F 6« mit seiner Teilnahme an der Besetzung von Dänemark im Rahmen des Unternehmens Weserübung.

Nachfolgend in Kurzfassung die recht unterschiedlichen Verwendungsbereiche und Lebensläufe der zehn Flottenbegleiter.

»F 10«

1939 / 1940 Umbau zum Flottentender bei der Kriegsmarinewerft in Wilhelmshaven, dabei über Bug und Heck verlängert, am 23. Mai 1941 Wiederindienststellung, Verwendung als Torpedofangboot bei der 25. U-Flottille, 19. April 1942 Umbenennung in Flottentender »Jagd«, dem Führer der Zerstörer zugewiesen, bei der Kapitulation in Kopenhagen liegend, Kriegsbeute der USA, zunächst Verwendung bei der German Minesweeping Administration (GM/SA, Deutscher Minenräumdienst), 1947 an Frankreich, dort abgebrochen.

»F 2«

1939 / 1940 Umbau zum Torpedofangboot bei der Deutschen Werft in Hamburg, am 6. April 1940 Wiederindienststellung, zur Verfügung der 23. und 25. U-Flottille, ab Juni 1944 als Geleitboot bei der 5. Sicherungsdivision, englische Kriegsbeute, in Scapa Flow am 30. Januar 1946 im Sturm an der Ankerboje gekentert.

»F 3«

1938 bis 1940 Umbau zum Flottentender bei der Schichau Werft in Königsberg, dabei über Bug und Heck verlängert, am 1. April 1940 als Flottentender »Hai« wieder in Dienst gestellt, Zuweisung an den Führer der Minensuchboote Ost, später Geleitschutz in der Ostsee, am

3. Mai 1945 nach Bombentreffern englischer Flugzeuge in der Kieler Bucht gesunken, 1948 Wrack abgebrochen.

»F 4«
1939 / 1940 Umbau zum Torpedofangboot bei den Oderwerken in Stettin, danach Verwendung bei der U-Bootausbildung, ab 1944 Geleitschutz und Sicherungsdienst in der Ostsee, englische Kriegsbeute, in England aufgelegt, ab 1949 Abbruch.

»F 5«
Ab 1. August 1940 Versuchsboot beim Sperrwaffenkommando, 29. Januar 1945 Minentreffer bei der Greifswalder Oje, beim Abschleppen nach Kollision mit einem unter Wasser liegenden Wrack gekentert.

»F 6«
1938 / 1939 Umbau zum Flottentender bei der Schichau Werft in Königsberg, dabei über Bug und Heck verlängert, am 20. September 1939 als Flottentender »Königin Luise« wieder in Dienst gestellt, Teilnahme an der Besetzung Dänemarks, danach Sicherungsdienst im Westraum, am 5. Oktober 1943 wegen nicht länger vertretbarer Reparaturhäufigkeit außer Dienst gestellt, nach Wilhelmshaven zurückverlegt, am 30. März 1945 durch englische Fliegerbomben versenkt, 1955 gehoben und abgebrochen.

»F 7«
1940 Umbau zum Torpedofangboot, als solches bis Sommer 1944 verwendet, danach Geleitschutz und Sicherungsdienst in der Ostsee, Kriegsbeute UdSSR, Einsatz bei der Baltischen Flotte als »Buran«, ab 1951 als »Dubna«, 1956 außer Dienst, ab 1957 abgebrochen.

»F 8«
1940 Umbau zum Torpedofangboot, als solches bis Kriegsende in Verwendung, englische Kriegsbeute, 1950 in den Niederlanden abgebrochen.

»F 9«
Am 14. Dezember 1939 in der Deutschen Bucht nahe Helgoland von englischem U-Boot »Ursula« versenkt.

Die Flottenbegleiter »F 8« und »F 10«. (Foto: Deutscher Marinebund)

Die Modelaufnahme zeigt das auf den Flottenbegleitern eingerüstete 10,5-cm-Geschütz. Es hatte die amtliche Bezeichnung 10,5 cm SK L/45 C 32. (Foto: Hans Karr)

»F 10«
1940 Umbau zum Torpedofangboot bei den Oderwerken in Stettin, bis 1944 Verwendung als Torpedofangboot, danach Geleitschutz und Sicherungsdienst in der Ostsee, ab Januar 1945 nicht mehr kriegsbereit und Auflieger in Frederikshavn, englische Kriegsbeute, in den Niederlanden abgebrochen.

Die Flottenbegleiter waren ein schiff- und maschinenbaulich verunglückter Bootstyp. Als Sicherungsfahrzeuge für die größeren Flotteneinheiten waren sie in mehrfacher Hinsicht nicht geeignet. Sie hatten eine zu geringe Seeausdauer und Seetüchtigkeit sowie eine anfällige Maschinenanlage. Für eine effektive Flugabwehr waren sie eine zu unruhige Flak-Plattform und für eine wirkungsvolle U-Jagd fehlte es ihnen an Ortungsgeräten. Lediglich als Minensuchboote waren die Flottenbegleiter bedingt brauchbar.

Bereits vor Kriegsbeginn hatte man dies erkannt und notgedrungen umgesteuert, um überhaupt noch eine halbwegs vernünftige Verwendung für die nun mal gebauten Boote zu erreichen. Nach Umbauten fanden einige Einheiten als Flottentender eine neue Daseinsberechtigung. Zum anderen kamen ehemalige Flottenbegleiter als Torpedofangboote bei der U-Bootausbildung zum Einsatz. Zudem führten sie gegen Ende des Krieges in der Ostsee Geleitschutz und Sicherungsaufgaben durch.

2.4 Kanonenboote

»Kanonenboot 1938«

Für den Auslandsdienst war das Kanonenboot sowohl in der Kaiserlichen Marine wie auch bei den anderen Seestreitkräften vor dem Ersten Weltkrieg ein häufig verwendeter Schiffstyp, der dazu diente vor den Küsten fremder Länder und Gebiete eigene Interessen durchzusetzen. Mit dem Ende des Ersten Weltkrieges wurden in der deutschen Reichsmarine keine Kanonenboote mehr geplant.

Erst gegen Ende der 1930er-Jahre trat mit dem vorgelegten Amtsentwurf »Kanonenboot 1938« diesbezüglich eine Änderung ein. An die Hamburger Stülcken-Werft ging im November 1938 der Auftrag für den Bau von vier Kanonenbooten dieses Typs, für die die Namen »K 1« bis »K 4« vorgesehen waren. Die Ablieferung der Fahrzeuge war für die Jahre 1941 und 1942 geplant. Der Bau der Einheiten kam jedoch nicht zum Abschluss. Bereits am 19. September 1939 wurde der Auftrag storniert.

Der Schiffsentwurf sah einen 1890 Tonnen großen Stahlbau mit elf Abteilungen vor, der die Abmessungen bei Länge, Breite und Tiefgang von 82,50 Meter, 11,40 Meter und 3,38 Meter haben sollte. Als Antrieb waren zwei Vierzylinder-Dreifach-Expansionsdampfmaschinen, die auf je eine Welle geschaltet werden sollten, vorgesehen. Mit ihrer Gesamtleistung von 4600 PS sollte eine Geschwindigkeit von 18,5 Knoten erreicht werden. An Bewaffnung waren für die »Kanonenboote 1938« vier 10,5-cm- und zwei 3,7-cm-Geschütze vorgesehen.

»Kolonialkanonenboot«

Weitere Pläne für Kanonenboote gab es 1938 mit einem zweiten Amtsentwurf. Da die nationalsozialistische Regierung einen Wiedererwerb der deutschen Kolonien als eines ihrer Ziele verfolgte, wollte man für wieder einzurichtende Auslandsstationen und zum Schutz der Handelsinteressen über einen geeigneten Schiffstyp verfügen. Als »Kolonialkanonenboot« bezeichnet, sollten vier Einheiten gebaut werden. In Folge des ausgebrochenen Krieges und mangels an Werftkapazitäten ist es jedoch nicht mehr zu einer Auftragsvergabe gekommen.

Bei einer Länge von 106,40 Meter, einer Breite von 12,30 Meter und einem Tiefgang von 3,50 Meter sollten die »Kolonialkanonenboote« 2550 Tonnen verdrängen. Im Bereich des Maschinenraums war eine leichte Panzerung vorgesehen. Die Fahrzeuge sollten einen Antrieb von vier Dieselmotoren erhalten, die paarweise auf eine Welle geschaltet werden sollten. Die planerische Geschwindigkeit lag bei 24 Knoten und bei zwölf Knoten wurde eine Reichweite von 11.000 Seemeilen angenommen. Als Bewaffnung waren vier 12,7-cm-, sechs 3,7-cm- und vier 2-cm-Geschütze vorgesehen. Des Weiteren sollten vier 53,3-cm-Torpedorohre eingerüstet werden, die paarweise am Oberdeck stehen sollten.

Kanonenboote »K 1«-Klasse

Bei der Besetzung der Niederlande fielen im Mai 1940 der deutschen Wehrmacht drei für die niederländische Marine im Bau befindliche Kanonenboote in die Hände. Nach einem niederländischen Amtsentwurf von 1937 wa-

Kanonenboot »K 1«. (Foto: Bibliothek für Zeitgeschichte)

ren die drei »Kanoneerboten« unter der Bezeichnung »A«, »B« und »C« bei P. Smit jr. in Rotterdam (»A«, »C«) und Gusto N.V. in Schiedam (»B«) in Auftrag gegeben worden. Nach der niederländischen Planung sollten sie nach Fertigstellung in den Tropen in Niederländisch-Indien Verwendung finden.

Unter Bauaufsicht der Kriegsmarine wurden die beschlagnahmten Kanonenboote weitergebaut und den neuen Bedingungen angepasst. Sie erhielten die Namen »K 1« (ex »A«), »K 2« (ex »B«) und »K 3« (ex »C«). Die Boote liefen 1940 / 1941 vom Stapel und stellten 1941 / 1942 für die Kriegsmarine in Dienst.

Bei dem Bau von »K 2« gab es eine beträchtliche Verzögerung. Kurz nach dem Stapellauf erhielt das Kanonenboot im Juli 1941 einen Bombentreffer und sank an der Ausrüstungspier auf geringer Wassertiefe. Unmittelbar danach erfolgte die Hebung. Die Fertigstellung und die Indienststellung verzögerten sich dadurch bis in den November 1942.

Die Kanonenboote der »K 1«-Klasse waren in Längs- und Querspantenbauweise konstruiert. Der Schiffskörper hatte acht wasserdichte Abteilungen. Bemerkenswert an den Kanonenbooten war das Vorhandensein einer Panzerung sowohl im horizontalen Bereich wie auch am Schiffskörper und den Brückenaufbauten. Auch die vier Geschütztürme waren gepanzert. Im Einzelnen betrugen die Panzerstärken:

- Seitenpanzer 60 mm, Mittelschiff
- Seitenpanzer 40 mm, vor und hinter dem Mittelschiff
- Panzerdeck 35 mm
- Brücke 20 mm
- Geschütztürme 60 mm, an der Frontseite

Die Antriebsanlage bestand aus zwei Dieselmotoren, die jeweils auf eine Welle wirkten. Die Motorentypen waren auf den drei Booten unterschiedlich. Zum Einbau kamen auf »K 1« und »K 2« zwei Germania Dieselmotoren mit jeweils 1385 PS und auf »K 3« zwei Humboldt-Klöckner-Deutz Dieselmotoren mit jeweils 880 PS. Damit erreichten die Boote lediglich eine Geschwindigkeit von 14,5 Knoten. In der ursprünglichen niederländischen Planung waren stärkere Motoren und eine Geschwindigkeit von 18 Knoten vorgesehen.

Die Hauptbewaffnung bestand aus vier niederländischen 12-cm-Geschützen, die als Doppeltürme vorne und achtern aufgestellt waren. Die Sekundärbewaffnung kam wieder aus deutscher Fertigung. Sie bestand aus vier 3,7-cm-Geschützen in Doppellafette und zwölf 2-cm-Geschützen. Letztere waren als zwei Vierlingslafetten und vier Einzellafetten an Bord.

Die Kanonenboote waren für U-Jagdaufgaben mit acht Wasserbombenwerfer ausgerüstet. Außerdem verfügten sie über Minensuchgeräte. Bei Bedarf konnten bis zu 80 Minen mitgenommen werden.

Verwendung fanden die Kanonenboote der »K 1«-Klasse in der Geleitsicherung, in der U-Boot- und Luftabwehr, bei der Deckung leichter Überwasserstreitkräfte, beim Minenlegen und Minenräumen sowie bei Aufklärungs- und Vorpostendienste.

Sie erwiesen sich dabei als zufriedenstellende Konstruktionen und verfügten über gute Seeeigenschaften. Es wurde sogar ein Nachbau empfohlen, was aber aus kriegsbedingten Gründen nicht realisiert werden konnte. Im Einzelnen hatten die Boote der »K 1«-Klasse die nachfolgend aufgeführten Kriegsschicksale.

»K 1«

»K 1« überstand den Krieg bis zum 5. Mai 1945. An diesem Tag wurde das Boot im Kattegat durch Bordraketen - nach anderer Quelle Bomben - eines englischen Jagdbombers getroffen und versenkt.

»K 2«

»K 2« wurde am 9. Oktober 1944 in südnorwegischen Gewässern von einem Lufttorpedo getroffen, der das Heck abriss. Das Boot konnte nach Egernsund eingeschleppt werden, wurde aber nicht mehr instandgesetzt. Im Juli 1945 erfolgte eine Überführung in die Niederlande. Nach einem Wassereinbruch ist es in Delfzil gesunken, wurde gehoben und in Folge verschrottet.

Kanonenboot »K 3«. (Foto: Bibliothek für Zeitgeschichte)

»K 3«

»K 3« hatte das längste Schiffsleben des Kanonenboot-Trios. Es überstand den Zweiten Weltkrieg und wurde an die Niederlande zurückgegeben. Als Fregatte »Van Speyk« stellte das Schiff am 18. Juni 1946 bei der niederländischen Marine wieder in Dienst. In Weyers Flottentaschenbuch 1958 ist die »Van Speyk« ex »K 3« letztmalig als aktives Schiff der niederländischen Seestreitkräfte aufgeführt, wird aber in den Folgejahren bis zur Ausgabe 1963 weiterhin als »ferner noch vorhanden« aufgelistet. Vermutlich fand danach die Verschrottung statt. Nach einer anderen Quelle soll die »Van Speyk« bereits Mitte 1960 abgebrochen worden sein.

Kanonenboot »K 4«

Als die deutsche Wehrmacht im Mai 1940 Belgien besetzte, fand sie in Antwerpen auf der Werft Cockerill das 1939 auf Kiel gelegte und im Bau befindliche Fischereischutzschiff »Artevelde« vor. Neben dem Fischereischutz sollte der Neubau auch als Königsyacht dienen. Entsprechende bauliche Vorbereitungen waren in dem Schiffsentwurf eingebracht.

Im Mai 1940 stand das Schiff kurz vor seinem Stapellauf. Es wurde beschlagnahmt und die Werft erhielt den Auftrag den unfertigen Rumpf weiterzubauen. Unter dem Interimsnamen »Loreley« kam er dann am 24. August 1940 zu Wasser. Danach wurde die »Loreley« als Kanonenboot vorgesehen, in »K 4« umbenannt und zur Fertigstellung nach dem niederländischen Schiedam zur Werft Wilton-Fijenoord geschleppt. Kriegsbedingt zog sich der Weiterbau in die Länge. Erst am 25. April 1943 konnte das Kanonenboot »K 4« in Dienst gestellt werden.

Das Kanonenboot war ein Querspant-Stahlbau mit elf wasserdichten Abteilungen. Als Antrieb dienten zwei Satz Dampfturbinen mit Rädergetriebe. Der Vortrieb erfolgte über zwei

Das Kanonenboot »K 4« kurz vor seinem Stapellauf. (Foto: Bibliothek für Zeitgeschichte)

Als »Loreley« lief das spätere Kanonenboot »K 4« am 24. August 1940 vom Stapel. (Foto: Bibliothek für Zeitgeschichte)

Das Kanonenboot »K 4« am Ausrüstungspier. (Foto: Raphodon / CC-BY-SA 3.0)

Name	**»K 1«-Klasse**	**»K 4«**
Schiffstyp	Kanonenboot	Kanonenboot
Bauwerften	P. Smit jr., Rotterdam, Niederlande, Gusto N.V., Schiedam, Niederlande	Cockerill, Antwerpen, Belgiern, Wilton-Fijenoord, Schiedam, Niederlande
Stapelläufe	»K 1« - 23. November 1940, »K 2« - 28. Juni 1941, »K 3« - 22. März 1941	24. August 1940
Indienststellungen	»K 1« - 2. Oktober 1941, »K 2« - 14. November 1942, »K 3» - 24. Januar 1942	25. April 1943
Verdrängung	1420 t	2270 t
Länge x Breite x Tiefgang	78,00 x 10,20 x 3,90 m	98,50 x 10,50 x 3,80 m
Besatzungsstärke	161 Mann	180 Mann
Antrieb	2 x Dieselmotor	2 x Dampfturbine
Antriebsleistung	2 x 1385 PS (»K 1«, »K 2«), 2 x 880 PS (»K 3«)	2 x 10.850 PS)
Wellen / Ruder	2 / ?	2 / 1
Geschwindigkeit	14,5 kn	28,5 kn
Fahrstrecke	6900 sm bei 12 kn	1200 sm bei 19 kn
Bewaffnung	4 x 12-cm-Geschütz, 4 x 3,7-cm-Geschgütz, 12 x 2-cm-Geschütz, Wasserbomben, Minen	3 x 10,5-cm-Geschütz, 4 x 3,7-cm-Geschütz, 16 x 2-cm-Geschütz, Minen

Kanonenboot »K 4«. (Foto: Raphodon / CC-BY-SA 3.0)

Wellen. Mit der Gesamtleistung von 21.700 PS erreichte »K 4« eine recht hohe Geschwindigkeit von 28,5 Knoten.

Als Hauptbewaffnung waren drei 10,5-cm-Geschütze an Bord. Ein 3,7-cm-Geschütz in Doppellafette und zwei 3,7-cm-Geschütze in Einzellafette sowie 16 2-cm-Geschütze ergänzten die Rohrbewaffnung. Weiterhin konnte das Kanonenboot noch 120 Minen mitnehmen.

Kanonenboot »K 4«. (Foto: Raphodon / CC-BY-SA 3.0)

Der Kriegseinsatz von »K 4« bestand überwiegend im Geleitdienst in der Nordsee. Den Krieg überstand das Schiff unbeschadet. Zum Zeitpunkt der deutschen Kapitulation befand sich »K 4« in Cuxhaven und wurde von den Engländern als Kriegsbeute beschlagnahmt. Im Juni 1945 erfolgte die Rückgabe an Belgien und die Umbenennung in den ursprünglich geplanten Namen »Artevelde«.

Die belgische Marine nutzte das Schiff, das sich in einem schlechten Zustand befand, als Wachschiff. Viel konnten aber die Belgier mit der »Artevelde« nicht mehr anfangen. Ab 1950 diente sie nur noch als Wohnschiff. Vier Jahre später kam es zum Verkauf und anschließendem Abbruch.

2.5 Kriegsfischkutter

Mit 1072 zugeteilten Baunummern, von denen allerdings nur 612 Einheiten tatsächlich fertiggestellt wurden, ist der Kriegsfischkutter, in Kurzform auch als KFK bezeichnet, die größte Bauserie bei den Überwassereinheiten der Kriegsmarine.

Der Ursprung des Kriegsfischkutters liegt, wie der Name schon erahnen lässt, im zivilen Bereich der Fischerei. Mit Beginn der zunehmenden Industrialisierung stieg zu Ende des 19. Jahrhunderts auch die Nachfrage nach Fisch zur Ernährung der ebenfalls wachsenden Bevölkerung. Um die steigende Nachfrage zu bedienen, sahen sich die deutschen Küstenfischer gezwungen, ihre Fanggebiete auch auf die Hohe See auszudehnen. Mit ihren für die küstennahen Gewässern tauglichen Fischereifahrzeugen war dies jedoch mit hohen Sicherheitsrisiken bis hin zu Totalverlusten verbunden.

Der Deutsche Seefischerei Verein war als Interessenvertretung deshalb schon seit der Jahrhundertwende um die Schaffung eines den Verhältnissen angepassten und vor allem seetüchtigen Fischkutters bemüht. Schiffbauer und Bootswerften legten eine Vielzahl von Entwürfen vor. Als 1938 die neu gegründete Reichsanstalt für Fischerei die Aufgabe des aufgelösten Deutschen Seefischerei Vereins übernahm, setzte sie die Bemühungen zum Entwurf eines Einheitskutters fort. Um die durch die Vielzahl von Kuttertypen bedingte Unwirtschaftlichkeit abzubauen und die Sicherheit auf See zu erhöhen, setzte man auf einen Einheitstyp. Mit ingenieurwissenschaftlichen Grundlagen und in Modellversuchen ging man ans Werk. Uneingeschränkte Seefähigkeit für Nord- und Ostsee, optimale Formgebung und eine Antriebsleistung für neun Knoten Fahrt waren die Vorgaben. Zudem sollte eine Besegelung zur Ausrüstung gehören. Somit waren auch gute Segeleigenschaften mit im Forderungskatalog. Aus den verschiedensten Entwürfen ging ein 24-m-Boot als Sieger hervor, dass dann die Bezeichnung Reichsfischkutter (RFK) erhielt.

Ein umfangreich mit Flak-Geschützen ausgerüsteter Kriegsfischkutter. (Foto: Bibliothek für Zeitgeschichte)

Kriegsfischkutter auf Einsatzfahrt. (Foto: Bibliothek für Zeitgeschichte)

Doch so weit sollte es nicht mehr kommen. Mit Ausbruch des Zweiten Weltkriegs hatte sich die Lage entscheidend verändert. Einerseits war situationsbedingt zunächst nicht mehr an Fischerei im großen Stil zu denken. Andererseits brauchte die Kriegsmarine zunehmend Hilfsminensuch- und Sicherungsfahrzeuge für den Vorpostendienst. Dem Oberkommando der Kriegsmarine kamen daher die zivilen Arbeiten am Reichsfischkutter äußerst gelegen. Man war von dem Entwurf angetan und übernahm diesen mit kleineren Abänderungen als Kriegsfischkutter (KFK) in das eigene Rüstungsprogramm. Zwei Fliegen wurden so mit einer Klappe erschlagen. Man schloss schnell und sachgerecht eine Beschaffungslücke und nach dem Krieg hätten nach entsprechender Rückrüstung ohne großen Aufwand vollwertige Fischereifahrzeuge zur Verfügung gestanden, was dann ja auch später tatsächlich der Fall war. Allerdings unter Umständen, wie man sie sich so gewiss nicht vorgestellt hatte.

Ein Verband von Kriegsfischkuttern läuft aus. (Foto: Bibliothek für Zeitgeschichte)

Gebaut wurden die Kriegsfischkutter hauptsächlich auf der Ernst Burmester Schiffswerft in Swinemünde. Zu der schon vorhandenen Werftanlage wurde hierzu 1941 / 1942 nochmals eine eigene KFK-Werft regelrecht aus dem Boden gestampft, damit der KFK-Bau in Serienproduktion stattfinden konnte. Im Juli 1944 bekam der KFK-Bau nach dem U-Bootbau sogar die zweithöchste Dringlichkeitsstufe. Zu diesem Zeitpunkt waren bereits über 500 Kriegsfischkutter im Dienst. Auch Werften in den von der deutschen Wehrmacht besetzten Gebieten (Belgien, Niederlanden, Griechenland, Bulgarien, Ukraine) waren mit in das Programm einbezogen. Selbst schwedische Werften waren, ohne es zu wissen, am

Auch das Wachboot »KW 8« der Bundesmarine war ein ehemaliger Kriegsfischkutter. (Foto: Deutscher Marinebund)

Bau beteiligt. Von deutscher Seite wurden offiziell vom Reichsernährungsministerium Kutter nach den KFK-Plänen für den zivilen Fischfang mit vollem Fanggeschirr in Auftrag gegeben. Nach Ablieferung der fertigen Fischkutter wurden diese von der Burmester-Werft zum Kriegsfischkutter konvertiert. Das Fanggeschirr wurde von Bord gebracht und die militärischen Einrichtungen kamen an Bord.

Der Kriegsfischkutter war in Kompositbauweise mit eisernen Spanten gefertigt. Kiel und Steven sowie die Außenhaut bestanden aus Eichenholz. Später griff man aus Materialknappheit auch auf Kiefer zurück. Im Gegensatz zum RFK mit vorgesehenem Kreuzerheck verfügte der KFK zur besseren Handhabung des Räumgerätes über ein Spiegelheck. Der Rumpf zeigt nahezu yachtartig scharfe Linien im Bereich von Vor- und Achterschiff und besitzt eine hohe Aufkimmung. Das verlieh den Booten eine besonders gute Seetüchtigkeit. Die Besatzungsstärke betrug etwa 18 Soldaten.

Als Antrieb dienten Zweitakt-Dieselmotoren unterschiedlicher Fertigung. Man griff einfach auf Motorentypen zurück, die gerade beim

Schiffstyp	**Kriegsfischkutter**
Bauwerften	siehe Text
Verdrängung	110 t
Länge x Breite x Tiefgang	24,00 x 6,40 x 2,75 m
Besatzungsstärke	18 Mann
Antrieb	1 x Dieselmotor
Antriebsleistung	1 x 175 PS
Wellen / Ruder	1 / 1
Geschwindigkeit	9 kn
Fahrstrecke	1200 sm bei 7 kn
Bewaffnung	siehe Text

Das Restaurantschiff »Capella« ex »KFK 334« im Hafen von Eckernförde. (Foto: Hans Karr)

Bau zur Verfügung standen oder die leicht zu beschaffen waren. Mit 175 PS erreichten die Kriegsfischkutter neun Knoten Geschwindigkeit. Der Vortrieb erfolgte über eine Welle mit einem Propeller von 1,30 Meter Durchmesser.

Die Bewaffnung war im Krieg recht unterschiedlich. Es wurden in unterschiedlicher Anzahl Maschinenwaffen im Kaliber von zwei und 3,7 Zentimeter in Einzel-, Doppel- oder Vierlingslafetten eingerüstet. Die als U-Jäger eingesetzten Kriegsfischkutter führten auch Wasserbomben mit sich.

Der Kriegsfischkutter war ein außerordentlich robuster und seetüchtiger sowie für die Nord- und Ostsee optimierter Bootstyp, der von der deutschen Kriegsmarine zu unzähligen Aufgaben herangezogen wurde. Auf fast allen Seekriegsschauplätzen kamen die 24 Meter langen und 110 Tonnen verdrängenden Boote zum Einsatz. Sie fanden Verwendung als Hafenschutz- und Vorpostenboote, als Minensuchboote, als Geleitfahrzeuge und U-Jäger. Weiterhin wurden sie eingesetzt als Schul- und Erprobungsboote sowie als Wachfahrzeuge. Sie waren eben »Mädchen für alles«. Auch auf sie lässt sich im übertragenden Sinne der bekannte Minensucherspruch anwenden: »Wo die Flotte fährt, sind wir schon gewesen«.

Zwischen den Zeilen gelesen zeigt das doch die Bedeutung auf, die man ihnen zukommen lassen muss. Auch wenn sie nicht im Glanz der Ritterkreuze wie etwa die U-Boote standen, kaum in den Schlagzeilen der Wehrmachtsmeldungen auftauchten und keine großen und spektakulären Unternehmungen durchführten. Mehr oder weniger aus dem Hintergrund und aus dem Verborgenen heraus leisteten sie im Sicherungsdienst ihren doch so wichtigen Beitrag im Gesamtgeschehen des Seekrieges.

Die letzte große Bewährung kam im April und Mai 1945 bei der Rettung Tausender Flüchtlinge und Soldaten aus den deutschen Ostgebieten. Mit teilweise über 200 Menschen an Bord erreichten Kriegsfischkutter noch Tage nach der Kapitulation die Häfen Kiel, Kappeln und Flensburg.

Insgesamt gingen 135 Einheiten durch Kriegsereignisse verloren. Fast 450 Kriegsfischkutter erhielten die Siegermächte USA, Großbritannien und Sowjetunion 1945 als Kriegsbeute zugesprochen. Diese Kriegsfischkutter fanden unter anderem Verwendung bei der German Minesweeping Administration (GM/SA, Deutscher Minenräumdienst) in deren Schiffsbestand zunächst 197 Kriegsfischkutter aus amerikanischen und englischen Beständen übernommen wurden.

Nach entsprechendem Umbau kam aber auch ein Großteil der Einheiten in der Kutterfischerei zum Einsatz. Damit schließt sich der Kreis zu dem anfangs erwähnten Reichsfischkutter. Während die Sowjetunion ihre Kriegsfischkutter für den Eigenbedarf nutzte, vercharterten Amerikaner und Briten sie an deutsche Fischer. Bei Nichtbezahlung der Chartergebühr drohte der Entzug des Kutters. Erst ab Sommer 1953 änderten sich die Eigentumsverhältnisse für die noch vorhandenen Fahrzeuge. Während die amerikanischen Kriegsfischkutter an die Bundesrepublik Deutschland zur weiteren Vercharterung zurückgegeben wurden, verkauften die Briten ihre Boote entweder an die bisherigen Charterer oder an anderweitige Interessenten. Noch in den 1960er-Jahren fuhren nachweislich ehemalige Kriegsfischkutter in der Berufsfischerei zur See.

Eine große Anzahl von unfertigen KFK-Bootsrümpfen wurde nach 1945 aber auch auf unterschiedlichste Art und Weise als Fischkutter, Motor- und Segelyachten oder zu anderen Zwecken fertiggestellt. Auch der 1951 aufgestellte deutsche Seegrenzschutz nutzte Kriegsfischkutter in der Funktion als Wachboote. Nach dessen Auflösung und Überführung in die ab 1956 im Neuaufbau befindliche Bundesmarine blieben diese Einheiten noch einige Jahre auch dort als Wachboote in Verwendung.

Selbst heute, 79 Jahre nach Kriegsende, sind immer noch zahlreiche ehemalige Kriegsfischkutter aktiv und werden auf unterschiedlichster Art und Weise als Yachten oder für kommerzielle Zwecke genutzt. Als Beispiel hierzu sei der ehemalige Kriegsfischkutter »KFK 334« angeführt. Unter dem Namen »Capella« liegt er aktuell in Schleswig-Holstein als Restaurantschiff und Fischimbiss im Hafen von Eckernförde an der Pier.

Hinweistafel mit dem Lebenslauf des ehemaligen Kriegsfischkutters »KFK 334« und heutigen Restaurantschiffs »Capella«. (Foto: Hans Karr)

2.6 Fährprähme

Wie bereits im Kapitel der Kaiserlichen Marine im Abschnitt Landungsboote kurz aufgezeigt, kam es bis zum Zweiten Weltkrieg weder in Deutschland noch international kaum zu nennenswerten Entwicklungen von speziellen Landungsfahrzeugen.

So musste die deutsche Kriegsmarine bei ihren Landungsoperationen weiterhin mit Provisorien leben. Bei der Besetzung von Norwegen geschah Anfang April 1940 der Transport der Truppen nebst ihrer Ausrüstung mit herkömmlichen Kriegs- und Handelsschiffen. Da sich die Aktion nur gegen ausgebaute Häfen richtete, war das Ausschiffen der Heeressoldaten, sieht man von der starken Feindbedrohung während des Anmarsches einmal ab, kein allzu großes Problem.

Für die geplante Landung in England – zunächst vorgesehen für Sommer 1940, dann auf Frühjahr 1941 verschoben und schließlich nicht mehr weiter verfolgt – berechnete man in der Kriegsmarine einen Bedarf von 168 Frachtern, 1975 Prähme und Kähne, 100 Küstenmotorschiffen, 420 Schleppern und 1600 Motorbooten, um die für die Invasion notwendigen Heeresverbände über den Englischen Kanal überzusetzen. Wie man sieht: Ein wahres Sammelsurium von Seefahrzeugen, das dann von den besetzten Kanalhäfen hätte auslaufen sollen, um auch noch unter Kriegs- und Gefechtsbedingungen die englische Küste anzulaufen.

Ganz anders sah es auf amerikanischer Seite aus. Hier wurde mit dem Aufbau von amphibischen Verbänden, die diesen Namen auch wirklich verdienten, ein neues Kapitel in der Seekriegsführung geschrieben. Mit einer riesigen und speziell für diesen Zweck entwickelten Landungsschiffflotte bestritt die US Navy auf dem pazifischen Kriegsschauplatz ihre Landeoperationen.

Im Vergleich hierzu sind die ab Anfang der 1940er-Jahre der Kriegsmarine endlich zulaufende deutsche amphibische Entwicklung des Marinefährprahms sowie die von der Luftwaffe entwickelten Siebelfähren mehr als bescheiden zu betrachten.

Eine Siebelfähre zur Zeit der Unterstellung bei der Luftwaffe. (Foto: Finish Defence Forces)

Eine mit Heeresmaterial voll beladene Siebelfähre. (Foto: Bundesarchiv / Bild 101I-005-0015-27 / CC-BY-SA 3.0)

Die über die erlaubte Grenze deutlich überladene Siebelfähre »SF 814« bei einem Evakuierungseinsatz. (Foto: Deutscher Marinebund)

Siebelfähre

Die Siebelfähren waren provisorische, von der deutschen Luftwaffe entwickelte Landungsboote. Sie sollten im Rahmen der geplanten Landung in England zu Transportaufgaben eingesetzt werden. Von ursprünglich 400 vorgesehenen Einheiten wurden etwa 200 Schiffe fertiggestellt, die sich in Aufgabe, Ausstattung und Ausrüstung zum Teil deutlich unterschieden.

Die Siebelfähre war ein Doppelrumpffahrzeug mit einer stabilen und tragfähigen Verbindungsplattform mit aufgesetztem Deckshaus. Der Pontonabstand betrug 5,50 Meter. Bei einer Länge von 24,25 Meter und einer Breite von 13,70 Meter hatte der Katamaran im beladenen Zustand einen Tiefgang von nur 1,20 Meter. Die Verdrängung betrug rund 130 Tonnen. An Ladefähigkeit gab es je nach Bauausführung die Möglichkeit zur Mitnahme von 120 bis 250 Soldaten nebst persönlicher Ausrüstung oder 60 bis 80 Tonnen an Transportgut. Spätere Versionen konnten bis zu 169 Tonnen an Ladung mitnehmen. Die zehnköpfige Besatzung der Siebelfähre hatte an Bord keine Unterkünfte.

Die Siebelfähre konnte unterschiedlich hergerichtet respektive gebaut werden. Es gab folgende Varianten und Verwendungsmöglichkeiten:

- als Kranfähre zur Bergung von Seeflugzeugen
- als schwere Flak-Kampffähre mit drei 8,8-cm-Geschützen
- als leichte Flak-Kampffähre mit einem 3,7-cm-Einzel-Flak-Geschütz und zwei 2-cm-Vierlings-Flak-Geschützen
- als Transportfähre

Transport von Heeresmaterial durch eine Siebelfähre. (Foto: Bundesarchiv / Bild 101I-005-0015-35 / CC-BY-SA 3.0)

Die Siebelfähre, hier »SF 15«, war ein vielseitiges Transportfahrzeug. (Foto: Bibliothek für Zeitgeschichte)

- als Minentransporter und Minenleger mit Minenschienen
- als Unterstützungsfahrzeug bei Landeoperationen
- als Werkstattfähre

Durch ihren modularen Aufbau ließen sich die Siebelfähren schnell über die Binnenwasserwege oder auch auf dem Landweg in die jeweiligen Kampfgebiete transportieren.

Der Antrieb der Siebelfähren erfolgte durch zwei Flugzeugmotoren von jeweils 210 PS, die über ein Getriebe auf die Welle mit Schiffsschraube wirkten und jeweils in einem der beiden Pontons eingebaut waren. An Geschwindigkeit erreichten die Fähren 6,5 Knoten. Nachteilig wirkte sich der hohe Verbrauch bei dem zudem sehr feuergefährlichen Flugzeugkraftstoff aus. Die Reichweite betrug bei sechs Knoten nur 116 Seemeilen.

Die Bewaffnung der Siebelfähren war entsprechend ihrer zugedachten Verwendung recht ungleich. Eingerüstet waren in unterschiedlicher Anzahl und Zusammensetzung kleinkalibrige Rohrwaffen von 2-cm- und 3,7-cm-Flak-Geschützen.

Nachdem die Landung in England aufgegeben worden war, kamen die Siebelfähren ab Sommer 1941 im Schwarzen Meer, im Mittelmeer, in Norwegen und in der Ostsee überwiegend zu Transportaufgaben zum Einsatz. Allgemein betrachtet haben sich dabei die Fahrzeuge in

Eine Siebelfähre im Einsatz. (Foto: Bibliothek für Zeitgeschichte)

der Praxis bewährt. Ab Mitte 1943 wechselten sie ihre Unterstellung von der Luftwaffe in die Kriegsmarine. Von den rund 200 gebauten Siebelfähren gingen 124 Einheiten, das sind 62 Prozent, durch Kampfhandlungen verloren.

Nach dem Krieg wurden erhaltene Siebelfähren in vielen Ländern als Transporter und Fähren eingesetzt. Noch bis in die 1960er-Jahre versahen einige Einheiten auf dem Rhein Fährdienste.

Diese Luftaufnahme macht die recht einfache schiffbauliche Konstruktion der Siebelfähren deutlich. (Foto: Bibliothek für Zeitgeschichte)

Marinefährprahm

Die Marinefährprähme, in Kurzform auch als MFP bezeichnet, waren die größten Landungsboote der deutschen Kriegsmarine während des Zweiten Weltkriegs. Sie wurden ab 1941 entwickelt und in verschiedenen Ausführungen ab 1942 über 700-mal während des Krieges auf zahlreichen Werften - auch im Binnenland und in den besetzten Gebieten - gefertigt. Dadurch ergaben sich zwangsläufig viele Abweichungen in der Bauausführung und im äußeren Aussehen der Fahrzeuge. Das Grundkonzept blieb aber immer weitgehend gleich. Je nach Situation wurden sie auch lokal umgerüstet und umgebaut. Die Marinefährprähme erwiesen sich in vielen ursprünglich gar nicht vorgesehenen Rollen als vielseitige und robuste Fahrzeuge. Nachfolgend wird die Ausgangsversion, der Typ A, näher beschrieben.

Die Marinefährprähme waren flache pontonartige Fahrzeuge aus einer genieteten Stahlkonstruktion mit hochgezogenem Boden am Heck und Bug. Der Laderaum konnte über die mechanisch betriebene Laderampe direkt befahren werden. Zum Schutz gegen Seeminen waren die Einheiten mit einer MES-Anlage (Magnet-Eigen-Schutz) ausgestattet. Zusätzlich zu dem Buganker führten die Prähme zum besseren Ablegen nach einer Anlandung am Heck zwei weitere Anker in Davits mit.

Der Marinefährprahm Typ A hatte eine Länge von 47,00 Meter, eine Breite von 6,50 Meter und einen Tiefgang von nur einem Meter. Er verdrängte 140 Tonnen und konnte eine Zula-

Marinefährprahm »F 121«. (Foto: Deutscher Marinebund)

Marinefährprahm »F 265«. (Foto: Bibliothek für Zeitgeschichte)

Marinefährprahm »F 447«. (Foto: Bibliothek für Zeitgeschichte)

dung von 85 Tonnen an Transportgütern mitnehmen, was sich bei der später gebauten Variante des Typs D auf bis zu 140 Tonnen steigerte. Bei maximaler Zuladung war jedoch die Seegängigkeit der Prähme eingeschränkt.

Die Besatzungsstärke bestand ursprünglich aus 13 Mann, erhöhte sich aber im Laufe des Kriegs wegen der vermehrt eingebauten Bewaffnung und der verschiedenen situationsbedingten Aufgabenstellungen auf bis zu 21 Mann.

Die Marinefährprähme waren mit drei Dieselmotoren ausgestattet, die jeweils auf eine Welle wirkten. Mit einer Motorenleistung von zusammen 450 PS erreichten sie eine Geschwindigkeit von elf Knoten. Bei acht Knoten betrug die Reichweite 1450 Seemeilen. Je nach Zuladung und vorhandenem Seegang ergaben sich hierbei nach unten abweichende Werte.

Die Einheiten waren in unterschiedlicher Anzahl mit kleinkalibrigen Geschützen ausgerüstet, die vor allem dem Eigenschutz und zur

Marinefährprahm »F 416« des Typs MFP C. Man beachte die hohe Brücke bei dieser Bauvarianten des Marinefährprahms. (Foto: Bibliothek für Zeitgeschichte)

Marinefährprähme in der Rüstungsvariante als Artilleriefährprahm. (Fotos: Bibliothek für Zeitgeschichte)

Flugabwehr dienten und während des Kriegs immer wieder verstärkt eingerüstet wurden. Nach- und Umrüstungen geschahen oft individuell je nach Kriegslage und Verfügbarkeit der Waffen. Dabei kamen auch Beutewaffen zum Einbau.

Die MFP wurden in fast allen Seekriegsgebieten zu den unterschiedlichsten Zwecken eingesetzt, kamen aber überwiegend als Nachschubfahrzeuge in Verwendung. Sie waren in Transportflottillen, Landungsflottillen, Küstenschutzflottillen und Artillerieträgerflottillen zusammengefasst. Sie wurden aber auch für Sicherungs- und Geleitschutzaufgaben sowie für Minenlegeoperationen verwendet. Für die jeweilige Aufgabe / Verwendung wurden sie entsprechend ausgerüstet und schiffbaulich hergerichtet.

In ihrer ursprünglich gedachten Funktion als Landungsboote fanden sie vor allem im Mit-

Ein Marinefährprahm ist im Verband bei vermutlich Geleitschutzaufgaben unterwegs. (Foto: Deutscher Marinebund)

Der Marinefährprahm »F 411« auf dem »Verlegungsmarsch« in das Mittelmeer. Hier der Teilabschnitt Landtransport. (Fotos: Bibliothek für Zeitgeschichte)

telmeer und im Schwarzen Meer Verwendung. Sofern sie nicht vor Ort gebaut wurden, erfolgte über die Binnenwasserwege – auf Streckenabschnitten auch über Land – die Verlegung nach dort.

Während des Kriegs ging mehr als die Hälfte der Marinefährprähme – insgesamt von allen Typen waren das 400 Einheiten – als Totalverluste verloren. Marinefährprähme, die den Krieg überlebt hatten, wurden zum Teil im zivilen Bereich der Binnenschifffahrt als Frachtschiffe, Arbeitsplattformen oder Fähren weitergenutzt. Viele der den Krieg überlebenden Einheiten wechselten auch in den Besitz der Siegermächte.

Eine größere Anzahl von Marinefährprähmen hatten in der Bauausführung als Minenfährprahm zur Lagerung und zum Verbringen von Minen ein verbreitertes Oberdeck mit Minengleisen. (Foto: Bibliothek für Zeitgeschichte)

Der Marinefährprahm »F 456« auf dem Verlegungsmarsch in das Mittelmeer. Hier der Teilabschnitt auf einem Flusslauf. (Foto: Hirsche / Bundesarchiv / Bild 101II-M2KBK-218-12 / CC-BY-SA 3.0)

Marineartillerieleichter

Während des Russlandfeldzuges forderte die militärische Führung von der Kriegsmarine für den Einsatz im Kaspischen Meer flachgehende Artillerieträger, die zugleich auch in der Lage sein sollten Truppen und Material zu transportieren.

Da Marinefährprähme für diesen Zweck nicht infrage kamen, entschloss sich die Kriegsmarine zu einem Neuentwurf mit folgenden Eckdaten:

- Bahn- und Straßenverladebarkeit
- Zusammenbaufähigkeit an freier Küste ohne Werft
- geringes Eigengewicht
- geringer Tiefgang
- Verwendbarkeit bis Seegang 3
- Bewaffnung mit zwei 8,8-cm- und Flak-Geschützen
- Geschwindigkeit von acht Knoten
- Möglichkeit des Transports von Fahrzeugen

Ende September 1942 wurden zwölf Fahrzeuge unter der Amtsbezeichnung Artilleriemotorleichter bei Krupp Stahlbau in Rheinhausen in Auftrag gegeben. Die Typbezeichnung wurde im März 1943 offiziell in Marineartillerieleichter, auch kurz als MAL bezeichnet, geändert.

Der Rumpf der Marineartillerieleichter setze sich aus neun bahnverladbaren Sektionen zusammen. Die wasserdichten schwimmfähigen Pontons wurden mit Spezialbolzen verbunden. Der schwerste dieser Pontons hatte ein Gewicht von 18 Tonnen. Eine zehnte Sektion bildete das Deckshaus. Ohne Bewaffnung hatte der Marineartillerieleichter bei 34,20 Meter Länge, 7,72 Meter Breite und einem Tiefgang von 0,87 Meter ein Gewicht von 140 Tonnen.

Eindeutiger Nachteil des MAL war seine eingeschränkte Seetüchtigkeit. Von Vorteil waren wiederum seine Bahnverladefähigkeit und die Verwendungsmöglichkeiten als Kampf-, Landungs- und Transportfahrzeug.

Die Besatzungsstärke umfasste zwischen 21 und 29 Mann. Unterkünfte waren an Bord nicht vorhanden, da von nur kurzzeitigen Einsätzen ausgegangen wurde. Im Deckshaus befand sich für die Besatzung ein Aufenthaltsraum.

Der Antrieb des Marineartillerieleichters bestand aus zwei Dieselmotoren mit einer Gesamtleistung von 260 PS. Damit erreichten die Fahrzeuge eine Geschwindigkeit von acht Knoten. Bei dieser Fahrtstufe ergab sich eine Reichweite von 790 Seemeilen.

Die Hauptbewaffnung bildeten die beiden hintereinander an Oberdeck auf der Ladefläche stehende 8,8-cm-Geschütze. Auf dem Deckshaus befanden sich zwei bis vier 2-cm-Geschütze.

Aufgrund der militärischen Lage konnten die zwölf gebauten Marineartillerieleichter nicht mehr in das Kaspische Meer überführt werden. Stattdessen kamen acht Einheiten im Asowschen Meer und im Schwarzen Meer zum Einsatz. Zur Unterstützung der eigenen Truppen sollten sie von See her gegnerische Stellungen beschießen und gegnerische Landungsversuche abwehren sowie feindliche Seestreitkräfte bekämpfen. Die übrigen vier Marineleichter fanden, nach dortiger Überführung, im Mittelmeer und in der Ägäis Verwendung.

Die Erfolge der Marineartillerieleichter im Asowschen Meer und Schwarzen Meer veranlassten die Marine dazu, weitere in ihrer

Zwei Marineartillerieleichter im Päckchen an der Pier liegend. (Foto: Bibliothek für Zeitgeschichte)

Konstruktion verbesserte und leistungsfähigere Einheiten zu bauen. Insgesamt 48 weitere Marineartillerieleichter gingen noch in Bau. Kriegsbedingt kamen sie aber nicht mehr alle zur Fertigstellung und Ablieferung. Nochmals 60 weitere beauftragte Einheiten wurden Anfang 1945 storniert.

Der geplante Einsatz in der Ägäis kam für die noch fertiggestellten Marineartillerieleichter nicht mehr zustande. Sie kamen anstelle dessen in der Nord- und Ostsee sowie auf dem Peipussee und auf dem Ladogasee zum Einsatz.

Marinenachschubleichter

Mit dem Marinenachschubleichter, auch kurz als MNL bezeichnet, wurde ab Mitte 1943 neuer Fahrzeugtyp entwickelt, der im Mittelmeer als ein Nachschub- und Landungsfahrzeug zum Einsatz kommen sollte. In seinem Aussehen ähnelte er dem Marinefährprahm, war jedoch in seinen Abmessungen kleiner und besaß keine klappbare Laderampe.

Bei 117 Tonnen Verdrängung hatte er Marinenachschubleichter eine Länge von 38,35 Meter, eine Breite von 5,25 Meter und einen Tiefgang von 1,33 Meter. Der Rumpf bestand aus sechs bahnverladbaren Sektionen, die am Zielort verschraubt oder vernietet werden konnten. Maximal 90 Tonnen konnten als Transportgut mitgenommen werden. Die Besatzungsstärke betrug 14 Mann.

Der Antrieb erfolgte durch zwei Dieselmotoren mit zusammen 260 PS. Damit erreicht der Marinenachschubleichter eine Geschwindigkeit von rund zehn Knoten und bei dieser Fahrt eine Reichweite von 560 Seemeilen.

Bewaffnet war der Marinenachschubleichter mit einem 3,7-cm-Geschütz und einem 2-cm-Vierlings-Geschütz.

Von den bei verschiedenen Werften im In- und Ausland beauftragten 32 Einheiten wurden aufgrund der Kriegslage nur ganz wenige fertiggestellt, die vermutlich nur noch in der Ostsee zum Einsatz kamen.

2.7 Artillerieträger

Die Artillerieträger der Kriegsmarine waren im In- und Ausland requirierte Küstenmotorschiffe, die als Landungsunterstützungsfahrzeuge gedacht waren und für das Unternehmen Seelöwe - der geplanten Landung in England - umgebaut und mit Geschützen mittleren Kalibers sowie Flak-Geschützen bewaffnet wurden.

Nach der Aufgabe des Landungsvorhabens kamen die Artillerieträger bis Kriegsende überwiegend im Ärmelkanal sowie in der Nord- und Ostsee im Geleit- und Vorpostendienst zum Einsatz. Soweit die Schiffe den Kriegseinsatz überlebten, wurden sie 1945 nach entsprechendem Rückbau wieder an ihre Eigner zurückgegeben und blieben für zivile Zwecke weiterhin in Fahrt.

Wie alle Hilfskriegsschiffe stellten die Artillerieträger eine Notlösung dar. Man unterschied zwei grundsätzliche Typen: den Leichten und den Schweren Artillerieträger. Diese Unterteilung erfolgte nach dem Kaliber der eingerüsteten Geschütze.

Leichter Artillerieträger

Die Leichten Artillerieträger, auch kurz als LAT bezeichnet, waren Küstenmotorschiffe von 200 bis 300 BRT. Ihre Verdrängung lag zwischen 330 und 600 Tonnen und ihre Schiffslänge zwischen 30 und 40 Meter. Das Geschützkaliber der aus Beutebeständen bestehenden Hauptbewaffnung betrug in der Regel 7,5 Zentimeter. Hinzu kamen in unterschiedlicher Anzahl kleinkalibrige Rohrwaffen für die Flugabwehr und den Eigenschutz.

Ihre zugedachte Hauptaufgabe beim Unternehmen Seelöwe bestand in der Bekämpfung von Punktzielen im Landungsabschnitt. Nach der Landung sollten die vorhandenen Flak-Geschütze und ihre im Laderaum mitgeführten Fahrgestelle für den Landeinsatz abgegeben werden. Sie hatten daher gemischte Besatzungen aus Heeres-, Luftwaffen- und Marinesoldaten.

Flak-Stände auf einem Leichten Artillerieträger. (Foto: Bibliothek für Zeitgeschichte)

Leichter Artillerieträger »Germania«. (Foto: Bibliothek für Zeitgeschichte)

Ab 1941 wurden die Leichten Artillerieträger den Hafenschutzflottillen zugeteilt. Insgesamt stellte die Kriegsmarine 36 Einheiten in Dienst.

Zwei 10,5-cm-Geschütze auf einem Schweren Artillerieträger. (Foto: Deutscher Marinebund)

Schwerer Artillerieträger »Polaris«. (Foto: Bibliothek für Zeitgeschichte)

Schwerer Artillerieträger

Die Schweren Artillerieträger, auch kurz als SAT bezeichnet, waren Küstenmotorschiffe von 400 bis 570 BRT. Die Verdrängung der 50 bis 60 Meter langen Schiffe bewegte sich zwischen 740 bis 935 Tonnen. Die Schweren Artillerieträger waren neben ihrer Flak-Bewaffnung mit Geschützen vom Kaliber 10,5 oder 12,7 oder 15 Zentimeter ausgerüstet.

Beim Unternehmen Seelöwe sollten die Schweren Artillerieträger der marschierenden Transportflotte Flankenschutz geben, die Landungsküste beschießen und die ankernden Schiffe der Transportflotte gegen Angriffe von See sichern.

Ihre tatsächliche Hauptaufgabe lag dann während des Krieges im Küsten- und Geleitschutz. Hierzu wurden sie Artillerieträger- und Vorpostenflottillen zugeteilt, wo sie sich im Kriegseinsatz als vollwertige Hilfskriegsschiffe gut bewährten. Insgesamt stellte die Kriegsmarine 28 Einheiten in Dienst.

Schwerer Artillerieträger »Helene«. (Foto: Bibliothek für Zeitgeschichte)

2.8 Artillerieschulschiffe

Artillerieschulschiff »Bremse«

Gegen Ende der 1920er-Jahre war absehbar, dass mit dem anstehenden Zulauf und den Indienststellungen der Leichten Kreuzer der »Königsberg«-Klasse und den Torpedobooten der »Raubvogel«- und »Raubtier«-Klasse die bisher vorhandenen und noch aus der Zeit der Kaiserlichen Marine stammenden Artillerieschulboote nicht mehr genügen würden, um eine moderne Artillerieausbildung durchführen zu können.

Nach entsprechenden Planungen der Marinekonstruktionsabteilung bekam daher die Marinewerft Wilhelmshaven am 9. September 1929 den Auftrag zum Bau eines Artillerieschulschiffes. Am 22. April 1930 erfolgte dessen Kiellegung. Der Stapellauf und die Taufe auf den Namen »Bremse« fanden am 24. Januar 1931 statt. Die Namensgebung geht zurück auf den Kleinen Kreuzer »Bremse« der Kaiserlichen Marine, der wegen seines besonderen Verwendungsprofils auch als Minenkreuzer bezeichnet wurde. Am 14. Juli 1932 stellte die Reichsmarine ihren Neubau in Dienst. Die »Bremse« wurde als Schulschiff der Schiffsartillerieschule in Kiel zugeteilt und bis Kriegsbeginn im Ausbildungsbetrieb dieser Schule eingesetzt.

Kennzeichnend für den Schiffsentwurf war eine vorgesehene Doppelrolle. In Friedenszeiten sollte die »Bremse«, deren rund 104 Meter langer Schiffsrumpf in 14 wasserdichte Abteilungen unterteilt war, als Schulschiff der Artillerieausbildung dienen. Im Mobilmachungsfall war das Verlegen von Minen eine weitere Aufgabe des Schiffes. Das Artillerieschulschiff »Bremse« hatte eine Stammbesatzung von 195 Mann und konnte zusätzlich nochmals 90 Schüler aufnehmen.

Das Artillerieschulschiff »Bremse« lief am 24. Januar 1931 auf der Marinewerft in Wilhelmshaven vom Stapel. (Foto: Bibliothek für Zeitgeschichte)

Das Artillerieschulschiff »Bremse« liegt zur Reparatur in einem Trockendock. (Foto: Dennis11287 / CC-BY-SA 4.0)

Das Artillerieschulschiff »Bremse« in seinem ursprünglichen Aussehen mit Artillerieleitstand und hohen Schornsteinen. (Foto: Bibliothek für Zeitgeschichte)

Das Artillerieschulschiff »Bremse« im Aussehen nach seinem Umbau. (Foto: Deutscher Marinebund)

Als Antrieb kamen acht MAN Achtzylinder-Zweitakt-Dieselmotoren mit einer Gesamtleistung von 26.000 PS zum Einbau. Jeweils vier Dieselmotoren wirkten über ein Getriebe auf eine Welle. Damit erreichte das Schiff eine Höchstgeschwindigkeit von 27 Knoten und konnte bei 19 Knoten eine Wegstrecke von 8000 Seemeilen zurücklegen.

Weltweit war die »Bremse« mit ihrer Verdrängung von 1870 Tonnen das erste größere Überwasserkriegsschiff, dessen Antrieb ausschließlich durch Dieselmotoren erfolgte. Die damals im Bau befindlichen drei Panzerschiffe der »Deutschland«-Klasse (»Deutschland«, »Admiral Scheer«, »Admiral Graf Spee«), deren Typschiff am 1. April 1933 in Dienst stellte, waren wiederum die ersten Großkampfschiffe mit reinem Dieselmotorenantrieb. Beide Schiffsklassen stellten somit eine innovative technische Entwicklung im Kriegsschiffbau und bei der Antriebstechnik dar.

Bewaffnet war das Artillerieschulschiff »Bremse« mit vier 12,7-cm-Geschützen mit Schutzschild. Dieses Kaliber stellte in Deutschland ebenfalls eine Neuheit dar und kam erstmals auf einem deutschen Kriegsschiff zum Einbau. Die Geschütze waren auf der Back (1), zwischen den Schornsteinen (1) und auf dem

Achterschiff (2) positioniert. Die Flak-Armierung bestand wechselnd aus zwei bis acht 2-cm-Geschützen. Nach einer anderen Quelle waren zusätzlich auch noch vier 3,7-cm-Geschütze an Bord eingerüstet. Ferner waren auf der »Bremse« Aufnahme- und Abwurfvorrichtungen von bis zu 350 – nach anderer Quelle nur bis zu 156 – Minen vorhanden.

Schon bald nach der Indienststellung zeigten sich Stabilitätsprobleme. Im Jahre 1933 erfolgte daher ein Umbau zur Verringerung der Topplastigkeit. Der auf dem vorderen Mast vorhandene schwere Artillerieleitstand wurde dabei entfernt. Auch die beiden Schornsteine wurden verkürzt und ihre Verkleidungen modifiziert.

Im Jahr 1939 diente das Artillerieschulschiff »Bremse« bei Außenaufnahmen für einen »Emden«-Film als Filmstatist, wobei sie die Rolle des australischen Kreuzers »Sydney« übernahm. Hierzu hatte sie zwei Schornsteinattrappen erhalten, um ein Vierschornsteinschiff vorzutäuschen.

Bei Kriegsbeginn nahm die »Bremse« an der Verminung der Deutschen Bucht teilt und diente dabei zugleich den Minenschiffen »Tannenberg« und »Hansestadt Danzig« als Sicherungsfahrzeug. Danach kam das Schiff in der Ostsee im Handelskrieg und als Sicherung von Truppentransporten zum Einsatz. Von Oktober 1939 bis März 1940 stand die »Bremse«

Name	**»Bremse«**	**»Brummer«**	**»Mars«**	**»Drache«**
Schiffstyp	Artillerieschulschiff	Artillerieschulschiff	Artillerieschulschiff	Artillerietender und Artillerieschulboot
Bauwerft	Marinewerft, Wilhelmshaven	AG Weser, Bremen	Nordseewerke, Emden	Germaniawerft, Kiel
Stapellauf	24. Januar 1931	29. Mai 1935	5. Juni 1937	11. Juni 1908
Indienststellung	14. Juli 1932	8. Februar 1936	29. Januar 1941	26. Oktober 1908
Verdrängung	1870 t	3010 t	5100 t	812 t
Länge x Breite x Tiefgang	103,62 x 9,50 x 2,85 m	112,90 x 13,50 x 4,27 m	105,2 x 14,80 x 5,00 m	58,80 x 9,00 x 3,17 m
Besatzungsstärke	195 Stamm + 90 Schüler	215 Stamm + 138 Schüler	182 Stamm + 207 Schüler	69 Mann
Antrieb	8 x Dieselmotor	2 x Dampfturbine	1 x Dampfmaschine	2 x Dampfmaschine
Antriebsleistung	8 x 3250 PS	2 x 4000 PS	1 x 1500 PS	2 x 800 PS
Wellen / Ruder	2 / ?	2 / ?	1 / 1	2 / 1
Geschwindigkeit	27 kn	20 kn	11 kn	15 kn
Fahrstrecke	8000 sm bei 19 kn	2400 sm bei 15 kn	unbekannt	1730 sm bei 11 kn
Bewaffnung	4 x 12,7-cm-Geschütz, 4 x 3,7-cm-Geschütz (?), 2 bis 8 x 2-cm-Geschütz, Minen	siehe Text	16 x 3,7-cm-Geschütz, 10 x 2-cm-Geschütz	siehe Text

Artillerieschulschiff »Brummer«. (Fotos: Bibliothek für Zeitgeschichte)

wieder unter dem Kommando der Marineartillerieschule.

Bei der Besetzung von Norwegen wurde die »Bremse« der Kriegsschiffgruppe 3 zugeteilt, deren Aufgabe die Einnahme von Bergen war. Bei dieser Unternehmung erhielt das Schiff zwei 21-cm-Treffer durch norwegische Küstenbatterien. Die dabei entstandenen erheblichen Schäden zwangen zu einem Werftaufenthalt in Stavanger und in Folge kam es zum Ausfall des Schiffes bis August 1940.

Danach wurde die »Bremse« in südnorwegischen Gewässern und der westlichen Ostsee im Geleit- und Sicherungsdienst eingesetzt. Zwei ernsthafte Havarien fallen in diese Zeit. Zum einen wurde das Artillerieschulschiff am 1. November 1940 durch einen Dampfer gerammt und nach der Reparatur der Schäden geriet es am 2. Dezember im Faa-Fjord auf Grund. Bis Juni 1941 musste die »Bremse« zur Ausbesserung der neuen Schäden nach Stavanger in die Werft.

Anschließend kam das Schiff im nordnorwegischen Raum im Geleitzugsdienst zum Einsatz. Nachdem es am 30. Juli 1941 bei einem Angriff von Torpedobombern und Jagdflugzeugen des britischen Flugzeugträgers »Victorious« nicht getroffen wurde und die Angriffe ohne Schaden überstand, wurde die wieder als Geleitsicherung eingesetzte »Bremse« am 6. September vor dem Mageröy-Fjord von den englischen Kreuzern »Nigeria« und »Aurora« gestellt, in ein Gefecht verwickelt und in Folge versenkt. Von der Besatzung kamen 160 Mann ums Leben. Die beiden Transportschiffe, die von der »Bremse« eskortiert wurden, konnten allerdings unbeschädigt entkommen.

Artillerieschulschiff »Brummer«

Nachdem die Schiffsartillerieschule in Kiel mit der »Bremse« über ein Schulschiff verfügte, wurde auch für die spätere Unterstellung bei der Marineflugabwehr- und Küstenartillerieschule in Swinemünde am 27. Dezember 1934 bei der Werft AG Weser in Bremen der Kiel für ein weiteres Artillerieschulschiff gelegt. Der Bauauftrag erfolgte am 15. Oktober 1934. Auf den Namen »Brummer« getauft, lief das Schiff am 29. Mai 1935 vom Stapel. Analog zur Namensgebung des Artillerieschulschiffes »Bremse« geht auch dieser Schiffsname zurück auf einen Kleinen Kreuzer / Minenkreuzer der Kaiserlichen Marine namens »Brummer«. Die Indienststellung des Neubaus wurde am 8. Februar 1936 vorgenommen.

Während die Namensvorgänger »Bremse« und »Brummer« aus der Kaiserlichen Marine Schwesterschiffe waren, so war dies bei den Artillerieschulschiffen »Bremse« und »Brummer« der Kriegsmarine keineswegs der Fall. Die »Brummer« war mit einer Verdrängung von 3010 Tonnen wesentlich größer. Des Weiteren gab es erhebliche Unterschiede im Antrieb und der Bewaffnung.

Artillerieschulschiff »Brummer«. (Foto: Deutscher Marinebund)

Beide Artillerieschulschiffe hatten jedoch die gleiche Aufgabe und Verwendungszweck. Im Frieden sollten sie der Artillerieausbildung dienen und im Mobilmachungsfall war das Verlegen von Minen vorgesehen. Die Besatzungsstärke der »Brummer« betrug 215 Mann. Des Weiteren war die Unterbringung von 138 Schülern möglich.

Der Antrieb des Artillerieschulschiffes »Brummer« bestand aus zwei Satz Wagner-Turbinen mit Rädergetriebe, die jeweils auf eine Welle wirkten. Zwei Wagner-Kessel erzeugten mit einem Betriebsdruck von 70 atü und 400° C den benötigten Dampf. Die Gesamtleistung dieser Hochdruck-Heißdampf-Turbinenanlage betrug 8000 PS. Mit dieser Antriebstechnik erreichte das Schiff eine Geschwindigkeit von 20 Knoten und bei 15 Knoten eine Reichweite von 2400 Seemeilen. Anzumerken ist noch, dass die Antriebsanlage der »Brummer« als Referenzanlage für die in der Planung und im Bau befindlichen Zerstörer des Typs 1934 gedacht war, was aber wegen der langen Bauzeit und Erprobungsphase nicht mehr so recht zum Tragen kam.

Die Bewaffnung der »Brummer« war auf ihre Verwendung zur Ausbildung des Flak-Personals ausgelegt. Sie war schiffbaulich und technisch so konstruiert, dass die Bewaffnung den jeweiligen Ausbildungsbedürfnissen schnell und ohne größeren Aufwand angepasst und ausgetauscht werden konnte. In unterschiedlicher und wechselnder Zusammensetzung waren auf dem Schiff eingerüstet:

- 4 bis 8 x 10,5-cm-Geschütz
- 2 bis 4 x 8,8-cm-Geschütz
- 4 bis 8 x 3,7-cm-Geschütz
- 2 bis 6 x 2-cm-Geschütz

Weiterhin waren auf der »Brummer« Aufnahme- und Abwurfvorrichtungen von bis zu 450 – nach anderer Quelle nur bis zu 150 – Minen vorhanden.

Nach der Indienststellung begannen umfangreiche und wegen der komplizierten Antriebsanlage sich in die Länge ziehende Erprobungsfahrten. Wegen notwendiger Nachbesserungen bei der Antriebstechnik musste das Schiff mehrere Monate wieder in die Bauwerft.

Erst im Frühjahr 1937 konnte das Artillerieschulschiff »Brummer« seinen eigentlichen Dienst als Schulschiff aufnehmen. Sein Einsatz im Schulbetrieb erfolgte in der Ostsee. Dabei lief das Schiff auch einige Häfen in Skandinavien an.

Den ersten Kriegseinsatz hatte das Artillerieschulschiff »Brummer« Anfang September 1939 bei der Verminung der Ostseezugänge. Ansonsten wurde weiterhin der Schulbetrieb durchgeführt. Ab Dezember kam das Schiff auch im Handelskrieg in der Ostsee zum Einsatz. Von Ende Januar bis Anfang März 1940 absolvierte die »Brummer« eine Werftüberholung bei den Stettiner Oderwerken.

Nach der Werftliegezeit und einem vorübergehenden Aufenthalt in Kiel führte die »Brummer«, mittlerweile wieder in Swinemünde liegend, nochmals einen nur kurze Zeit dauernden Schulbetrieb durch. Anfang April verlegte das Schiff erneut nach Westen, um am 5. des Monats in Cuxhaven einzulaufen. Zunächst ohne detaillierten Einsatzbefehl blieb es Reserveschiff für das in Vorbereitung befindliche Unternehmen Weserübung (Besetzung von Norwegen und Dänemark).

Bis zum 12. April 1940 lag die »Brummer« untätig in Cuxhaven. Danach kam sie im Rahmen des Unternehmens Weserübung als Führerschiff eines Transportverbandes zum Einsatz. Am Abend des 14. April wurde das Artillerieschulschiff »Brummer« im Kattegat von dem englischen U-Boot »Sterlet« torpediert. Der Torpedotreffer riss dem Schiff den Bug ab und führte zu einem Wassereinbruch. Zwar konnte die »Brummer« noch einige Stunden gehalten werden, doch in den Morgenstunden des 15. April ging sie kenternd unter. Die Besatzung konnte von anderen Schiffen, die sich im Geleit befanden, gerettet werden.

Artillerieschulschiff »Mars«

Die Kriegsmarine kaufte im Jahre 1938 den Frachtdampfer »Altair«. Das Schiff war am 5. Juni 1937 bei den Nordseewerken in Emden für die Argo Reederei Richard Adler & Co. aus Bremen vom Stapel gelaufen.

Die erste Verwendungsplanung war der Umbau zum Arktis-Vermessungsschiff. Doch bereits im August 1938 wurde der Umbau zu einem Schnellbootbegleitschiff beschlossen. Als zukünftiger Name war »Samoa« vorgesehen. Auch diese Planung währte nicht lange. Durch Verfügung des Oberkommandos der Marine vom 12. Dezember 1938 wurde abermals umdisponiert und nun eine Verwendung als Artillerieschulschiff eingeplant. Als neuer Name wurde »Mars« - nach dem römischen Gott des Krieges - vorgesehen.

Der Umbau zum Artillerieschulschiff zog sich jedoch hin und erfolgte erst in den Jahren 1940 / 1941 bei den Howaldtswerken in Hamburg. Am 29. Januar 1941 stellte die »Mars« in Dienst und wurde der Marineflugabwehr- und Küstenartillerieschule in Swinemünde als Schulschiff für die Flak-Ausbildung unterstellt.

Die »Mars« war als Frachtdampfer mit 2414 BRT vermessen. Als Kriegsschiff wird ihre Verdrängung mit 5100 Tonnen angegeben. Sie war damit das größte der drei Artillerieschul-

Artillerieschulschiff »Mars«. (Fotos: Bibliothek für Zeitgeschichte)

Das Artillerieschulboot »Drache« in seinem ersten Aussehen. (Foto: Bibliothek für Zeitgeschichte)

Das Artillerieschulboot »Drache« im Einsatz als Scheibenschlepper. (Foto: Bibliothek für Zeitgeschichte)

schiffe der Kriegsmarine. Die Besatzungsstärke wird mit 182 Mann angegeben. Zusätzlich konnten noch 207 Schüler an Bord untergebracht werden.

Der Antrieb des Artillerieschulschiffes »Mars« bestand aus einer Vierzylinder-Doppelverbunddampfmaschine, die von zwei ölbefeuerten Kesseln mit Dampf versorgt wurde und 1500 PS an Leistung brachte. Das Schiff erreichte eine Geschwindigkeit von elf Knoten.

Die Bewaffnung des Artillerieschulschiffes »Mars« beschränkte sich auf leichte Flak-Waffen. Eingerüstet waren 16 3,7-cm-Geschütze und zehn 2-cm-Geschütze.

Der Einsatz des Artillerieschulschiffes »Mars« erfolgte nach der Indienststellung ausschließlich zu Ausbildungszwecken in der Ostsee. Am 11. April 1944 wurde die »Mars« in Stettin im Dock liegend von zwei englischen Fliegerbomben getroffen. In Folge brannte das Schiff aus. Kriegsbedingt erfolgte keine Wiederherstellung. Nach dem Krieg wurde das Wrack abgebrochen.

Artillerietender und Artillerieschulboot »Drache«

Die Reichsmarine übernahm nach dem Ersten Weltkrieg die Artillerietender »Fuchs«, »Delphin«, »Drache« und »Hay« aus der Kaiserlichen Marine. Diese Einheiten waren seiner Zeit als Begleitschiffe für große Artillerieschulschiffe konzipiert worden und dienten unter anderem zur Zieldarstellung, als Scheibenschlepper sowie zur Ausbildung an Leichter Artillerie und an Maschinenwaffen. Wie oben bereits erwähnt, waren sie für die moderne Artillerieausbildung ab Mitte der 1920er-Jahre nicht mehr brauchbar und gingen nach und nach außer Dienst, wurden abgebrochen oder einer anderweitigen Verwendung zugeführt. Eine Ausnahme bildete als Artillerietender und Artillerieschulboot die »Drache«.

Gebaut wurde die »Drache« auf der Germaniawerft in Kiel, wo sie am 11. Juni 1908 vom Stapel lief. Am 26. Oktober 1908 stellte das Schiff als Tender bei der Inspektion der Schiffsartillerie in Sonderburg in Dienst.

Die »Drache« hatte eine Verdrängung von 812 Tonnen. Ihr Antrieb erfolgte durch zwei Dreizylinder-Zweifach-Expansionsdampfmaschi-

Das Artillerieschulboot »Drache« nach dem 1936 durchgeführten Umbau. (Foto: Bibliothek für Zeitgeschichte)

nen, die jeweils auf eine Welle wirkten. In zwei kohlebefeuerten Kesseln wurde der benötigte Dampf erzeugt. Mit der Gesamtleistung von 1600 PS erreichte die »Drache« mit ihrer Maschinenanlage eine Geschwindigkeit von 15 Knoten. Bei elf Knoten hatte sie eine Reichweite von 1730 Seemeilen.

Die Bewaffnung der »Drache« war während ihrer Indiensthaltung entsprechend ihrer jeweiligen Verwendung und zugedachten Aufgabe unterschiedlich. Eingerüstet waren vier 10,5-cm-Geschütze, vier 5-cm-Geschütze und zwei 2-cm-Geschütze.

Während des Ersten Weltkrieges war die »Drache« der Hafenflottille der Jade und Weser zugeordnet. Ihr Einsatz erfolgte im Hafenschutz- und Vorpostendienst. Nach dem Krieg diente die »Drache« zunächst der Reichsmarine als Tender im Verkehr zwischen Wilhelmshaven und Kiel sowie als Tender für den Führer der Minensuchboote in der Ostsee. Erst am 26. Februar 1921 kam es zur Unterstellung unter die Inspektion der Marineartillerie. Dort versah das Schiff dann seinen Dienst als Artillerietender und Artillerieschulboot bis zum Ende des Zweiten Weltkrieges.

Im Jahre 1936 wurde die »Drache« grundüberholt. Sie erhielt neue und nun ölbefeuerte Kessel, ein Schornstein wurde entfernt und die Brücke wurde umgebaut. Außerdem bekam das Schiff eine neuere Bewaffnung. Es war jetzt mit sechs 10,5-cm-Geschützen und einem 2-cm-Geschütz ausgerüstet.

Gegen Ende des Zweiten Weltkriegs wurde das Artillerieschulboot »Drache« zu Flüchtlingstransporten aus Ostpreußen eingesetzt. Im Seekanal von Königsberg erhielt es am 7. und 10. April 1945 durch Artilleriebeschuss von Land erhebliche Schäden und erlitt Personalverluste. Am 18. April versank die »Drache« südwestlich von Pillau nach zwei Bombentreffern von russischen Flugzeugen.

Mit seiner Dienstzeit vom Oktober 1908 bis zum April 1945 zählte die »Drache« mit 36,5 Jahren zu den ältesten aktiven Schiffen der Kriegsmarine.

2.9 Zielschiffe

Zielschiff »Zähringen«

Das Zielschiff »Zähringen« war das von der Kaiserlichen Marine übernommene ehemalige Linienschiff »Zähringen« der aus den Einheiten »Wittelsbach«, »Wettin«, »Zähringen«, »Schwaben« und »Mecklenburg« bestehenden »Wittelsbach«-Klasse. Die Einheiten wurden in den Jahren 1899 bis 1903 gebaut und waren die ersten Linienschiffe nach Annahme des 1. und 2. Flottengesetzes.

Das Linienschiff »Zähringen« entstand auf der Germaniawerft in Kiel, wo es am 12. Juni 1906 vom Stapel lief. Seine Indienststellung fand am 25. Oktober 1902 statt. Die Namensgebung erfolgte zu Ehren des badischen Herrscherhauses.

Der Stahlrumpf der »Zähringen« war in Quer- und Längsspantenbauweise erstellt und besaß 14 wasserdichte Abteilungen, die dem Schiff im Leckfall Sicherheit gaben. Ein Gürtelpanzer mit einer maximalen Stärke von 225 Millimeter führte um das ganze Schiff. Das Panzerdeck war 50 Millimeter stark. Die bis zum Gürtelpanzer heruntergezogene Panzerdecksböschungen maßen 75 bis 120 Millimeter. Auffallend war das vom Bug bis zum Heck in einer Höhe durchgehende Oberdeck. Sämtliche Unterkünfte und Wohnräume befanden sich auf der Batterie- und Oberdecksebene und kamen damit deutlich über der Wasserlinie zu liegen. Die »Zähringen« war, wie auch ihre Schwesterschiffe, ein vorzügliches Seeschiff mit guten Dreh- und Manövriereigenschaften.

Linienschiff »Zähringen«. (Foto: Deutscher Marinebund)

Die zum ferngelenkten Zielschiff umgebaute »Zähringen«. (Foto: Bibliothek für Zeitgeschichte)

Die als Antrieb vorhandenen drei Dreizylinder-Dreifach-Expansionsdampfmaschinen waren in drei Maschinenräumen untergebracht. Sie waren jeweils auf eine Welle geschaltet und verliehen mit insgesamt 14.875 PS der »Zähringen« eine Geschwindigkeit von 17,5 Knoten. Zwölf kohlebefeuerte Kessel erzeugten den notwendigen Dampf. Die Reichweite des Schiffes betrug 5000 Seemeilen bei einer Fahrt von zehn Knoten.

Im Hauptkaliber besaß die »Zähringen« vier 24-cm-Geschütze als Schwere Artillerie. Bei der Mittleren Artillerie waren anfangs 18 und später 14 15-cm-Rohren eingerüstet. Die Aufstellung dieser Geschütze erfolgte auf beiden Schiffsseiten sowohl in Türmen wie auch in Kasematten. Die Leichte Artillerie war hauptsächlich zur Abwehr von Torpedobooten vorgesehen. Sie bestand zunächst aus zwölf und später aus 14 8,8-cm-Geschützen. Zwölf 3,7-cm-Maschinenkanonen ergänzten die Rohrbewaffnung des Schiffes. Sie kamen später bei Umrüstungen von Bord.

Bei der Passage des Kaiser-Wilhelm-Kanals (heute Nord Ostsee Kanal) hatten die Linienschiffe der »Wittelsbach«-Klasse jedoch wegen ihrer Mittelartillerie Probleme. Über die 15-cm-Batterie gemessen betrug die Schiffsbreite 22,80 Meter. Das war für die damals im Betrieb befindlichen Schleusenkammern

Trefferwirkung von Schwerer Artillerie auf dem Zielschiff »Zähringen«. (Fotos: Bibliothek für Zeitgeschichte)

zu viel. Deshalb mussten bei den mittleren 15-cm-Kasemattengeschützen die querab ausgerichteten und nicht vollständig in die Kasemattennischen beiklappbaren Rohre eingerannt gefahren werden.

Sechs 45-cm-Torpedorohre, alle als Unterwasserrohre ausgelegt, ergänzten die Bewaffnung des Linienschiffes. Je eines befand sich am Bug und Heck. Auf den beiden Schiffsseiten waren nochmals je zwei Torpedorohre vorhanden.

Nach seiner Indienststellung war das Linienschiff »Zähringen« in den damals üblichen Flottendienst eingebunden. Nach den Herbstmanövern 1910 wurde es in die Reserve überführt und stellte am 20. September 1910 außer Dienst.

Eine Reaktivierung fand im August 1914 statt. Zusammen mit den ebenfalls aus der Reserve zurückgeholten Schwesterschiffen kam die »Zähringen« in der Nord- und Ostsee zum Kriegseinsatz. Doch schon bald zeigte sich, dass die Einheiten nicht mehr allzu kriegstauglich waren. Ab 1916 wurden die Schiffe ganz oder teilweise abgerüstet und anderen Verwendungen im Hilfs- und Unterstützungsbereich zugeführt. Ein Teil der ausgebauten Geschütze kam nach entsprechender Herrichtung an der Westfront zum Einsatz.

Die »Zähringen« fand ab Ende 1916 als Exerzier- und Ausbildungsschiff in Kiel weitere Verwendung. Auch die Nutzung als Zielschiff für die Torpedoboote gehörte zu ihrem damaligen Einsatzprofil. Ende Juli 1918 ging die »Zähringen« zu Instandsetzungsarbeiten und zum Umbau als Schiffsjungenschulschiff in die Werft. Die begonnenen Arbeiten wurden bei Kriegsende eingestellt.

Am 13. Dezember 1918 stellte das Linienschiff »Zähringen« außer Dienst. Nach Kriegsende

Name	**»Zähringen«**	**»Hessen«**
Schiffstyp	Linienschiff / Zielschiff	Linienschiff / Zielschiff
Bauwerft	Germaniawerft, Kiel	Germaniawerft, Kiel
Stapellauf	12. Juni 1901	18. September 1903
Indienststellung	25. Oktober 1902	19. September 1905
Verdrängung	12.798 t / 11.800 t	14.394 t / 13.257 t
Länge x Breite x Tiefgang	126,80 x 20,80 x 8,04 m	127,70 x 22,20 x 8,16 m / 138,10 x 21,50 x 7,65 m
Besatzungsstärke	683 Mann / 67 Mann	743 Mann / 80 Mann
Antrieb	3 x Dampfmaschine / 2 x Dampfmaschine	3 x Dampfmaschine / 2 x Dampfturbine
Antriebsleistung	3 x 4958 PS / 2 x 4958 PS	3 x 5495 PS / 2 x 12.500 PS
Wellen / Ruder	3 / 1 // 2 / 1	3 / 1 // 2 / 1
Geschwindigkeit	17,5 kn / 13,5 kn	18 kn / 20 kn
Fahrstrecke	5000 sm bei 10 kn / unbekannt	5200 sm bei 10 kn / unbekannt
Bewaffnung	siehe Text / keine	siehe Text / keine

zeigten die Siegermächte an dem noch aus der Vor-Dreadnought-Ära stammenden alten Schiff kein Interesse. Es musste folglich nicht ausgeliefert werden. Aber auch die neu aufgestellte Reichsmarine hatte keine Verwendung für den Veteranen. Am 11. März 1920 erfolgte die Streichung aus der Liste der Kriegsschiffe. Das Linienschiff »Zähringen« verblieb zunächst als Auflieger und Hulk in Wilhelmshaven.

Zur besseren Ausbildung der Artillerieoffiziere entschloss sich die Marineleitung, ein ferngelenktes Zielschiff zu beschaffen. Daraufhin kam es in den Jahren 1926 und 1927 auf der Marinewerft in Wilhelmshaven zu einem umfangreichen Umbau der am dortigen Standort als Hulk aufliegenden »Zähringen«.

Alle nicht benötigten Dinge wie Aufbauten und Wohneinrichtungen kamen von Bord. Alle Öffnungen im Rumpf wurden verschlossen. Die Bordwände wie auch die wasserdichten Abteilungen wurden verstärkt. Insgesamt 1700 Tonnen Kork wurden als Füllung im Schiffskörper eingebracht. Zahlreiche Kontroll- und Sicherheitseinrichtungen wurden eingebaut. Auf diese Art möglichst beschuss-, sink- und betriebssicher hergerichtet, war danach über die eingebaute und nochmals besonders geschützte Fernlenkanlage der Betrieb als ferngelenktes Zielschiff möglich.

Als solches verdrängte die »Zähringen« jetzt nur noch 11.800 Tonnen. Mit einem auf zwei vollautomatisch betriebene Expansionsdampfmaschinen reduzierten ölbefeuerten Antrieb erreichte sie noch eine Geschwindigkeit von 13,5 Knoten. Durch den Ausbau der Mittelwelle litt allerdings die Manövrierfähigkeit. Das Schiff konnte stundenlang ohne die nun nur noch 67 Mann umfassende Besatzung fahren. Diese war lediglich für das Aus- und Einlaufen an Bord und verließ das Schiff vor Beginn der Schießübungen. Der erste Einsatz unter Beschuss fand am 8. August 1928 statt. Schießende Einheit war das Linienschiff »Elsass«. Bis in das Jahr 1944 blieb die »Zähringen« in der Verwendung als Zielschiff im Dienst der Kriegsmarine. Als solches hat sie sich in dieser Zeit voll bewährt.

Am 18. Dezember 1944 wurde das Zielschiff »Zähringen« in Gotenhafen von Fliegerbomben getroffen, brannte aus und sank. Als sich gegen Kriegsende die Räumung von Gotenhafen abzeichnete, wurde das Wrack provisorisch abgedichtet, gehoben und dann am 26. März 1945 in der Hafeneinfahrt von Gotenhafen als Blockschiff versenkt. Später gehoben, erfolgte ab 1949 der Abbruch und die Verschrottung des Wracks.

Zielschiff »Hessen«

Das Zielschiff »Hessen« war das von der Kaiserlichen Marine übernommene ehemalige Linienschiff »Hessen«, der aus den Einheiten »Braunschweig«, »Elsass«, »Hessen«, »Preussen« und »Lothringen« bestehenden »Braunschweig«-Klasse, die als Nachfolger der »Wit-

Die zum ferngelenkten Zielschiff umgebaute »Hessen«. (Foto: Bibliothek für Zeitgeschichte)

Linienschiff »Hessen«. (Foto: Deutscher Marinebund)

telsbach«-Klasse in den Jahren 1901 bis 1905 gebaut wurde.

Das Linienschiff »Hessen« entstand auf der Germaniawerft in Kiel, wo es am 18. September 1903 vom Stapel lief. Seine Indienststellung fand am 19. September 1905 statt. Die Namensgebung geht zurück auf das Großherzogtum Hessen.

Der Stahlrumpf war in Quer- und Längsspantenbauweise erstellt und in 13 wasserdichte Abteilungen unterteilt. Der Gürtelpanzer führte mit bis zu 225 Millimeter Stärke um das ganze Schiff. Das Panzerdeck war 40 Millimeter stark und die Stärke der Panzerdecksböschungen lag zwischen 75 und 140 Millimeter. Das Oberdeck war vom Bug bis zum Heck durchgezogen. Die »Hessen« war, wie auch ihre Schwesterschiffe, ein gutes Seeschiff mit guten Dreh- und Manövriereigenschaften. Sie kam allerdings bei Seegang stark ins Stampfen.

Drei Dreizylinder-Dreifach-Expansionsdampfmaschinen standen in drei Maschinenräumen. Jeweils eine Anlage war auf eine Welle geschaltet. Die »Hessen« erreichte mit ihren 16.486 PS eine Geschwindigkeit von 18 Knoten und hatte eine Reichweite von 5200 Seemeilen bei zehn Knoten. Den benötigten Dampf erzeugten 14 kohlebefeuerte Kessel. Erstmals kamen auf den Linienschiffen der »Braunschweig«-Klasse drei Schornsteine zum Einbau. Im Winter 1915 erhielten die Schiffe eine Ölzusatzfeuerung.

Mit der »Braunschweig«-Klasse kehrte die Kaiserliche Marine bei der Schweren Artillerie wieder zum 28-cm-Kaliber zurück. In diesem Kaliber stand mittlerweile eine Schnellladekanone zur Verfügung. Eingerüstet wurden vorne und achtern je ein 28-cm-Zwillingsturm.

Auch bei der Mittelartillerie fand gegenüber den früheren Schiffen eine Erhöhung des Kalibers statt. Das nun eingerüstete 17-cm-Kaliber war nur auf den Linienschiffen der »Braunschweig«- und der ihr später folgenden »Deutschland«-Klasse eingerüstet. Die 14 Geschütze kamen auf beiden Schiffsseiten in Turm- und Kasemattenaufstellung zum Einbau.

Mit ihrer Schussweite von 20,1 Kilometer überboten die 17-cm-Geschütze die an Bord vorhandene Schwere Artillerie, deren 28-cm-Geschütze lediglich auf 18,8 Kilometer kamen. Damit eignete sich die Mittlere Artillerie auch zum Kampf gegen Linienschiffe. Zwar konnten die Granaten nicht deren Panzerung durchschlagen, aber an Oberdeck und in den Aufbauten des Gegners doch eine verheerende Wirkung erzielen, zumal sie auch noch mit fünf Schuss pro Minute eine höhere Kadenz als die 28-cm-Geschütze besaßen.

Genau wie auf der »Wittelsbach«-Klasse überragte ein Teil der Mittelartillerie die Bordwände. Die 17-cm-Geschütze vergrößerten dadurch die Schiffsbreite auf 25,60 Meter, da ein glattes Einschwenken in die Kasemattennischen nicht möglich war. Bei der Passage des Kaiser-Wilhelm-Kanals (heute Nord-Ostsee-Kanal) mussten deshalb die Geschützrohre zurückgefahren werden, um die Schleusenkammern passieren zu können.

Bei der Leichten Artillerie gab es ebenfalls eine Neuerung. Zum Einbau kamen 18 neu entwickelte 8,8-cm-Geschütze. Sie hatten mit etwa neun Kilometer eine rund zwei Kilometer größere Schussweite als die Vorgängermodelle. Ihre Kadenz war mit zehn Schuss pro Minute gleichgeblieben. Zeitweise ergänzten noch vier 3,7-cm-Maschinenkanonen die Rohrbewaffnung der Schiffe.

Als Torpedobewaffnung waren wieder sechs 45-cm-Torpedorohre eingebaut. Die Anordnung dieser Unterwasserrohre entsprach der auf den Linienschiffen der »Wittelsbach«-Klasse.

Das Linienschiff »Hessen« versah nach seiner Indienststellung den bis zum Kriegsausbruch damals üblichen Flottendienst. Bei Kriegsausbruch war es das älteste Linienschiff in einem aktiven Geschwader der Hochseeflotte. In den Jahren 1914 / 1915 fand es, wie auch seine Schwesterschiffe, Verwendung auf Kriegsschauplätzen in der Nord- und Ostsee.

Als einziges Schiff seiner Klasse nahm die »Hessen« zusammen mit den fünf Linienschiffen der »Deutschland«-Klasse als II. Geschwader der Hochseeflotte an der Skagerrakschlacht teil. Die sechs Einheiten waren die einzigen Vor-Dreadnought-Linienschiffe auf

Das vom Artilleriebeschuss gezeichnete Zielschiff »Hessen«. (Foto: Bibliothek für Zeitgeschichte)

beiden Seiten. Insbesondere hier zeigte sich, dass die alten Schiffe den Anforderungen des modernen Seekrieges doch nicht mehr so recht gewachsen waren. Ab 1916 wurden die Linienschiffe der »Braunschweig«-Klasse abgerüstet und anderen Verwendungen im Hilfs- und Unterstützungsbereich zugeführt.

Die »Hessen« kam für den Rest des Jahres noch zur Sicherung der Elbmündung und zur Sundbewachung in Verwendung. Sie stellte am 12. Dezember 1916 nach elf aktiven Jahren außer Dienst. Das desarmierte Linienschiff wurde für den Rest des Krieges in Brunsbüttel als Beischiff für die 1. U-Bootflottille genutzt.

Nach dem Kriegsende zeigten die Siegermächte kein Interesse an dem betagten Linienschiff. Die »Hessen« konnte so in die Reichsmarine übernommen werden und kam wider Erwarten nochmals in den aktiven Dienst. Sie wurde auf der Marinewerft in Wilhelmshaven modernisiert, wieder bewaffnet und setzte am 5. Januar 1925 erneut Flagge und Wimpel. Bis zu ihrer Außerdienststellung am 12. November 1934 war die »Hessen« in den allgemeinen Flottendienst eingebunden und machte in dieser Zeit zahlreiche Auslandsreisen.

Mit der Außerdienststellung und der am 31. März 1935 erfolgten Streichung aus der Liste der Kriegsschiffe war jedoch noch nicht das Ende der »Hessen« gekommen. Wie das Linienschiff »Zähringen« der »Wittelsbach«-Klasse wurde auch die »Hessen« zu einem ferngelenkten Zielschiff umgebaut. Der Ausbau der Kriegsmarine machte für Forderungen in der Artillerieausbildung ein zweites Zielschiff notwendig. Am 11. April 1934 begann die Kriegsmarinewerft in Wilhelmshaven mit den Arbeiten die »Hessen« für diesen Zweck möglichst beschuss-, sink- und betriebssicher herzurichten.

Zwei Schornsteine wurden entfernt und ein neuer Vorsteven angebaut. Die Geschütze kamen von Bord. Die gesamte Antriebsanlage kam von Bord und wurde durch zwei Sätze Dampfturbinen mit Ölfeuerung und automatischem Betrieb ersetzt. Die Gesamtleistung der Turbinen umfasste 25.000 PS. Das Schiff war jetzt in der Lage eine Geschwindigkeit von 20 Knoten zu erreichen. Auf die Einbringung von Kork wurde verzichtet, da sich auf der »Zähringen« gezeigt hatte, dass sich dieser bei Treffern entzünden konnte. An Stelle dessen wurde aber die Panzerung verstärkt. Die Verdrängung als Zielschiff betrug nach Abschluss des Umbaus nur noch rund 13.200 Tonnen.

Am 1. April 1937 stand die »Hessen« für ihre neue Aufgabe bereit. Der erste Schießanlauf erfolgte am 30. August 1937. Schießende Einheit war der Leichte Kreuzer »Leipzig«. Bis Kriegsende nutzte die Kriegsmarine die »Hessen« als Zielschiff.

Am 2. Januar 1946 verließ die »Hessen« Wilhelmshaven in Richtung Osten. Am 8. Januar vollzog sich in Libau die Übergabe als Kriegsbeute an die UdSSR. Es erfolgte die Umbenennung in »Tsel« und eine weitere Verwendung bei der Baltischen Flotte. Anfang der 1960er-Jahre wurde das Schiff ausgemustert und anschließend abgewrackt. Somit erreichte die »Hessen« in vier Marinen - der Kaiserlichen Marine, der Reichsmarine, der Kriegsmarine und der sowjetischen Roten Flotte - eine gesamte Marinedienstzeit von fast 60 Jahren.

2.10 Netzleger

Die Netzleger der Kriegsmarine waren umgebaute Handelsschiffe, die Hafeneinfahrten, Liegeplätzen, Reeden, Buchten und Seewege durch Legen von Netzsperren gegen U-Boote, Torpedos und Kampfschwimmer schützten. Dieser Schiffstyp war bereits im Ersten Weltkrieg bei der Kaiserlichen Marine im Einsatz gewesen. Unmittelbar nach Kriegsbeginn stellte die Kriegsmarine erneut solche Schiffe in Dienst. Sie waren im Netzsperrverband zusammengefasst, der zunächst aus den beiden Netzlegern »Valencia« und »Genua«, zwei alten Netzleichtern, zwei Netztendern und acht Schleppern bestand.

Insgesamt standen im Zweiten Weltkrieg bei der deutschen Kriegsmarine 18 Netzleger in Dienst. Hinzu kamen 56 Netztender. Weiterhin zählten Netzleichter sowie Schlepper und andere Hilfsfahrzeuge zum Netzsperrverband. Zur Zeit seiner größten Einsatztätigkeit umfasste dieser etwa 120 Schiffe, die in acht Flottillen beziehungsweise Gruppen gegliedert waren. Die Einheiten wurden aus dem Bestand der deutschen Handelsflotte entnommen und nach Umbau als Netzleger für den Verband in Fahrt gebracht. Ebenso fanden im Laufe der Kriegsjahre auch entsprechend hergerichtete Beuteschiffe im Netzsperrverband Verwendung. Somit ergab sich zwangsläufig eine recht bunte Mischung von Fahrzeugtypen.

Der Netzsperrverband unterstand im Marineoberkommando truppendienstlich dem Stationskommando Ostsee in Kiel. Die später im Laufe des Krieges außerhalb der Ostsee eingesetzten Sperrgruppen wurden den jeweiligen Seebefehlshabern unterstellt. Der Verband war über das gesamte Einsatzgebiet der Kriegsmarine verteilt und gliederte sich in folgende Kommandos:

Der »Netzleger III« verlegte die Netzsperren über den Bug. Er gehörte zur Netzsperrflottille West und ging vor der Insel Ile de Batz am Westausgang des Englischen Kanals am 30. Juli 1942 durch Fliegerbomben verloren. (Foto: Bibliothek für Zeitgeschichte)

Name	ex Name	Stapellauf	in Dienst	Vermessung	Länge	Breite	Antrieb	Leistung	Geschw.	Besatzung
»Valencia«	entfällt	Aug. 1922	06.09.39	3096 BRT	103,04 m	15,03 m	1 x Dampfmasch.	1550 PS	11 kn	148 Mann
»Genua«	entfällt	11.07.30	14.09.39	1949 BRT	90,36 m	13,03 m	1 x Dampfmasch.	1600 PS	12 kn	162 Mann
»Netzleger I«	»Franz E. Schütte«	22.04.39	03.05.41	2042 BRT	98,60 m	13,05 m	1 x Dampfmasch.	1350 PS	12 kn	152 Mann
»Netzleger II«	»Hermann Sauber«	03.11.36	12.10.41	2474 BRT	88,40 m	13,55 m	1 x Dampfmasch.	1300 PS	12 kn	110 Mann
»Netzleger III« (1)	»Uranus«	29.06.39	05.04.41	1100 BRT	76,00 m	10,55 m	2 x Dieselmotor	1100 PS	14 kn	90 Mann
»Netzleger III« (2)	»Hendrik Fisser«	1922	03.12.42	1573 BRT	82,56 m	12,53 m	2 x Dieselmotor	1000 PS	10 kn	unbekannt
»Netzleger IV«	»Najade«	Nov. 1936	18.09.40	1246 BRT	75,10 m	10,57 m	2 x Dieselmotor	1100 PS	12 kn	82 Mann
»Netzleger V«	»Netzleichter II«	1897	01.01.41	562 BRT	57,50 m	9,30 m	ohne	entfällt	entfällt	unbekannt
»Netzleger VI«	»entfällt«	27.06.42	25.11.42	2270 BRT	93,00 m	13,46 m	ohne	entfällt	entfällt	110 Mann
»Netzleger VII«	»Piräus«	1905	01.04.42	672 BRT	64,00 m	10,29 m	2 x Dampfmasch.	600 PS	8 kn	140 Mann
»Netzleger VIII«	»Eggeroe«	01.08.42	22.05.43	2270 BRT	92,70 m	13,46 m	ohne	entfällt	entfällt	120 Mann
»Netzleger IX«	»Gemma«	11.12.43	17.07.44	2284 BRT	92,70 m	13,46 m	1 x Dieselmotor	900 PS	10 kn	112 Mann
»Netzleger X«	»Weststern«	15.07.44	(*)	2300 BRT	92,70 m	13,46 m	1 x Dieselmotor	900 PS	10 kn	112 Mann
»Netzleger XI«	»Prado«	Mai 1905	19.02.43	997 BRT	66,50 m	10,08 m	1 x Dampfmasch.	1000 PS	10 kn	unbekannt
»Netzleger XII«	»Salamis«	1934	18.07.43	125 BRT	24,25 m	8,20 m	1 x Dieselmotor	unbekannt	7 kn	23 Mann
»Netzleger XIII«	»Deime«	Dez. 1925	26.10.43	1419 BRT	74,94 m	11,55 m	1 x Dampfmasch.	650 PS	9 kn	124 Mann
»Netzleger XIV«	entfällt	unbekannt	Aug. 1944	unbekannt	unbekannt	unbekannt	1 x Dieselmotor	unbekannt	unbekannt	44 Mann
»Netzleger XV«	»Antilope«	1924	10.02.44	135 BRT	30,51 m	5,42 m	1 x Dieselmotor	90 PS	7 kn	36 Mann
Anmerkungen:	in Dienst = Indienststellung als Netzleger, (*) am 13. September 1944 unfertig als Netzleichter abgeliefert, kein Kriegseinsatz, nach dem Krieg Fertigbau und Verwendung als Handelsschiff									

- Die Netzsperrflottille Mitte war für die gesamte Ostsee und ihren Zugängen zuständig
- Die Sperrflottille Nord war in Norwegen entsprechend der jeweiligen Zuständigkeit nochmals untergliedert in:
  - o Netzsperrgruppe Südnorwegen
  - o Netzsperrgruppe Drontheim
  - o Netzsperrgruppe Narvik
  - o Netzsperrgruppe Kirkenes
- Die Netzsperrgruppe Dänemark hatte ihren Einsatzraum an der dänischen Küste
- Die Netzsperrflottille Nordsee war in drei Untergruppen aufgeteilt:
  - o Netzsperrgruppe Deutsche Bucht
  - o Netzsperrgruppe Nordholland
  - o Netzsperrgruppe Südholland
- Die Netzsperrflottille West war zuständig für die belgische Küste sowie für die französische Kanal-, Atlantik- und Mittelmeerküste. Die Flottille war nochmals unterteilt in:
  - o Netzsperrgruppe Atlantikküste
  - o Netzsperrgruppe Kanalküste
  - o Netzsperrgruppe Mittelmeer
- Die Netzsperrflottille Süd operierte in der gesamten Ägäis
- Die Netzsperrflottille Schwarzes Meer hatte im gesamten Schwarzen Meer ihr Einsatzgebiet
- Die Netzsperrgruppe Italien hatte keine deutschen Fahrzeuge im Verband. Die benötigten Einheiten - Schlepper, Tender und Schwimmkräne - und ihre Besatzungen wurden im Bedarfsfall von der italienischen Marine gestellt. Es gab folgende Untergliederungen:
  - o Netzsperruntergruppe La Spezia
  - o Netzsperruntergruppe Genua
  - o Netzsperruntergruppe Venedig

Weiterhin gab es noch das Netzsperrversuchs- und Erprobungskommando. Es war kaum in seinem eigentlichen Aufgabenbereich eingesetzt. Die zugeteilten Schiffe kamen zumeist bei der Auslegung von Sperren zum Einsatz, wurden aber auch zu Materialtransporten und Minentransporten genutzt.

Man unterschied bei den Netzsperren zwischen U-Bootstellnetzsperren und Torpedoschutznetzsperren. Erstere sind während des Zweiten Weltkriegs am häufigsten gelegt worden und fanden auf allen Seekriegsschauplätzen Verwendung. Sie wurden üblicherweise doppelreihig ausgeführt. Da sie sich in der Regel in einem größeren Abstand zum Land befanden, war eine ständige Bewachung durch kampfkräftige Fahrzeuge, wie zum Beispiel Minensuchboote oder Vorpostenboote, notwendig. Bei einer unbewachten Netzsperre hätte ein U-Boot durchaus im Überwassermarsch die Sperre überwinden können. Die wohl am besten bekannte Sperre dieser Art ist die im Jahr 1943 durchgeführte Abriegelung des Finnischen Meerbusens, die das Ausbrechen sowjetischer U-Boote in die Ostsee verhinderte. Bis Ende 1944 war die sowjetische U-Bootwaffe vollkommen ausgeschaltet. Die Kriegsmarine konnte in der Ostsee nahezu ungestört operieren. Der Handelsschiffsverkehr war so gut wie nicht gefährdet.

Unter einer Torpedoschutznetzsperre verstand man das Auslegen von zwei Netzreihen im Abstand von etwa fünf Meter. Diese Doppelreihe wurde in einer Entfernung zwischen 50 und 75 Meter vor dem zu schützenden Objekt positioniert. In der Tiefe reichten die Netze in der Regel bis etwa 18 Meter. Typische Beispiele für Torpedoschutznetzsperren sind die sogenannte »Netzkäfige«, mit denen wertvolle Schiffe geschützt wurden. Als Beispiel sei das in norwegischen Fjorden liegende Schlachtschiff »Tirpitz« erwähnt. Da das im Käfig befindliche Schiff zwangsläufig öfters bewegt wurde oder Versorgungsfahrzeuge längsseits

Der »Netzleger IV« war mit einem Legedeck im Vorschiff ausgerüstet. Das Schiff kam nach dem Krieg und nach dem Rückbau als belgisches Handelsschiff »Irene Marie« erneut in Fahrt und blieb dann unter verschiedenen Eignern im Einsatz. Am 9. Dezember 1961 ist das Schiff bei der Insel Marmara im Marmarameer gesunken. (Foto: Bibliothek für Zeitgeschichte)

kommen mussten, waren die Sperrriegel dieser Käfige beweglich ausgeführt. Als Folge war wiederum eine aufwendigere Konstruktion und Auslegung notwendig.

Die in der Praxis übliche und bewährte Durchführung einer Netzverlegung wird in dem Buch von Peter Arndt / Peter Schenk »Deutsche Netzsperrverbände« auf Seite 95 wie folgt beschrieben:
»Nachdem auf der festgelegten Sperrlinie durch Lotungen die Wassertiefe ermittelt worden war, brachte man die entsprechend zusammengeschäkelten Netze an Bord und verstaute sie im Netzraum. Ebenso verfuhr man mit dem notwendigen Zubehör wie Bojen, Ankern und diversen Drahtstander. Dann erfolgte der Marsch des Netzlegers mit eigener Kraft zusammen mit den erforderlichen Netztendern (Schleppern) und Arbeitsbooten auf die Legeposition. Dort ging ein Schlepper beim Netzleger längsseits. Auf der Anfangsposition der Sperre stellte der Netzleger seine Maschine ab und wurde dann nur vom Schlepper bewegt. So verhinderte man, dass beim Arbeiten mit der eigenen Schraube Netzteile in diese hineingezogen wurden. Oftmals kam zusätzlich zu dem Längsseitsschlepper noch ein Kopfschlepper hinzu, um den Netzleger auf Netzkurs zu halten. Bei sehr starkem Seitenwind wurde sogar noch ein dritter Schlepper eingesetzt, um die Abdrift des Netzlegers zu verhindern. Das hier beschriebene Verfahren galt für einen Netzleger mit achterem Legedeck. Bei einem Netzleger mit Legedeck auf dem Vorschiff wurden die Schlepper umgekehrt festgemacht. (...) Waren die Netze an Bord entsprechend vorbereitet, konnte das Auslegen beginnen. Hierbei bedurfte es jedoch einer verzugslosen Verständigung zwischen dem Kommandanten des Netzlegers und dem Schlepperkapitän, aber ganz besonders auch mit der Aufsicht auf dem Legedeck. Nur dort merkte man, wenn das Netz unklar kam und schnelle Reaktion erforderlich wurde.«

Den Besatzungen auf den Netzlegern wurde bei der Auslegung einer Netzsperre körperlich viel abverlangt. Trotz vorhandener Winden musste doch ein Großteil der Arbeit von Hand ausgeführt werden. Da die Männer in der Regel mit ihren Schiffen von der Kriegsmarine übernommen worden waren, war ihre seemännische Berufserfahrung eine wertvolle Hilfe an Bord der Netzleger. Ein reibungsloser Ablauf der Arbeitsschritte war dadurch gegeben. Verstärkt wurde die ehemalige Stammbesatzung durch Reservisten aus der Handelsmarine und der Fischerei sowie durch Marinesoldaten.

Aus Platzgründen ist es nicht möglich, einzeln auf die oben erwähnten 120 Fahrzeuge des Netzsperrverbands näher einzugehen. Daher nur eine tabellarische Aufstellung der 18 Netzleger mit den wichtigsten technischen Daten. Einige dieser Schiffe besaßen keinen Eigenantrieb. Die an Bord vorhandene Bewaffnung diente dem Eigenschutz und bestand aus kleinkalibrigen Flak-Geschützen in unterschiedlicher Anzahl und Kaliber.

Während des Krieges gingen neun Netzleger verloren. Die noch vorhandenen Netzleger kamen nach dem Krieg kurzzeitig in der German Mine Sweeping Administration (GM/SA, Deutscher Minenräumdienst) beim Räumen und Aufnehmen von ausgelegten Netzsperren zum Einsatz.

Auf der Potsdamer Konferenz wurde auch die Aufteilung der deutschen Kriegs- und Handelsflotte beschlossen. Hinsichtlich der Netzleger kam es zur gleichmäßigen Aufteilung von jeweils drei Schiffen auf die USA, die Sowjetunion und Großbritannien. Dabei erhielten die USA die Netzleger V, VI und X, die Sowjetunion die Netzleger I, II und VIII und Großbritannien die Netzleger IV, IX und XIII zugesprochen.

In Großbritannien und den USA war aber kein Bedarf für diese Spezialschiffe vorhanden. Die beiden Länder überließen deshalb ihre Beuteschiffe Ländern, die ebenfalls am Krieg gegen Deutschland teilgenommen hatten und bei denen jetzt Bedarf an Handelsschiffen bestand. Nach Rückbau waren die Netzleger als solche wieder verwendbar.

Der »Netzleger I« hatte sein Legedeck achtern. Nach dem Krieg wurde das Schiff der Sowjetunion als Kriegsbeute zugesprochen. Es blieb vermutlich bis 1967 als Schulschiff »Lena« in der Baltischen Flotte in Fahrt und wurde danach ausgesondert. (Foto: Bibliothek für Zeitgeschichte)

2.11 Minenschiffe, -leger und -transporter

In der Minenkriegführung unterscheidet man zwei Arten von Minensperren. Die defensive Sperre wird in der Regel heimlich verlegt, aber später offiziell bekannt gegeben. Sie dient in erster Linie dem Schutz der eigenen Küste. Mit der offensiven Sperre werden dagegen feindliche Gewässer und Küstengebiete oder zum Kriegsgebiet erklärte Seegebiete vermint. Das Legen dieser Sperren geschieht in strengster Geheimhaltung und wird verständlicherweise dem Gegner nicht bekannt gegeben.

In diesem Kapitel sollen nun Schiffe behandelt werden, die die Minensperren verlegen. Da diese Aktivitäten fast ausnahmslos in der Nacht stattfinden, werden diese Einsatzverbände auch gerne als »Mitternachtsgeschwader« bezeichnet. Allgemein unterscheidet man drei Typen von Einsatzfahrzeugen:

- Minenschiffe sind ehemalige Handelsschiffe, die zum Minenlegen umgebaut wurden
- Minenleger sind Kriegsschiffe, die speziell zum Minenlegen konstruiert und gebaut wurden
- Minentransporter sind Kriegsschiffe, die sowohl zum Transport als auch zum Legen von Seeminen verwendet werden

Im Laufe des Zweiten Weltkriegs wurden in allen Seegebieten unzählige und umfangreiche Minensperren geworfen. Sie auch nur ansatzweise nach Lage, Ort, Umfang und speziel-

Minenschiff »Kaiser«. (Foto: Bibliothek für Zeitgeschichte)

Das Werfen der Minen erforderte von der Besatzung körperliche Anstrengung. (Foto: Mendel / Bundesarchiv Bild 101II-MN-1559-33 / CC-BY-SA 3.0)

Das Seebäderschiff »Königin Luise« als Minenschiff mit Tarnbemalung. (Foto: Bibliothek für Zeitgeschichte)

lem Zweck aufzuführen, würde den Rahmen dieses Buches bei weitem sprengen. Ebenso kann aus der breiten Palette und der Vielzahl der Minenschiffe, Minenleger und Minentransporter, es waren vermutlich 65 Einheiten, auch nur eine kleine Auswahl vorgestellt werden.

Minenschiffe

Spezielle Schiffe zum Minenlegen besaß die Kriegsmarine vor Kriegsbeginn nicht. Die ab September 1939 notwendig gewordenen Minensperren wurden durch die vorhandenen Kriegsschiffe, auf denen eine Kapazität für solche Aufgaben vorhanden war, verlegt. Insbesondere die Artillerieschulschiffe »Bremse« und »Brummer« sowie der Aviso »Grille« waren diesbezüglich schiffbaulich vorbereitet und kamen zum Einsatz.

Weil die Zahl der regulären Kriegsschiffe, die für das Minenlegen verwendet werden konnten, begrenzt war und sie außerdem für andere Aufgaben benötigt wurden, war schon zu Friedenszeiten klar, dass im Kriegsfalle geeignete Handelsschiffe für diese Tätigkeit ausgerüstet werden mussten. Gemäß Mobilmachungsorder wurden daher schon vorsorglich nachfolgend aufgeführte Seebäderschiffe hierfür vorgesehen, die in den spannungsreichen Tagen vor Beginn des Kriegs bereits umgerüstet und dann kurz nach Kriegsbeginn auch schon einsatzklar und wurfbereit waren:

- Nordsee: »Cobra«, »Kaiser«, »Königin Luise«, »Roland«
- Ostsee: »Hansestadt Danzig«, »Preussen«, »Tannenberg«

Für die Minenladung erhielten diese Schiffe auf den Promenadendecks Minenschienen eingebaut. Als Bewaffnung kamen zum Eigenschutz leichte Flak-Waffen an Bord. Die genannten Schiffe hatten alle einen Zwei-Wellen-Antrieb und waren daher gut zu manövrieren, was beim erforderlichen punktgenauen Werfen der Minen von großem Vorteil war. Ebenso vorteilhaft für ihre Aufgaben als Minenschiffe waren ihre hohen Geschwindigkeiten, die zwischen 16 und 20 Knoten lagen.

Im Laufe des Krieges wurden weitere zivile Schiffe sowohl aus der deutschen Handelsmarine als auch Beuteschiffe aus den besetzten Gebieten zu Minenschiffen umgebaut. In Übersee fanden mehrere Prisen der dort tätigen Hilfskreuzer, die provisorisch auf See mit Bordmitteln zu Minenschiffen umgerüstet wurden, erfolgreiche Verwendung beim Verlegen von Minenfeldern in den feindlichen Gewässern.

Ein hoher Anteil der Minenschiffe hat den Zweiten Weltkrieg nicht überlebt. Hier nur kurz der Verbleib der oben genannten sieben Seebäderschiffe, die als Minenschiffe genutzt wurden. Weitere Einzelheiten zu den technischen Daten der Schiffe sind in einer weiteren Tabelle aufgelistet.

Die »Preussen« als Seebäderschiff und ...

... als Minenschiff mit Tarnbemalung im Hafen von Stettin. (Foto: Hans Lorenz / CC-BY-SA 3.0)

Name	Stapellauf	in Dienst	Vermessung	Länge	Breite	Antrieb	Leistung	Geschw.	Minen	Besatzung
»Cobra«	14.01.26	26.08.39	2131 BRT	87,41 m	12,22 m	2 x Dampfturbine	3600 PS	17 kn	150	200 Mann
»Kaiser«	08.04.05	28.08.39	1916 BRT	96,30 m	11,70 m	2 x Dampfturbine	3000 PS	16 kn	180	210 Mann
»Königin Luise«	10.04.34	13.09.39	2399 BRT	93,50 m	12,80 m	2 x Dieselmotor	4500 PS	17 kn	240	180 Mann
»Roland«	16.03.27	24.08.39	2436 BRT	90,82 m	13,04 m	2 x Dampfturbine	4850 PS	18 kn	233	240 Mann
»Hansestadt Danzig«	17.03.26	30.08.39	2431 BRT	90,50 m	11,70 m	2 x Dieselmotor	6400 PS	20 kn	360	210 Mann
»Preussen«	März 1926	03.09.39	2529 BRT	93,60 m	11,69 m	2 x Dieselmotor	6400 PS	16 kn	400	210 Mann
»Tannenberg«	16.03.35	02.09.39	5504 BRT	129,60 m	15,54 m	2 x Dampfturbine	12.000 PS	20 kn	460	114 Mann
»Lauting«	1934	1934	867 BRT	56,70 m	10,41 m	1 x Dieselmotor	450 PS	9,5 kn	370	43 Mann
»Rhein«	1934	1934	899 BRT	56,70 m	10,41 m	1 x Dieselmotor	450 PS	9,5 kn	370	43 Mann
»Otter«	1934	1934	902 BRT	56,70 m	10,40 m	1 x Dieselmotor	450 PS	9,5 kn	370	40 Mann
»Irben«	1936	1936	900 BRT	56,70 m	10,38 m	1 x Dieselmotor	450 PS	9,5 kn	240	40 Mann
Anmerkung	in Dienst = Indienststellung als Minenschiff / Minentransporter									

»Cobra«	am 27. August 1942 bei Werftaufenthalt in Schiedam nach Bombentreffer gekentert, danach Abbruch
»Kaiser«	ab 1. Oktober 1943 Versuchsschiff, 1945 britische Beute, 1946 an Sowjetunion, 1947 an Polen, 1954 abgebrochen
»Königin Luise«	am 25. September 1941 vor Helsinki nach Minentreffer gesunken, 1947 gehoben und abgebrochen
»Roland«	Am 21. April 1944 vor Narwa nach Minentreffer gesunken
»Hansestadt Danzig«	am 9. Juli 1941 zusammen mit »Preussen« und »Tannenberg« auf einer schwedischen Minensperre im Ölandsund gesunken
»Preussen«	siehe »Hansestadt Danzig«
»Tannenberg«	siehe »Hansestadt Danzig«

Die »Tannenberg« war mit 5504 BRT mit Abstand das größte der Minenschiffe. Neben der üblichen Flak-Bewaffnung war die sie auch mit zwei 15-cm-Geschützen ausgerüstet. (Foto: Bibliothek für Zeitgeschichte)

Die »Adjutant« war das norwegisches Walfangboot »POL IX«, das von dem Hilfskreuzer »Pinguin« als Prise aufgebracht wurde und im Mai / Juni 1941 als Hilfsminenschiff in neuseeländischen Gewässern zum Einsatz kam. Auf dem Foto ist das Schiff als japanisches Walfangboot getarnt. (Foto: Bibliothek für Zeitgeschichte)

Minenleger

Wie bereits oben erwähnt, besaß die Kriegsmarine in den Friedensjahren keine Minenleger in ihrem Schiffsbestand. Bei der Besetzung von Norwegen fiel jedoch eine größere Anzahl norwegischer Kriegsschiffe in deutsche Hände. Darunter auch die drei Minenleger »Olav Tryggvason«, »Laugen« und »Glommen«. Während »Laugen« und »Glommen« zunächst eine anderweitige Verwendung fanden, bevor sie zusammen mit neun weiteren kleineren Einheiten als Minenleger verwendet wurden, stellte die »Olav Tryggvason« schon am 11. April 1940 als deutscher Minenleger »Albatros« in Dienst. Nachdem drei Tage später das Artillerieschulschiff »Brummer« am 14. April 1940 verloren ging und dadurch der Schiffsname wieder frei wurde, erfolgte am 16. Mai 1940 die Umbenennung in »Brummer«.

Die »Olav Tryggvason« lief am 21. Dezember 1932 auf der Marinewerft in Horten vom Stapel und setzte am 21. Juni 1934 Flagge und Wimpel. Seiner Zeit war der Minenleger das größte und modernste Schiff der norwegischen Marine.

Der Minenleger war in zwölf wasserdichte Abteilungen unterteilt. Bei einer Schiffslänge von 97,30 Meter, einer Breite von 11,45 Meter und einem Tiefgang von 4,03 Meter verdrängte das Schiff 1860 Tonnen. Für die Minenbeladung stand ein durchgehendes Deck mit einem Fassungsvermögen von bis zu 60 Minen zur Verfügung, die über drei Luken am Spiegelheck verlegt werden konnten.

Die Besatzungsstärke betrug 168 Mann. Die Norweger nutzten die »Olav Tryggvason« auch als Schulschiff. Im Minendeck konnten für diesen Fall Unterkünfte für 65 Kadetten eingebaut werden, was dann aber zulasten der Ladekapazität ging.

Der Antrieb bestand aus zwei Dampfturbinen mit zusammen 6000 PS und zwei Dieselmotoren mit zusammen 1400 PS. Der notwendige Dampf für die Turbinen wurde in drei Kesseln mit 20 atü erzeugt. Die Turbinen und die

Der nach der Besetzung von Norwegen in deutsche Hände gefallene Minenleger »Olav Tryggvason« kam als »Brummer« unter deutscher Flagge zum Einsatz. (Foto: Bibliothek für Zeitgeschichte)

Dieselmotoren konnten über ein Rädergetriebe sowohl einzeln als auch im Verbund auf die Wellen geschaltet werden. Über zwei Wellen erreichte die »Olav Tryggvason« eine Höchstgeschwindigkeit von 22 Knoten.

Die Bewaffnung bestand aus vier 12,7-cm-Geschützen mit Schutzschild, einem 7,6-cm-Geschütz und zwei 4,7-cm-Maschinenkanonen. Unter der deutschen Nutzung des Minenlegers wurden nur die 12,7-cm-Geschütze beibehalten. Das 7,6-cm-Geschütz wurde durch eine 3,7-cm-Doppellafette ausgetauscht. Für die Maschinenkanonen kamen zwei 2-cm-Geschütze an Bord. Ab Sommer 1943 waren auf der »Brummer« als Bewaffnung drei 10,5-cm-Geschütze, eine 3,7-cm-Geschütz in Doppellafette und zehn 2-cm-Geschütze eingerüstet. Durch das Verlegen von zwei weiteren Minengleisen an Oberdeck konnte die Minenkapazität auf 280 Minen gesteigert werden.

Der nachfolgende Lebenslauf des Minenlegers »Brummer« ist der Veröffentlichung von Siegfried Breyer / Helmuth Haupt »Minenschiff BRUMMER (II) 1940-1945« entnommen.

»Im Kriegsjahr 1940 wurde die neue ›Brummer‹ zunächst bei der Auslegung der Flankensperren vor der belgisch-niederländischen Küste eingesetzt und im Spätsommer für das Unternehmen Seelöwe – das war die Codebezeichnung für die Landung auf den Britischen Inseln (sie kam niemals zustande) – bereitgehalten. Ende 1940 ist das Schiff dann der Minenschiffgruppe Nord zugewiesen worden und war 1941 zunächst an der Verlängerung der Westwall-Sperren bis zur Höhe der Shetland-Inseln eingesetzt. Bei dem Unternehmen Barbarossa (dem Angriff auf die Sowjetunion) nahm ›Brummer‹ an den Sperrlegungen vor dem Finnischen Meerbusen teil, wodurch die sowjetische Baltische Flotte in diesem eingeschlossen wurde. 1942 wechselte ›Brummer‹ wieder in den Nordseebereich und hatte Anteil an der Verstärkung der Skagerrak-Sperren und an den Sperrlegungen in den nordnorwegischen Gewässern bis nach Kirkenes und auch ostwärts der Fischer-Halbinsel. Diese Tätigkeit dauerte bis 1943 an und dehnte sich über Petsamo hinaus und östlich der Fischer-Halbinsel aus. Nach abermaligen Verstärkungen der Westwall-Sperren folgten weitere Sperrlegungen im Skagerrak, im Finnischen Meerbusen, im Moonsund und in der Irbenstraße. Schließlich bedurfte das Schiff einer Grundüberholung. Diese erfolgte ab Anfang 1945 bei den Deutschen Werken in Kiel. Die Arbeiten kamen zunächst gut voran und für April 1945 konnte bereits die Wiederherstellung der Einsatzbereitschaft anvisiert werden. Doch dazu sollte es nicht mehr kommen. Am 9. April 1945 erfolgte ein Angriff der 8. US-Army Air Force mit 700 Bombern, die 2200 Tonnen Bomben über Kiel abwarfen. Dabei wurde das in Dock II der Deutschen Werke liegende Minenschiff tödlich getroffen. Was übrig blieb, hatte nur noch Schrottwert und wurde nach Kriegsende abgebrochen.«

Nach einer anderen Quelle fand der Luftangriff am 13. April 1945 statt und »Brummer« wurde dabei im Dock V der Deutschen Werke liegend schwer beschädigt. In den Jahren 1945 bis 1948 wurde das Wrack abgebrochen.

Minentransporter

In der Kriegsmarine waren vier Minentransporter »Lauting«, »Rhein«, »Otter« und »Irben« vorhanden, die bereits in den Jahren 1934 und 1936 in Dienst stellten. Ihre Aufgabe war der Transport von den in Minendepots gelagerten Minen zu den benötigenden Häfen und Schiffen. »Lauting« und »Rhein« unterstanden dem Sperrzeugamt Wilhelmshaven. »Otter« und »Irben« waren dem Sperrzeugamt Cuxhaven zugeordnet. Zum Eigenschutz war eine Bewaffnung von jeweils vier 2-cm-Geschützen an Bord der Minentransporter eingerüstet. Die an Bord auf Minenschienen gelagerten Minen wurden im nicht einsatzklaren Zustand transportiert. Für den Umschlag der Minen waren Ladebäume und umfangreiches Ladegeschirr vorhanden. Eine Minenwurfvorrichtung besaßen die Schiffe allerdings nicht. Auf der »Rhein« wurde eine solche anfangs im August 1943 eingebaut.

Von der »Lauting« sind kaum Einzelheiten über ihren Einsatz im Zweiten Weltkrieg bekannt. Nach Kriegsende wurde sie den USA als Kriegsbeute zugesprochen. Sie kam zunächst in der German Mine Sweeping Administration (GM/SA, Deutscher Minenräumdienst) zum Einsatz. Am 23. Januar 1948 kaufte die Hamburg-Amerika Linie (Hapag) das Schiff und fuhr es als Frachtschiff in Nord- und Ostsee. Ab 1955 war es unter verschiedenen Eignern und Namen unterwegs. Als »Kadiani« erlitt das Schiff am 16. März 1969 im Sturm in der Nordsee Schiffbruch und sank.

Auch von der »Rhein« sind keine Einzelheiten über besondere Einsätze im Zweiten Weltkrieg bekannt. Sie ging nach Kriegsende als Kriegsbeute an die USA und diente dann bis Dezember 1947 in der German Mine Sweeping Administration (GM/SA, Deutscher Minenräumdienst). Am 23. Mai 1949 verkaufte die Verwaltung der amerikanischen Besatzungszone Deutschlands (OMGUS) das Schiff an die Hamburger Reederei Leonhardt & Blumberg, die es zum Frachtschiff mit 889 BRT und 1350 Tonnen Ladefähigkeit umbauen ließ. Mit 15 Mann Besatzung kam es als »Klaus Leonhardt« in Fahrt. Ab 1950 fuhr es als »Uhlenhorst« bei der Reederei Johannes Ick und wurde Ende 1964 abgebrochen.

Minentransporter »Lauting«. (Foto: Bibliothek für Zeitgeschichte)

Minentransporter »Rhein«. (Foto: Bibliothek für Zeitgeschichte)

Die »Otter« kam mit Beginn des Zweiten Weltkriegs als Zubringer für die Minenlegeunternehmen in der Nordsee, ab 1941 dann in der Ostsee und insbesondere im Finnischen Meerbusen zum Einsatz. Im Jahr 1943 pendelte der Minentransporter zwischen Kiel und Nordnorwegen. Ab dem Frühjahr 1944 fuhr die »Otter« dann wieder in der Ostsee. Am 20. Juni 1944 wurden die Militäranlagen und das Munitionsdepot auf der finnischen Insel Kirkomansaari bei Kotka von sowjetischen Flugzeugen mit Bomben angegriffen. Eine der Bomben traf auf die vor dem Munitionsbunker aufgereihten Minen und löste eine Kette von gewaltigen Explosionen aus. Die am Vortag eingetroffene und an der Pier liegende »Otter« erhielt zwar keinen direkten Treffer, wurde aber durch die Explosionen so schwer beschädigt, dass sie mit starker Schlagseite auf Grund ging. In der Folge versuchte man vergeblich, das Schiff wieder in Fahrt zu bringen. Beim Rückzug der Wehrmacht aus Finnland musste es aufgegeben werden. Ein deutsches Kommando soll es zuvor noch gesprengt haben. Das Wrack ist angeblich 1949 nach einem wiederum vergeblichen Bergungsversuch in tieferes Wasser geschleppt und gesprengt worden sein. Nach einer anderen Quelle ist es 1950 gehoben und repariert worden. Unter verschiedenen Eignern und Namen könnte die ehemalige »Otter« dann bis 1982 in Fahrt geblieben sein.

Minentransporter »Otter«. (Foto: Bibliothek für Zeitgeschichte)

Über die Einsatzgeschichte der »Irben« liegen nur bruchstückhafte Informationen vor. Das Schiff befand sich bis 1941 wohl überwiegend in der Nordsee und Ostsee und unterstützte die dortigen Minenverlegetätigkeiten. In Sommer 1942 soll der Minenleger in Norwegen aktiv gewesen sein. Es folgten dann scheinbar bis Kriegsende wieder Einsätze in der Ostsee und den Ostseezugängen. Am 3. April 1945 griffen amerikanische und britische Flugzeuge Kiel und die dortigen U-Boot-Werften an. Dabei wurde auch die »Irben« durch Bombentreffer versenkt. Nach dem Krieg wurde das Wrack gehoben und abgebrochen.

2.12 Sperrbrecher

Während die Minensuch- und Räumboote die Aufgabe hatten, mit ihrem Räumgerät festgestellte Minen unschädlich zu machen, waren Sperrbrecher von ihrer Konzeption her vorgesehen, Minenfelder zu durchbrechen und so Sperrlücken für den Schiffsverkehr zu schaffen. Sie sind also Schiffe, die beim bewussten Durchfahren eines Minenfeldes durch ihr eigenes Geräusch-, Magnet- und Druckfeld die Minen zur Detonation bringen und so ein Fahrwasser minenfrei räumen.

Sperrbrecher wurden erstmals im Ersten Weltkrieg und dann in größerer Zahl im Zweiten Weltkrieg eingesetzt. Es handelte sich dabei um umgebaute Frachtschiffe. Die Kriegsmarine requirierte hierzu sowohl aus der deutschen Handelsmarine wie auch in den besetzten Ländern den hierfür geeigneten Schiffsraum. So entstand zwangsläufig ein wahres Sammelsurium an Schiffen, das in seemännischer, technischer und logistischer Hinsicht den Besatzungen, den Sperrbrecher-Verbänden und, im Falle von anfallenden Reparaturen, auch den beteiligten Werften einiges an organisatorischem Können abverlangte.

Die Laderäume der Sperrbrecher hatte man mit Fässern, Kork oder anderer schwimmfähiger Ladung gegen das Vollaufen gesichert, um das Schiff bei Wassereinbruch möglichst schwimmfähig zu halten. Schiffbaulich wurde durch verschiedene Maßnahmen, wie zum Beispiel durch Einziehen von zusätzlichen Schottwänden oder Dichtsetzen von Bunkern,

»Sperrbrecher 2«, ex »Athen«, 4450 BRT, 129,50 m, 2 x Dieselmotor, 4000 PS, 14,5 kn, 2 x 10,5-cm-, 4 x 3,7-cm- und 5 x 2-cm-Geschütz, 1945 sowjetische Kriegsbeute, Rückbau und Verwendung als Handelsschiff, 1947 Abgabe an Polen, 1970 Lagerhulk, 1992 abgebrochen (Foto: Bibliothek für Zeitgeschichte)

»Sperrbrecher 14«, ex »Bockenheim«, 7019 BRT, 147,51 m, 1 x Dieselmotor, 7500 PS, 15 kn, 2 x 10,5-cm-, 4 x 3,7-cm- und 5 x 2-cm-Geschütz, am 22. Juni 1942 schwerer Minentreffer, am 12. Dezember 1942 außer Dienst, am 25. August 1944 als Blockschiff in der Girondemündung versenkt, 1947 gehoben und abgebrochen (Foto: Bibliothek für Zeitgeschichte)

Tanks und Zellen, die Standfestigkeit erhöht. Um einen größeren Tiefgang zu erreichen, wurde Sandballast gefahren.

Die Schiffe waren durch diese Umbaumaßnahmen sehr widerstandsfähig. So brach am 23. Oktober 1942 infolge eines schweren Minentreffers bei Ameland das Vorschiff des »Sperrbrecher 11« in Höhe der vorderen Brückenkante ab. Beide Schiffsteile blieben auf der Schutzstauung schwimmfähig. Sie konnten über Borkum nach Hamburg in die Werft eingeschleppt werden. Dabei räumte während des Schleppmanövers das Achterschiff eine weitere Mine. Es war die 100. Mine dieses Sperrbrechers. In Hamburg wurde das Schiff wieder zusammengesetzt und nahm am 31. Mai 1943 erneut seine Räumtätigkeit auf. Nach dem Krieg war es bei der German Mine Sweeping Administration (GM/SA, Deutscher Minenräumdienst) im Einsatz und wurde als britisches Beuteschiff 1948 abgebrochen.

Ankertauminen wurden von den Sperrbrechern mit dem angebrachten Bugschutzgerät geschnitten beziehungsweise abgewiesen und zur Detonation gebracht. Zum Räumen von als Grundminen ausgelegten Magnetminen verfügten die Schiffe über Magnetwicklungen, die sogenannten VES-Anlagen (Voraus-Eigen-Schutz), die das Magnetfeld des Schiffes vergrößerten, um die Minen möglichst schon bei der Annäherung zu zünden. Dies war mit umfangreichen schiffbaulichen Arbeiten verbunden und geschah durch das Anbringen von Kupferkabelwicklungen sowie dem Einbringen von Eisenballast im Vorschiff. Im Laufe des Krieges kamen verbesserte Zündeinrichtungen bei den englischen Magnetminen in Gebrauch, was den Einbau einer Umpolvorrichtung (U.P.V.) in den VES-Anlagen notwendig machte. Der Wirkungsbereich der VES-Anlagen erstreckte sich bis 80 Meter voraus und bis 40 Meter zur Seite. Den erforderlichen Strombedarf zur Erzeugung des elektromagnetischen Kraftfeldes lieferten zusätzliche in den Frachträumen aufgestellte Stromaggregate. Später kamen auf den Sperrbrechern auch noch Schallerzeuger an Bord, um Minen mit akustischen Zündern räumen zu können. Explosionen neben dem Schiff oder im achteren Bereich in Höhe der Maschinenräume sollten möglichst vermieden werden.

Wie auf einigen anderen Minenabwehrfahrzeugen auch, wurde die Besatzung durch Holz- oder Pappunterlagen auf den Decks gegen die Detonationsstöße geschützt. Gleichwohl blieb der Dienst auf den Sperrbrechern gefährlich, weil Schiff und Besatzung ständig der Minenwirkung ausgesetzt waren. Der alte Minensucherspruch »Wer Minen sucht, ist Gott am nächsten« traf bei den Sperrbrechern im wahrsten Sinne des Wortes zu. Von den rund 160 eingesetzten Sperrbrechern aller Typen und Kategorien der Kriegsmarine, die auf allen Seekriegsschauplätzen zum Einsatz kamen, gingen mehr als 50 bei ihren Einsätzen verloren. Das entspricht einer Verlustrate von etwa 31 Prozent.

Die Kriegsmarine unterschied vier Haupttypen von Sperrbrechern. Ihre charakteristischen Merkmale und ihre Ausrüstung sind nachfolgend aufgelistet.

Große Sperrbrecher

- Vermessung von 2500 bis 5000 BRT
- Schutzstauung vorhanden
- VES-Anlagen mit U.P.V., Geräuschbojen mit Turbinenantrieb und / oder Knallkörpergerät vorhanden
- verstärkte Bewaffnung von 2 x 10,5-cm-, 6 x 3,7-cm- und 14 x 2-cm-Geschützen
- zur Erschwerung von Fliegerangriffen ab

»Sperrbrecher 14« mit Tarnanstrich. (Foto: Bibliothek für Zeitgeschichte)

»Sperrbrecher 21«, ex »Nestor«, 5375 BRT, 109,92 m, 1 x Dieselmotor, 3050 PS, 14,5 kn, 2 x 10,5-cm-, 6 x 3,7-cm- und 14 x 2-cm-Geschütz, am 14. Juni 1943 durch Minentreffer in der Girondemündung gesunken (Foto: Bibliothek für Zeitgeschichte)

1942 teilweise Ausrüstung mit einem oder zwei Sperrballons
- Normbesatzung 1943 von 234 Mann

Mittlere Sperrbrecher
- Vermessung 1500 bis 2500 BRT
- Schutzstauung vorhanden
- VES-Anlagen mit U.P.V., Geräuschbojen mit Turbinenantrieb und / oder Knallkörpergerät vorhanden
- verstärkte Bewaffnung mit 2 x 10,5-cm-, 2 x 3,7-cm- und 7 x 2-cm-Geschützen
- zur Erschwerung von Fliegerangriffen ab 1942 teilweise Ausrüstung mit einem oder zwei Sperrballons
- Normbesatzung 1943 von 116 Mann

Kleine Sperrbrecher
- Vermessung von 1000 bis 1500 BRT
- Schutzstauung vorhanden
- VES-Anlagen mit U.P.V., Geräuschbojen mit Turbinenantrieb und / oder Knallkörpergerät vorhanden
- in der Anzahl und im Kaliber unterschiedliche Bewaffnung mit 10,5-cm-, 8,8-cm-, 3,7-cm- und 2-cm-Geschützen
- zur Erschwerung von Fliegerangriffen ab 1942 teilweise Ausrüstung mit einem Sperrballon
- Normbesatzung 1943 von 83 Mann

Kleine Sperrbrecher für Flussmündungsgebiete
- Vermessung von 500 bis 900 BRT
- Schutzstauung vorhanden
- VES-Anlagen vorhanden
- unterschiedliche der Schiffsgröße und den Aufstellungsmöglichkeiten angepasste Bewaffnung mit Flak-Geschützen
- Normbesatzung 1943 unbekannt

Der Hauptzweck der Sperrbrecher bestand darin, andere Schiffe zu eskortieren. Dies geschah im Wesentlichen

- auf den Wegen durch die eigenen defensiven Minenfelder
- beim Ein- und Auslaufen in den Stützpunkten und Häfen
- auf den Seewegen in Küstennähe wie zum Beispiel in dem für den Westraum so wichtigen Englischen Kanal

Dies waren alles Gebiete, wo der Gegner ständig und häufig unbemerkt neue Verminungen vornahm. Der Sperrbrecher sollte diese noch nicht erkannte Minen zur Detonation bringen.

Ab 1943 zählten insbesondere in der Biskaya die Geleite für ein- und auslaufende U-Boote zur Hauptaufgabe der Sperrbrecher. Allein in 1943 wurden dort 1452 U-Boote geleitet. Bei den hier häufig vorhandenen Schlechtwetterlagen mit starkem Seegang waren die seetüchtigen Sperrbrecher gegenüber den anderen kleineren Sicherungsfahrzeugen eindeutig im Vorteil und unentbehrlich geworden. Mit ihrer Flak-Bewaffnung boten sie zudem den U-Booten einen gewissen Schutz gegen Fliegerangriffe. Auch in der Nordsee mit ihren ähnlichen Wetter- und Seegangverhältnissen waren die Sperrbrecher als »Schlechtwetterräumgeräte« unverzichtbar.

In dem im Juni 1943 von der Seekriegsleitung (SKL) erarbeiteten »Flottenbauprogramm 43« war der jährliche Bau von 480 U-Booten, acht Zerstörern, 100 Minensuchbooten, 96 Räumbooten und neben anderweitigen Fahrzeugen auch die Beschaffung von 35 Sperrbrechern vorgesehen. Abgesehen davon, dass dieses Bauprogramm eigentlich schon zum Zeitpunkt seiner Erstellung kriegsbedingt nicht mehr umsetzbar war, zeigt es doch wie wichtig die SKL den Schiffstyp Sperrbrecher einschätzte.

»Sperrbrecher 31«, ex »Schwan«, 1311 BRT, 74,22 m, 1 x Dampfmaschine, 1100 PS, 12 kn, 2 x 8,8-cm- und 8 x 2-cm-Geschütz, am 1. August 1941 Umbenennung in »Sperrbrecher 131«, 1945 GM/SA, 1947 britische Kriegsbeute, 1948 Rückbau und Verwendung als Handelsschiff, 1962 abgebrochen. (Foto: Bibliothek für Zeitgeschichte)

2.13 Werkstattschiffe

Ein militärisches Werkstattschiff ist – wie der Name schon sagt – ein speziell als mobile Reparaturwerft ausgelegtes Hilfsschiff, dessen Hauptaufgabe die Instandsetzung von Kriegsschiffen ist. Werkstattschiffe werden genutzt, um in Regionen ohne geeignete Infrastruktur und Werftkapazität begrenzte Wartungs- und Reparaturkapazitäten für andere Kriegsschiffe sicherzustellen. Umfang und Komplexität der Arbeiten sind wiederum abhängig von ihrer eigenen Ausstattung mit Maschinen, Werkzeugen, Reparatureinrichtungen und zur Verfügung stehendem Fachpersonal. In der Regel führen sie umfangreiche Ersatzteillager mit sich und können bei Bedarf spezielle Austauschteile und Ersatzteile auch selbst anfertigen. Allgemein reicht die Kapazität eines Werkstattschiffes für die generelle Wartung, die Instandsetzung kritischer Systeme wie zum Beispiel die Antriebsanlage sowie für die Ausbesserung von kleinen bis mittleren Gefechtsschäden aus. Aufgrund ihrer Verwendung im ohnehin schon gesicherten Stützpunkt und Hafenbereich sind Werkstattschiffe selbst nur zum Eigenschutz mit leichten Flak-Waffen ausgestattet.

Die Kriegsmarine hatte die Werkstattschiffe 1 bis 3 - die requirierten Handelsschiffe »Huascaran«, »Kamerun« und »Neumark« - in Dienst. Sie werden nachfolgend noch näher beschrieben. Das Werkstattschiff 4 »Robert Bornhofen« war der ehemalige »Sperrbrecher III«. Der Umbau des mit 6643 BRT vermessenen und 125,60 Meter langen Schiffes wurde geprüft, aber dann wieder verworfen. Das Werkstattschiff »Wieland« war ein nur 270 Tonnen großer Neubau, der am 1. April 1942 vom Stapel lief, aber nicht mehr von der Kriegsmarine in Dienst gestellt werden konnte. Nach Kriegsende nutzte der Bremer Maschinebau- und Dockbetrieb das Schiff. Die im Aufbau befindliche deutsche Bundesmarine übernahm es 1956 und betrieb es im Marinearsenal Wilhelmshaven unter dem Namen »Wieland« als stationäre Schwimmwerkstatt. Das Schiff hatte keine Fahrerlaubnis. Nach ihrer Aussonderung am 1. September 1971 wurde die »Wieland« an einen zivilen Eigner verkauft.

Neben diesen fünf Einheiten plante die Kriegsmarine noch drei weitere im Ausland requirierte Schiffe als Werkstattschiffe »Stahl«, »Eisen« und »Illkirch« in Dienst zu stellen. Hierbei handelte es sich um zwei bei der Nederlandsche Scheepsbouw Maatschappij in Amsterdam im Bau befindlichen Schiffe sowie um ein älteres Schiff, das im norwegischen Bergen in deutsche Hände fiel. Im Einzelnen:

- »Stahl«, 6900 Tonnen, 127,00 Meter, auf Stapel liegend deutsche Kriegsbeute in Amsterdam, Weiterbau zum Werkstattschiff, im November 1944 nach Hamburg überführt, am 16. Dezember 1944 dort für das Marinearsenal Kiel in Dienst gestellt, am 2. März 1945 in Hamburg starke Brandschäden durch Fliegerbomben, 1949 abgebrochen
- »Eisen«, 6900 Tonnen, 127,00 Meter, auf Stapel liegend deutsche Kriegsbeute in Amsterdam, Weiterbau zum Werkstattschiff, im Mai 1944 nach Wilhelmshaven überführt, April 1945 Überführung zur Fertigstellung nach Lübeck geplant, dabei am 25. April 1945 nach Fliegerangriff brennend auf der Elbe auf Strand gesetzt, 1948 abgebrochen
- »Illkirch«, 4000 Tonnen, 93,00 Meter, nach Fertigstellung in 1898 bei verschiedenen Nationen und unter verschiedenen Namen als Handelsschiff im Dienst, am 28. Mai 1940 deutsche Kriegsbeute in Bergen, ab Januar 1941 Umbau zum Artillerie-Werkstattschiff, am 29. Januar 1943 in Dienst

gestellt, am 24. November 1943 bei Kristiansand versenkt, gehoben und repariert, 1945 sowjetische Kriegsbeute, 1947 Abgabe an Polen, 1955 abgebrochen

Ergänzend zu den Werkstattschiffen unterhielt die Kriegsmarine noch fünf Stützpunktschiffe. Dies waren ehemalige Walfang-Mutterschiffe. Im Einzelnen:

- »Jan Wellem«, 11.776 BRT, 147,00 Meter, Stützpunktschiff in Narvik, am 28. April 1940 ausgebrannt, nach Deutschland geschleppt, Teilreparatur, Heizöldepot in Libau, bei Kriegsende in Kiel liegend, 1946 / 1947 abgebrochen
- »Ole Wegger«, 12.201 BRT, 160,66 Meter, Stützpunktschiff in Bordeaux, am 26. August 1944 als Blockschiff versenkt
- »Pelagos«, 12.083 BRT, 151,48 Meter, Stützpunktschiff in Narvik, nach Kriegsende Rückgabe an Eigner
- »Südmeer«, 8133 BRT, 148,52 Meter, Stützpunktschiff in Kirkenes, am 14. Oktober 1944 bei einem Luftangriff versenkt
- »C.A. Larsen«, 13.246 BRT, 160,69 Meter, Stützpunktschiff in Tromsö und Drontheim, nach Kriegsende Rückgabe an Eigner

Die Schiffe waren mit einer größeren Werkstattkapazität ausgestattet. Sie hatten jedoch nur einen geringen festen Stamm an Facharbeitern an Bord und blieben meist stationär an Orten ohne hinreichende Werft- und Versorgungskapazität.

Werkstattschiff »Huascaran«

Im Jahr 1937 vergab die Hamburg-Amerikanische Packetfahrt-Actien-Gesellschaft (Hamburg-Amerika Linie, Hapag) an die ebenfalls in Hamburg ansässige Werft Blohm+Voss die Bauaufträge für die beiden Schwesterschiffe »Huascaran« und »Orinoco«, die im Westküstendienst der Reederei nach Südamerika eingesetzt werden sollten. Die Namensgebung der als Kombischiffe konzipierten Einheiten geht zurück auf den Berg Huascaran in Peru und den Vulkan Osorno in Chile. Am 15. Dezember 1938 lief die »Huascaran« vom Stapel und kam bei der Reederei am 26. April 1939 in Fahrt, machte jedoch nur noch eine Rundreise. Nach Kriegsbeginn wurde das Schiff von der Kriegsmarine übernommen und zum Werkstattschiff umgebaut. Als solches stellte es am 11. November 1939 in Dienst. Es hat-

Das Werkstattschiff »Huascaran« unter ziviler Flagge. (Foto: Bibliothek für Zeitgeschichte)

te neben seinem ursprünglichen Schiffsnamen noch die Bezeichnung Werkstattschiff 1.

Die »Huascaran« war mit 6951 BRT vermessen und hatte eine Schiffslänge von 141,70 Meter. Die Besatzung als Werkstattschiff bestand sich aus 175 Soldaten und 121 Facharbeitern.

Der diesel-elektrische Ein-Schrauben-Antrieb setzte sich zusammen aus:

- zwei MAN Achtzylinder-Zweitakt-Dieselmotoren mit jeweils 2470 PS
- ein MAN Sechszylinder-Zweitakt-Dieselmotor mit 1860 PS
- zwei Siemens-Dieseldynamos mit je 1800 kW
- ein Siemens-Dieseldynamo mit 1470 kW
- ein Siemens-Elektro-Fahrmotor mit 5850 PS

An Bewaffnung waren auf dem Werkstattschiff vier 3,7-cm- und acht 2-cm-Geschütze eingerüstet.

Etwa ein halbes Jahr nach ihrer Indienststellung verlegte die »Huascaran« Anfang Juni 1940 nach Norwegen in den östlich von Drontheim gelegenen Lofjord, wo die Kriegsmarine bis 1945 einen wichtigen Marinestützpunkt unterhielt. Das Schiff diente dann bis Kriegsende in Norwegen, zumeist im Lofjord und in der Bogenbucht. Es führte vor allem Wartungs- und Reparaturarbeiten an den vielen der dort operierenden kleineren Einheiten durch.

Aber auch größere Einheiten gehörten zu den »Kunden« des Werkstattschiffes. Nachfolgend drei ausgewählte Beispiele, die die hohe Leistungsfähigkeit des Werkstattschiffes verdeutlichen:

- Schon am 9. Juni 1940 machte sich seine Anwesenheit bezahlt, als das Schlachtschiff »Scharnhorst« nach einem Torpedot-

Name	**»Huascaran«**	**»Kamerun«**	**»Neumark«**
Schiffstyp	Werkstattschiff	Werkstattschiff	Werkstattschiff
Bauwerft	Blohm+Voss, Hamburg	Bremer Vulkan, Bremen	Howaldtswerke, Kiel
Stapellauf	15. Dezember 1938	17. Mai 1938	21. Dezember 1930
Indienststellung	11. November 1939	10. Oktober 1940	Mai 1942
Vermessung	6951 BRT	5042 BRT	7714 BRT
Länge x Breite x Tiefgang	141,70 x 18,40 x 7,80 m	134,00 x 17,87 x 6,51 m	152,00 x 19,20 x 8,30 m
Besatzungsstärke	175 Mann, 121 Facharbeiter	252 Mann	294 Mann
Antrieb	2 x Dieselmotor, 1 x Dieselmotor, 1 x Elektro-Fahrmotor	1 x Dieselmotor	1 x Dampfturbine
Antriebsleistung	2 x 2470 PS, 1 x 1860 PS, 1 x 5850 PS	1 x 5100 PS	1 x 6200 PS
Wellen / Ruder	1 / 1	1 / 1	1 / 1
Geschwindigkeit	15 kn	15,5 kn	14 kn
Fahrstrecke	10.710 sm bei 15 kn	12.240 sm bei 15 kn	13.230 sm bei 14 kn
Bewaffnung	4 x 10,5-cm-Geschütz, 8 x 2-cm-Geschütz	6 x 2-cm-Geschütz	8 x -3,7-cm-Geschütz, 6 x 2-cm-Geschütz

Das Werkstattschiff »Kamerun« mit längsseits liegenden U-Booten. (Foto: Bibliothek für Zeitgeschichte)

reffer des britischen Zerstörers »Acasta« mit einem 12 × 4 Meter großen Leck unterhalb des achteren Drillingsturms und 2500 Tonnen Wasser im Schiff im Lofjord einlief. Die notwendigen ersten Reparaturen konnten mithilfe der »Huascaran« vor Ort durchgeführt werden. Vom 20. bis 23. Juni verlegte die »Scharnhorst« dann zur endgültigen Instandsetzung zurück nach Kiel.

- Bereits wenige Tage später, am 20. Juni, wurde auch das Schlachtschiff »Gneisenau« durch einen Torpedotreffer des britischen U-Boots »Clyde« schwer beschädigt. Ein riesiges Loch klaffte im Vorschiff. Im Lofjord wurde das Schlachtschiff von der »Huascaran« provisorisch repariert. Es konnte dann vom 25. bis 27. Juni nach Kiel in die Werft verlegen.
- Auch der Schwere Kreuzer »Prinz Eugen« wurde von den Technikern der »Huascaran« notrepariert, nachdem er am 23. Februar 1942 vor Drontheim von dem britischen U-Boot »Trident« torpediert worden war. Dabei verlor er sein Ruder und das Heck wurde durch die Explosion hochgeworfen. Da die Schrauben intakt geblieben waren, konnte der Schwere Kreuzer dann mit zwei Notrudern vom 16. bis 18. Mai nach Kiel verlegen.

Nach Kriegsende erhielt Großbritannien die »Huascaran« als Kriegsbeute zugesprochen. Sie ging 1948 an Kanada. Dort kam sie wieder als Motorschiff in Fahrt, wechselte in Folge mehrfach den Namen und den Eigner. Sie wurde 1998 zum Verschrotten nach Ägypten geschleppt.

Werkstattschiff »Kamerun«

Die »Kamerun« lief am 17. Mai 1938 auf der Werft Bremer Vulkan in Bremen-Vegesack vom Stapel und wurde am 26. Juni 1938 an die Woermann-Linie abgeliefert. Sie kam anschließend im Liniendienst der Reederei von Hamburg nach Westafrika zum Einsatz. Am 13. November 1939 wurde das Schiff von der Kriegsmarine übernommen und zum Werkstattschiff umgebaut. Als solches stellte es am 10. Oktober 1940 in Dienst. Es hatte neben seinem ursprünglichen Schiffsnamen noch die Bezeichnung Werkstattschiff 2.

Die »Kamerun« war mit 5042 BRT vermessen und hatte eine Länge von 134,00 Meter. Die Besatzung als Werkstattschiff bestand, inklusive der Facharbeiter, aus 252 Mann. Ein Achtzylinder-Zweitakt-Dieselmotor war als Antrieb auf dem Schiff eingebaut. Mit seinen 5100 PS ermöglichte er eine Geschwindigkeit von 15,5 Knoten. An Bewaffnung waren auf dem Werkstattschiff lediglich sechs 2-cm-Geschütze eingerüstet.

Zunächst war das Werkstattschiff »Kamerun« der 1. U-Lehrdivision in Pillau zugeteilt. Im Juni 1941 - nach anderer Quelle erst 1943 - verlegte das Schiff nach Norwegen, wo es bis zum Kriegsende verblieb. Die »Kamerun« wurde vor allem für Wartungs- und Reparaturarbeiten an U-Booten, aber auch an den vielen anderen dort operierenden kleineren Einheiten der Kriegsmarine eingesetzt. Im Jahr 1944 soll sie für das Lehrkommando 250 der Kleinkampfverbände in Lübeck-Schlutup (Klein-U-Boote »Biber«) bei der Ausbildung eingesetzt worden sein. Nach anderer Quelle verblieb sie bis Kriegsende in Norwegen.

Jedenfalls wurde die »Kamerun« 1945 britische Kriegsbeute. Man gab sie zunächst an Norwegen weiter, wo sie wieder als Frachtschiff »Goya« Verwendung fand und kam danach auch noch unter anderen Namen und Flaggen zum Einsatz. Ein Abbruch soll in der zweiten Jahreshälfte 1969 erfolgt sein.

Werkstattschiff »Neumark«

Das Werkstattschiff »Neumark« lief unter diesem Namen am 21. Dezember 1930 bei den Howaldtswerken in Kiel vom Stapel. Am 6. März 1931 wurde der Frachter an die Hamburg-Amerikanische Packetfahrt-Actien-Gesellschaft (Hamburg-Amerika Linie, Hapag) abgeliefert, die das Schiff vor allem im Fernost- und Australiendienst der Reederei einsetzte. Nach Kriegsausbruch requirierte die Kriegsmarine den Frachter.

Die »Neumark« hatte eine Vermessung von 7714 BRT und eine Schiffslänge von 152,00

Das Werkstattschiff »Neumark« mit mehreren längsseits liegender kleinerer Einheiten. (Foto: Bibliothek für Zeitgeschichte)

Meter. Auf dem später als Werkstattschiff genutzten Frachter war, inklusive der Facharbeiter, eine Besatzung von 294 Mann an Bord. Eine Blohm+Voss-Getriebeturbine mit einer Leistung von 6200 PS war als Antrieb installiert. An Bewaffnung hatte das Werkstattschiff »Neumark« acht 3,7-cm- und sechs 2-cm-Geschütze an Bord.

Dass von der Kriegsmarine übernommene Schiff wurde zunächst zum Hilfskreuzer umgebaut. Schon am 3. November 1939 stellte es unter dem Namen »Widder« als solcher in Dienst. Es führte auch die Bezeichnungen Handelsstörkreuzer 3 (HSK 3) und Schiff 21. Die Royal Navy bezeichnete den Hilfskreuzer als Raider D.

Am 5. Mai 1940 verließ die »Widder« Kiel und begann ihre Fahrt als Hilfskreuzer. Nach 180 Tagen musste das Schiff insbesondere wegen der störanfälligen Antriebsanlage den Einsatz abbrechen und lief am 21. Oktober 1940 in Brest ein. Insgesamt sind der »Widder« zehn gegnerische Handelsschiffe mit zusammen 58.644 BRT zum Opfer gefallen.

Ein neuer Einsatz als Hilfskreuzer schied wegen der Antriebsanlage aus. Im Mai 1941 verlegte die »Widder« nach Hamburg, um zum Werkstattschiff umgebaut zu werden. Im Mai 1942 folgte die Indienststellung als Werkstattschiff 3 und unter Rückbenennung auf den Namen »Neumark«. Der Schwerpunkt der Instandsetzungskapazitäten war auf die Reparatur von Torpedo-, Minensuch-, Räum- und Schnellbooten ausgelegt. Zum Einsatz kam das Schiff in Norwegen. Hier war es 1943 / 1944 aber auch maßgeblich bei den Reparaturarbeiten an dem Schlachtschiff »Tirpitz« beteiligt.

In Jochen Brennecke »Schlachtschiff TIRPITZ« wird auf Seite 144 der Einsatz der »Neumark« nach dem am 11. / 12. September 1943 erfolgten Angriff englischer Klein-U-Boote auf das Schlachtschiff »Tirpitz« wie folgt beschrieben:

»Unmittelbar nach dem Angriff wird das Werkstattschiff ›Neumark‹ herangezogen. Zur Unterstützung der Arbeiten werden erst 120 Werftarbeiter, alles erfahrene Spezialisten, an den Liegeplatz herangeschafft. Außerdem werden in Deutschland weitere 1000 Werftarbeiter auf der eigens dafür gecharterten ›New York‹ eingeschifft und nach Norwegen auf den Weg gebracht. Die ›New York‹ diente während der ganzen ›Werftliegezeit‹ als Unterkunftsschiff. Man nimmt eine gründliche Überholung des Schiffsbodens vor. Dank des Spezialpersonals und der guten Ausrüstung des Werkstattschiffes ist es sogar möglich, auch die Risse in der Außenhaut des Schiffbodens abzudichten und zu flicken. Durch diese Risse waren auch einige über die Bilge-Räume verteilte Öl-Zellen undicht geworden. Die beschädigten Spanten auszuwechseln, wird aber nur einer Werft mit ihren großen Docks möglich sein. Dennoch vermag man hier die Bruchstellen wenigstens so gut zu verstärken, dass schwerwiegende Besorgnisse praktisch nicht mehr bestehen.«

Nach dem Kriegsende fiel die »Neumark« Großbritannien als Kriegsbeute zu. Unter dem Namen »Ulysses« kam sie wieder in Fahrt. Im Jahr 1951 wurde das Schiff nach Deutschland verkauft und fuhr dann unter dem Namen »Fechenheim«. Anfang Oktober 1955 strandete das Schiff in einem Sturm und wurde zum Totalverlust.

2.14 Wetterbeobachtungsschiffe

Die Wetterentwicklung zu erkennen und eine Prognose für operative Entscheidungen zu erhalten war eine Grundvoraussetzung der Marine- und Luftwaffenkriegsführung. Ob der Durchbruch von Hilfskreuzern oder von Überwasserkriegsschiffen, die Rückführung von Blockadebrechern oder die Angriffe auf Geleitzüge zu planen war, stets waren Wettermeldungen zur Durchführung riskanter Unternehmungen vonnöten, oftmals auch ausschlaggebend. Was lag da näher, als in der »Wetterküche Europas«, dem Nordatlantik, ein Netz von Messstationen aufzubauen, um die aktuellen Wetterdaten aufzuzeichnen und zur Auswertung an die Führungsstellen an Land zu funken.

So setzte man ab März 1940 zur meteorologischen Unterstützung von Seeoperationen Fischereifahrzeuge als Wetterbeobachtungsschiffe ein. Diese Fischtrawler konnten im Krieg ihre friedliche Tätigkeit im Fischfang ohnehin nicht ausüben und waren für die stürmischen Seegebiete des Nordatlantiks aufgrund ihrer Schiffskonstruktion bestens geeignet. Ihre Ausrüstung mit leistungsstarken Funkgeräten und meteorologischen Messgeräten war leicht zu bewerkstelligen.

Die Wetterbeobachtungsschiffe wurden neben ihrem Schiffsnamen mit dem Kürzel WBS und laufender Nummerierung bezeichnet. Insgesamt wurden zwölf WBS-Nummern vergeben, wovon einige allerdings mehrfach besetzt wurden. Damit ergibt sich für den Gesamtbestand an Wetterbeobachtungsschiffen die folgende Aufstellung von alles in allem 21 Fahr-

Wetterbeobachtungsschiff »Hinrich Freese«. (Bibliothek für Zeitgeschichte)

Wetterbeobachtungsschiff »Kehdingen«. (Bibliothek für Zeitgeschichte)

zeugen, die im Nordatlantik oder Nordmeer stationiert wurden. Im Einzelnen:

- WBS 1 »Sachsen« / »Wuppertal«
- WBS 2 »Coburg«
- WBS 3 »Fritz Homann« / »Lauenburg« / »Carl J. Busch«
- WBS 4 »Hinrich Freese«
- WBS 5 »Adolf Vinnen« / »Ostmark«
- WBS 6 »München« / »Kehdingen«
- WBS 7 »Sachsenwald / »Berlebeck«
- WBS 8 »August Wriedt« / »Hessen«
- WBS 9 »Merceditta«
- WBS 10 »Star XIV« / »Mob. FD 34« / »Windhuk«
- WBS 11 »Externsteine«
- WBS 12 »Teutoburger Wald«

Es waren allerdings nie mehr als drei oder vier Schiffe gleichzeitig auf See. Die Einsätze dauerten zwischen drei und 14 Wochen. Bei jedem Wetter wurden mehrmals am Tag meteorologische und ozeanographische Messungen gemacht und verschlüsselt nach Deutschland gefunkt.

Die als Wetterbeobachtungsschiffe in Dienst gestellten Fahrzeuge wiesen eine Vermessung von etwa 400 bis 550 BRT auf. Ihre Schiffslänge bewegte sich in der Größenordnung von 50 Meter. Als Fischtrawler besaßen sie starke Antriebsanlagen, die Leistungen von 500 bis 1100 PS aufwiesen und eine Geschwindigkeit um die zehn Knoten ermöglichten. Des Weiteren verfügten sie über eine große Reichweite und eine ebensolche Seeausdauer. Fallweise waren 2-cm- oder 3,7-cm-Flak-Geschütze an Bord vorhanden.

Die Besatzungsstärke lag bei etwa 15 Mann seemännischem, nautischem und schiffstechnischem Personal. In der Regel blieb bei der Übernahme der Schiffe durch die Kriegsmarine die alte Fischereibesatzung an Bord, was für die seemännische und schiffstechnische Handhabung, die nautische Führung sowie für den generellen Einsatz der Wetterbeobachtungsschiffe von Vorteil und Bedeutung war. Zur eigentlichen Besatzung kamen noch zusätzlich Meteorologen für die Durchführung der Wetterbeobachtungen.

Das Wettermeldenetz durch diese Einheiten war allerdings für die Bedürfnisse der Kriegsmarine und Luftwaffe noch nicht weitmaschig genug. Es bedurfte daher zusätzlicher Stationen. Hierfür kamen mehrere Lösungswege parallel zur Anwendung.

Ab Sommer 1941 nahm die Luftwaffe regelmäßige Messflüge mit Langstreckenflugzeugen auf. Nach Räumung durch die Alliierten richtete die Luftwaffe im September 1941 auf

Spitzbergen eine erste Landstation ein. In Folge gründete auch die Kriegsmarine an der Westküste von Spitzbergen ihre erste Landstation. U-Boote wie auch Wetterbeobachtungsschiffe kamen zur Verbringung, Versorgung und Abholung des Personals dieser und weiterer landgestützter Wetterstationen zum Einsatz.

Weiterhin gaben die in See stehenden U-Boote Wettermeldungen ab. Ab Januar 1942 setzte die Kriegsmarine auch Wetterbojen ein. Der Schwimmkörper von zehn Meter Länge hatte eine neun Meter lange Antenne. Die äußeren Maße waren durch die Torpedorohre der transportierenden U-Boote auf 53,3 Zentimeter begrenzt. Verankert in Wassertiefen von bis zu 2000 Meter, sendeten die Geräte bis zu drei Monate lang Luftdruck- und Temperaturdaten.

Im Mai 1941 misslang dem Schlachtschiff »Bismarck« und dem Schweren Kreuzer »Prinz Eugen« der unbemerkte Durchbruch in den Atlantik zur Handelskriegsführung. Die englische Royal Navy setzte alles an Schiffen in Bewegung, was sie aufbieten konnte, um die beiden deutschen Dickschiffe abzufangen. Während die »Prinz Eugen« in der Weite des Nordatlantiks entkommen konnte, wurde die »Bismarck« am 27. Mai 1941 durch englische Seestreitkräfte versenkt.

Im Nebeneffekt, sozusagen als »Beifang«, gingen im Mai / Juni auch im Nordatlantik stehende Versorgungsschiffe, Blockadebrecher und Wetterbeobachtungsschiffe der englischen Marine zwangsläufig ins Netz. Sie mussten sich bei der Entdeckung entweder selbst versenken, wurden versenkt oder als englische Prisen eingebracht.

Name	**»Hinrich Freese«**	**»Kehdingen«**	**»Sachsenwald«**
Schiffstyp	Fischtrawler	Fischtrawler	Fischtrawler
Bauwerft	Seebeck Werft, Wesermünde	Deutsche Werke, Kiel	Seebeck Werft, Wesermünde
Stapellauf	9. Dezember 1930	15. Juni 1929	Juni 1939
Indienststellung (*)	1. März 1940	1942	unbekannt
Verdrängung	800 t	1100 t	1100 t
Länge x Breite x Tiefgang	45,31 x 7,69 x 3,81 m	48,98 x 8,79 x 4,40 m	57,01 x 8,58 x 3,86 m
Besatzungsstärke	19 Mann, 5 Meteorologen	25 Mann, 10 Meteorologen	22 Mann, ? Meteorologen
Antrieb	1 x Dampfmaschine	1 x Dieselmotor	1 x Dampfmaschine
Antriebsleistung	1 x 700 PS	1 x 600 PS	1 x 1100 PS
Wellen / Ruder	1 / 1	1 / 1	1 / 1
Geschwindigkeit	unbekannt	11 kn	12,5 kn
Fahrstrecke	unbekannt	13.000 sm bei 11 kn	8400 sm bei 12 kn
Bewaffnung	keine	keine	keine
Anmerkung	(*) Indienststellung als Wetterbeobachtungsschiff		

Wetterbeobachtungsschiff »Sachsenwald«. (Bibliothek für Zeitgeschichte)

So gerieten auch die Wetterbeobachtungsschiffe »München«, »Lauenburg« und »August Wriedt« in Verlust. Die »August Wriedt« wurde am 29. Mai bei den Azoren aufgebracht. Ebenso die »München« am 7. Mai 1941 südöstlich von Island. Die »Lauenburg« wurde am 28. Juni 1941 westlich von Jan Mayen versenkt.

Neben dem Verlust der Schiffe war jedoch schwerwiegender, dass bei der Aufbringung der »München« und vor der Versenkung der »Lauenburg« englischen Enterkommandos Geheimunterlagen und Schlüsselunterlagen in die Hände fielen. Dadurch war es der englischen Entzifferungsstelle im Bletchley Park bei London wieder möglich in den deutschen Funkschlüssel einzubrechen und dabei unter anderem auch wichtige und wertvolle Informationen über den Einsatz der deutschen U-Boote zu gewinnen. Viele U-Bootverluste – und auch andere deutsche Schiffsverluste – im Atlantik können auf diese Aktionen zurückgeführt werden.

Weiterhin machte es der ständig durchgeführte Wetterfunk den Briten möglich, die Wetterbeobachtungsschiffe einzupeilen und in Folge häufig aufzubringen oder zu versenken. Von den oben aufgelisteten 21 Wetterbeobachtungsschiffen wurden sechs versenkt, vier versenkten sich bei Annäherung feindlicher Kriegsschiffe selbst, drei wurden als Prise genommen, fünf haben den Krieg überlebt und drei kamen nicht zum Einsatz. Das entspricht einer Verlustrate von 62 Prozent. Als letztes der Wetterbeobachtungsschiffe ging die »Windhuk« verloren. Sie wurde am 1. April 1945 versenkt.

Es sei auch noch erwähnt, dass weitere hier nicht mehr aufgeführte Fischtrawler für eine Umrüstung und den Einsatz als Wetterbeobachtungsschiff noch vorgesehen waren. Ihre Ausrüstung kam jedoch nicht mehr zum Abschluss.

2.15 Fischereischutzboote

Fischereischutzboot »Zieten«

Das Fischereischutzboot »Zieten« wurde gegen Ende des Ersten Weltkriegs als Minensuchboot »M 138« auf der Tecklenborg Werft in Geestemünde im Bau begonnen, aber während des Krieges nicht mehr fertiggestellt. Am 17. Februar 1919 lief das Boot vom Stapel und stellte am 21. März 1919 für die neu aufgestellte Reichsmarine in Dienst. Das Boot gehörte zum Bauprogramm Minensuchboot Typ 1916 der Kaiserlichen Marine.

Die Minensuchboote des Typs 1916 waren nicht identisch. Je nach Bauserie und Bauwerft wiesen sie in ihren Abmessungen, ihren technischen Daten, ihren Maschinenleistungen und in ihrer Bewaffnung geringfügige Abweichungen auf.

Allgemein galten die Boote als gute Seeschiffe mit guten Dreh- und Manövriereigenschaften. Die Verdrängung der Boote lag zwischen 456 und 550 Tonnen. Die Bootslängen variierten zwischen 55 und 59 Meter. Die Bootsbreite war nahezu einheitlich bei 7,30 Meter. Der Tiefgang schwankte zwischen 2,00 und 2,50 Meter und war für die Bootsgröße ein sehr niedriger Wert. Dies war für ein Minensuchboot überlebenswichtig, denn es musste schließlich über einem scharfen und noch aktiven Minenfeld operieren. Das eigentliche Räumen der Minen erfolgte mittels der ausgebrachten und geschleppten Räumvorrichtungen.

Der Antrieb des Minensuchbootes vom Typ 1916 bestand aus zwei Dreizylinder-Dreifach-Expansionsdampfmaschinen nach Handelsschiffsbauart. Die Gesamtleistung lag unterschiedlich bei 1745 bis 1850 PS. Die Dampfmaschinen waren in einem Maschinenraum untergebracht. In zwei kohlebefeuerten Marinekesseln mit vier Feuerstellen wurde ein Dampfdruck von 16 atü erzeugt. Damit erreichten die Minensuchboote über ihre beiden

Das Fischereischutzboot »Zieten« in seinem Aussehen als Räumbootbegleitschiff »Nettelbeck«. (Foto: Deutscher Marinebund)

Wellen eine Geschwindigkeit von 16 Knoten. Die Fahrstrecke belief sich – je nach Bauserie – bei 14 Knoten auf 1680 bis 2000 Seemeilen.

Abweichend von den übrigen Minensuchbooten des Typs 1916 hatte »M 138« als Antrieb zwei Sechszylinder-Viertakt-Dieselmotoren von zusammen 1680 PS eingebaut. Diese waren Fabrikate von MAN (Bb-Welle) und von Germania (Stb-Welle). Damit erreichte »M 138«, die spätere »Zieten«, eine Geschwindigkeit von 12 Knoten und konnte bei dieser Fahrtstufe eine Fahrstrecke von 3800 Seemeilen zurücklegen. Nach einer anderen Quelle betrug die Höchstgeschwindigkeit 14 Knoten.

Die Bewaffnung der Minensuchboote des Typs 1916 setzte sich aus verschiedenen kleinkalibrigen Geschützen zusammen. Die ersten Minensuchboote erhielten zunächst nur ein 8,8-cm-Geschütz und eine 3,7-cm-Revolverkanone eingerüstet. Teilweise wurde später letztere durch ein 8,8-cm-Geschütz ausgetauscht. Ab 1917 in Dienst gestellte Boote hatten zwei, einige sogar drei 8,8-cm-Geschütze. Ebenso erfolgte ab dieser Zeit auch alternativ die Einrüstung von zwei 10,5-cm-Geschützen. Alle Bootsvarianten konnten 30 Minen mitführen und verlegen.

Nach seiner Indienststellung kam »M 138« in der Reichsmarine zunächst als Minensuchboot in Verwendung. Ab dem 1. September 1921 diente das Boot dem Befehlshaber der Sicherung Nordsee als Tender und stellte ein Jahr später, am 30. September 1922, außer Dienst.

Hintergrund der Außerdienststellung war die Tatsache, dass das noch aus der Kaiserliche Marine stammende Fischereischutzboot »Zieten« am 5. Juli 1919 außer Dienst gegangen war. Der Bedarf an einem solchen Spezialschiff war aber noch nicht gedeckt und auch weiterhin vorhanden. »M 138« sollte nun diese Lücke ausfüllen.

Nach der Außerdienststellung folgte für »M 138« der entsprechende Umbau und die Herrichtung als Fischereischutzboot. Die Aufgabe eines solchen Schiffes bestand in der Hilfe für deutsche und auch ausländische Fischereifahrzeuge. Je nach Bedarf konnte sowohl medizinische, seemännische wie auch technische Hilfe geleistet werden. In den deutschen Hoheitsgewässern hatte das Fischereischutzboot zusätzlich seepolizeiliche Aufgaben. Grundlage des Einsatzes von Kriegsschiffen zur Fischereiaufsicht bildete ein 1882 abgeschlossener Vertrag zwischen sechs europäischen Nationen, zu denen auch Deutschland gehörte.

Unter dem neuen Namen »Zieten« setzte »M 138« am 11. September 1924 erneut Flagge und Wimpel. In den nächsten Jahren kam das Boot in den Gewässern um Island und vor Norwegen im Fischereischutz zum Einsatz. Im August / September 1926 unternahm die »Zieten« eine Fischereiforschungsfahrt in die Barentssee. Die Tätigkeit als Fischereischutzschiff währte insgesamt sieben Jahre. Als speziell für den Fischereischutz konzipierte und gebaute Ersatzbauten zur Verfügung standen, kam es am 14. November 1931 dann zur erneuten Außerdienststellung und zur Auflegung des Bootes.

Mit dem Wiederaufbau der Kriegsmarine erhielt die »Zieten« ab dem 1. Oktober 1933 wieder eine neue Aufgabe als Stations- und Flottentender. Ab dem 5. März 1936 wurde sie offiziell als Räumbootbegleitschiff bezeichnet und als solches eingesetzt. Im Jahre 1938 fand ein größerer Umbau statt. Die »Zieten« stellte hierzu vom 19. Februar bis 21. September erneut außer Dienst und kam dann für die 1. Räumbootflottille in Verwendung. Am 2. Mai 1939 erhielt sie den neuen Namen »Nettelbeck«.

Der Namensgeber Joachim Christian Nettelbeck (* 20. September 1738 / † 29. Januar 1824) war ein ehemaliger Seefahrer, der durch seine Rolle bei der Verteidigung Kolbergs im Jahre 1807 zu einem Volkshelden wurde.

Das Räumbootbegleitschiff »Nettelbeck« blieb der 1. Räumbootflottille unterstellt und machte mit dieser Flottille den Zweiten Weltkrieg mit. Sie kam dabei im Sicherungsdienst in der Ost- und Nordsee, im Englischen Kanal und zuletzt im Finnischen Meerbusen zum Einsatz.

Am 21. Juni 1944 wurde es bei einem russischen Luftangriff durch Fliegerbomben schwer beschädigt, konnte aber noch nach Königsberg eingeschleppt und dort repariert werden. Am 26. Januar 1945 strandete die »Nettelbeck« ex »Zieten« ex »M 138« bei Hela und ging so endgültig verloren.

Fischereischutzboote »Elbe« und »Weser«

Als Ersatz für das Fischereischutzboot »Zieten« waren zwei Neubauten in der Planung. Die offizielle amtliche Bezeichnung der Schiffe lautete Tender für Fischereischutz. Hierbei handelte es sich um die Schwesterschiffe »Elbe« und »Weser«. Ihr Bau erfolgte parallel auf der Marinewerft in Wilhelmshaven. Die Kiellegungen fanden am 4. August 1930 statt. Die Stapelläufe erfolgten am 24. Januar 1931. Am 14. November 1931 setzte die »Elbe« und am 1. Dezember 1931 die »Weser« Flagge und Wimpel.

Die beiden Fischereischutzboote hatten eine Länge von 48,00 Meter. Ihr Rumpf war in sechs wasserdichte Abteilungen unterteilt. Um eine

Name	**»Zieten«**	**»Elbe« / »Weser«**
Schiffstyp	Fischereischutzboot	Fischereischutzboot
Bauwerft	Tecklenborg Werft, Geestemünde	Marinewerft, Wilhelmshaven
Stapellauf	17. Februar 1919	24. Januar 1931
Indienststellung	21. März 1919	14. November 1931 / 1. Dezember 1931
Verdrängung	785 t	635 t (*)
Länge x Breite x Tiefgang	55,92 x 7,31 x 2,18 m	48,00 x 8,30 x 3,09 m (*)
Besatzungsstärke	43 Mann	65 Mann + 6 Wissenschaftler
Antrieb	2 x Dieselmotor	2 x Dieselmotor
Antriebsleistung	2 x 840 PS	2 x 800 PS
Wellen / Ruder	2 / 1	2 / ?
Geschwindigkeit	12 kn	14 kn
Fahrstrecke	3800 sm bei 12 kn	10.500 sm bei 11 kn
Bewaffnung	keine	1 x 8,8-cm-Geschütz
Anmerkung	(*) nach Umbau 870 t, 54,25 x 8,50 x 3,25 m	

Verbesserung der Seefähigkeit zu erreichen, kam es 1938 / 1939 bei den Howaldtswerken in Hamburg zu einer Verlängerung um rund sechs Meter. Die Schiffslänge in der Konstruktionswasserlinie wuchs von 48,00 auf 54,25 Meter. Die Länge über alles betrug jetzt 58,00 Meter. Die Boote hatten nun in 13 wasserdichte Abteilungen. Die Verdrängung stieg von 635 auf 870 Tonnen. Gleichzeitig mit den Umbauarbeiten wurde auch eine Modernisierung der Boote vorgenommen. Die Besatzungsstärke umfasste 65 Mann. Weiterhin konnten noch sechs Wissenschaftler auf den Fischereischutzbooten eingeschifft werden.

Der Antriebe von »Elbe« und »Weser« bestand aus zwei Wumag Sechszylinder-Viertakt-Dieselmotoren mit einer Gesamtleistung von 1600 PS. Sie wirkten jeweils auf eine Welle und ermöglichten eine Geschwindigkeit von 14 Knoten sowie eine Reichweite von 10.500 Seemeilen bei elf Knoten.

Die beiden Fischereischutzboote waren mit einem 8,8-cm-Geschütz, das auf der Back eingerüstet war, bewaffnet. Später, während des Zweiten Weltkriegs, führten sie auch Wasserbomben mit.

Bis zum Kriegsausbruch waren »Elbe« und »Weser« im Fischereischutz tätig. Hierzu gehörte neben den bereits oben bei dem Fischereischutzboot »Zieten« geschilderten Aufgaben auch die Kontaktpflege zu in- und ausländischen Fischereikreisen und zu ausländischen Fischereischutzeinheiten. Außerdem wurden die beiden Boote auch mehrfach zu Flottenübungen und Manövern herangezogen.

Während des Krieges kamen die beiden Fischereischutzboote als Begleitschiffe für Räumboote zum Einsatz. Hierbei war »Elbe« der 5. Räumbootflottille zugeteilt. »Weser« gehörte der 11. Räumbootflottille – später in 7. Räumbootflottille umbenannt – an. Einsatzgebiete waren zunächst die Ostsee und ab 1940 überwiegend und fast ausschließlich die norwegischen Gewässer. Nach der deutschen Kapitulation wurden beide Begleitschiffe in den unter englischer Aufsicht stehenden Deutschen Minenräumdienst (German Minesweeping Administration, GM/SA) eingegliedert.

Die »Elbe« ging aber schon im Dezember 1945 als Kriegsbeute an die Sowjetische Marine. Dort diente das Schiff unter dem Namen »Terek« als Lazarettschiff und Wohnschiff. Im März 1960 wurde die »Terek« ex »Elbe« ausgesondert und vermutlich 1962 verschrottet.

Nach der Ende 1947 erfolgten Auflösung der GM/SA kam die »Weser« am 1. Januar 1948 zu deren Nachfolgeorganisation, dem Minenräumverband Cuxhaven. Nach dessen Eingliederung in den neuaufgestellten deutschen Seegrenzschutz verblieb die »Weser« ab Juli 1951 in britischen Händen und wurde aufgelegt. Nach den Niederlanden verkauft, wurde sie dort 1954 abgebrochen.

Fischereischutzboot »Elbe«. (Foto: Bibliothek für Zeitgeschichte)

2.16 Vermessungsschiff »Meteor«

Mit Amtsentwurf 1913 begann die Beschaffung des Kanonenbootes »Meteor«. So jedenfalls die Absicht der Kaiserlichen Marine, die mit dieser aus der gut bewährten »Iltis«-Klasse entwickelten und vergrößerten Einheit das inzwischen schon in die Jahre gekommene Kanonenboot »Iltis« ersetzen wollte.

Die »Meteor« wurde kurz vor dem Ersten Weltkrieg von der Kaiserlichen Marine als Kanonenboot bei der Kaiserlichen Werft in Danzig beauftragt und am 26. Februar 1914 auf Kiel gelegt. Kriegsbedingt kam es zu Bauverzögerungen. Ohne große Feierlichkeiten erfolgte am 18. Januar 1915 zwar noch der Stapellauf, aber zur Fertigstellung des Schiffes kam es vor Kriegsende nicht mehr. Die alliierten Siegermächte hatten an dem unfertigen Kanonenboot kein Interesse und so konnte es die Reichmarine übernehmen. Als Vermessungs-, Forschungs- und Fischereischutzschiff wurde es auf der Marinewerft in Wilhelmshaven fertig gebaut und als solches am 15. November 1924 in Dienst gestellt.

Modellaufnahme des Vermessungsschiffes »Meteor«. (Foto: Hans Karr)

Das Kanonenboot / Vermessungsschiff war ein Querspant-Stahlbau. Der Schiffsrumpf besaß zehn wasserdichte Abteilungen. Wie die Kanonenboote der »Iltis«-Klasse sollte sich auch die »Meteor« später als gutes Seeschiff erweisen. An Besatzungsstärke hatte die »Meteor« 130 Mann. Zusätzlich war die Einschiffung von neun Wissenschaftlern möglich.

Als Antrieb waren in einem Maschinenraum zwei kohlebefeuerte Dreizylinder-Dreifach-Expansionsdampfmaschinen vorhanden. Sie wirkten mit zusammen 1550 PS auf zwei Wellen. Die Dampferzeugung erfolgte mit einem Betriebsdruck von 16 atü in zwei Kesseln, deren Rauch und Abgase über einen Schornstein abgeleitet wurden. Außerdem war das Schiff bis 1930 als Schonerbrigg getakelt. Es konnte 463 Quadratmeter an Segelfläche setzen. Im Jahre 1934 wurde die »Meteor« modernisiert und erhielt dabei zwei MAN Achtzylinder-Viertakt-Dieselmotoren von jeweils 1100 PS anstelle der beiden Dampfmaschinen. Die »Meteor« hatte eine Reichweite von 10.000 Seemeilen bei neun Knoten Geschwindigkeit. Die erreichbaren Höchstgeschwindigkeiten unter Dampf, Segel und Motor sind in der Tabelle vermerkt.

Als Bewaffnung waren für das als Kanonenboot geplante Schiff vier 10,5-cm-Geschütze vorgesehen. Als Forschungsschiff war die »Meteor« jedoch zunächst unbewaffnet. Ein 8,8-cm-Geschütz wurde 1930 nachgerüstet und auf der Back aufgestellt. Zusätzlich waren während des Krieges noch zwei 2-cm-Flak-Geschütze vorhanden.

Berühmt wurde die »Meteor« durch ihre Atlantik-Expedition, die vom 16. April 1925 bis

Das Vermessungsschiff »Meteor« in seinem ursprünglichen Aussehen mit der Takelung einer Schonerbrigg. (Foto: Steve Nicklas)

zum 2. Juni 1927 dauerte. In dieser Zeit überquerte sie 14-mal den Mittel- und Südatlantik und legte dabei 67.535 Seemeilen zurück. Das Schiff machte auf dieser Expeditionsfahrt physikalische, biologische, geologische und morphologische Untersuchungen. Insgesamt wurden 13 Querprofile, 310 Beobachtungsstationen und zehn Hochseeankerstationen sowie rund 67.000 Tiefseelotungen, 820 Ballon- und 215 Drachenaufstiege durchgeführt.

Zwei besondere Entdeckungen wurden auf dieser Forschungsreise gemacht. Die »Meteor« fand im Südatlantik auf Position 48° 16‘ S und 8° 16‘ O dessen flachste Stelle. Ein unterseeischer Höhenzug steigt dort aus rund 4000 Meter Tiefe bis auf knapp 600 Meter unter der Wasseroberfläche auf. Er erhielt den Namen Meteor-Bank. Auch das Gegenstück, die als Meteor-Tief bezeichnete und mit 8264 Meter tiefste Stelle im Südatlantik, fand die »Meteor« im Süd-Sandwich-Graben auf Position 55° 5‘ S und 26° 40‘ W.

Bis zum Zweiten Weltkrieg blieb die »Meteor« weiter in der Forschung tätig und bereiste zu verschiedenen Expeditionen und Messfahrten

Name	**»Meteor«**
Schiffstyp	Vermessungsschiff
Bauwerften	Kaiserliche Werft, Danzig, Marinewerft, Wilhelmshaven
Stapellauf	18. Januar 1915
Indienststellung	15. November 1924
Verdrängung	1504 t
Länge x Breite x Tiefgang	71,50 x 10,20 x 4,30 m
Besatzungsstärke	130 Mann + 9 Wissenschaftler
Antrieb	2 x Dampfmaschine, 2 x Dieselmotor (ab 1934)
Antriebsleistung	2 x 775 PS, 2 x 1100 PS
Wellen / Ruder	2 / 1
Geschwindigkeit	11,5 kn (Dampf), 4 kn (Segel), 14,5 kn (Motor)
Fahrstrecke	10.000 sm bei 9 kn
Bewaffnung	1 x 8,8 cm-Geschütz, 2 x 2-cm-Geschütz

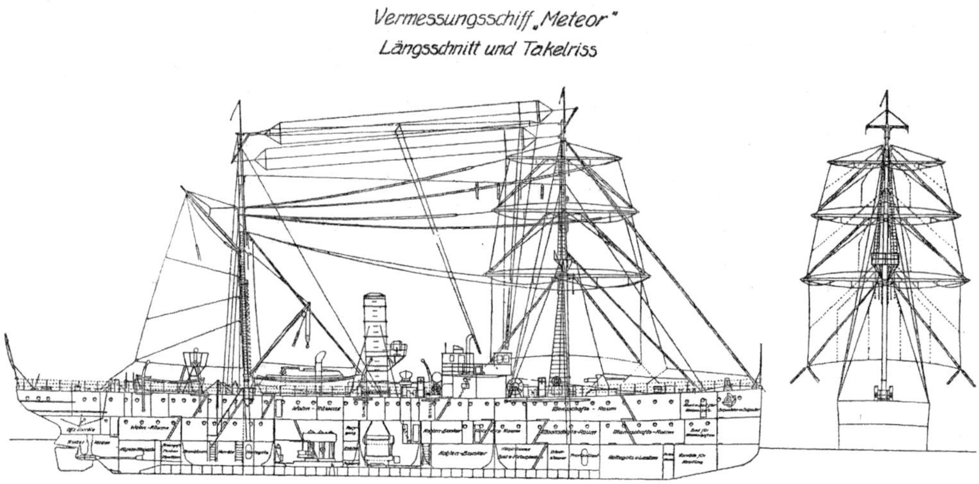

Längsschnitt und Takelriss der »Meteor«. (Foto: Archiv Autor)

sowie dem Fischereischutz die Ostsee, die Nordsee und den Nordatlantik. Im Jahre 1938 kam es nochmals zu einer Expedition in den Mittelatlantik. Das Schiff stieß dabei auf Position 29° 58' N und 28° 38' W auf eine Unterwassererhebung mit einer geringsten Wassertiefe von nur 270 Meter. Sie war in ihrer Ausdehnung erheblich größer als die 13 Jahre zuvor im Südatlantik gefundene Flachstelle und erhielt daher den Namen Große Meteor-Bank.

Mit Beginn des Zweiten Weltkriegs war die Vermessungs- und Forschungstätigkeit vorbei. Die »Meteor« stellte am 8. September 1939 außer Dienst. Am 2. April 1940 erfolgte eine erneute Indienststellung. In verschiedenen Hilfsschiffsfunktionen fand die »Meteor« weitere Verwendung. Zunächst als Führungsschiff für den Befehlshaber der Sicherung Ostsee. In dieser Eigenschaft war sie weitestgehend in der westlichen Ostsee im Einsatz. Ab dem 18. Juni 1943 diente sie dem Führer der U-Boote Norwegen ebenfalls als Führungsschiff. Im April 1944 verlegte die »Meteor« nach Gotenhafen, absolvierte dort eine Werftliegezeit und wurde ab September 1944 bis Kriegsende als Zielschiff für die Kleinkampfverbände in der Neustädter Bucht eingesetzt.

Nach der deutschen Kapitulation wurde die »Meteor« auf englische Anweisung ab dem 27. September 1945 als Forschungsschiff dem Deutschen Hydrographischen Institut (DHI) zu Verfügung gestellt. Wenig später erhielt die Sowjetunion das Schiff als Kriegsbeute zugesprochen. Diese hatte allerdings zunächst keine Verwendung für die »Meteor«, die somit weiterhin beim DHI verblieb. Ende 1946 verlangte die Sowjetunion jedoch das Schiff zurück, das dann am 1. November 1946 übergeben wurde.

Als »Ekvator« war es danach als Vermessungsschiff bei der sowjetischen Marine im Einsatz und wurde angeblich Ende der 1960er-Jahre verschrottet. Nach anderen Quellen wurde jedoch die ehemalige »Meteor« ab 1970 als Kasernenschiff »PKZ 34« weiter genutzt. Über das tatsächliche Endschicksal liegen dem Autor keine sicheren Erkenntnisse vor. Es dürfte aber letztendlich doch die Verschrottung gewesen sein.

Vermessungsschiff »Meteor« in seinem Aussehen in den 1930er-Jahren. (Fotos: Bibliothek für Zeitgeschichte)

Die »Meteor« mit Tarnanstrich im Kriegseinsatz. (Foto: E. Schulz / CC-BY-SA 4.0)

2.17 Staatsyacht »Grille«

So wie die Kaiserliche Marine mit der Kaiserlichen Yacht »Hohenzollern« ein Schiff unterhielt, das bis zum Kriegsausbruch zu repräsentativen Zwecken und zu ausgedehnten Seereisen intensiv durch Kaiser Wilhelm II genutzt wurde, so leistete sich auch die Kriegsmarine mit dem Aviso »Grille« ebenfalls ein eigenes Schiff für das Staatsoberhaupt, allerdings in einem etwas bescheideneren Rahmen.

Als Flottentender wurde die »Grille« nach einem werfteigenen Entwurf bei der Hamburger Werft Blohm+Voss am 17. Juli 1934 auf Kiel gelegt. Der Stapellauf fand schon in demselben Jahr am 15. Dezember statt. Nach der Indienststellung am 20. Mai 1935 kam das Schiff mit der Typbezeichnung Aviso als Staatsyacht in Verwendung. Sie unterstand unmittelbar dem Stationskommando Ostsee und dann der neugegründeten Dienststelle des Befehlshabers der Sicherung der Ostsee. Der Heimathafen war Kiel.

Die »Grille« war ein Stahlbau mit 15 wasserdichten Abteilungen. Sie erwies sich als gutes Seeschiff. Eine Panzerung war trotz des im Mobilmachungsfall geplanten Einsatzes bei Kampfhandlungen nicht vorhanden. Die Besatzungsstärke wird mit 257 Mann angegeben. Ein 25-köpfiges Musikkorps konnte zusätzlich eingeschifft werden.

Als Antrieb waren zwei Sätze Getriebeturbinen eingebaut, die von vier Benson-Hochdruck-Heißdampf-Kessel mit Dampf (55 atü, 450°C) beschickt wurden und jeweils auf eine Welle wirkten. Nach anfänglichen Schwierigkeiten mit den Kesseln mussten diese nachgebessert werden und erfüllten dann die volle

Aviso und Staatsyacht »Grille«. (Fotos: Deutscher Marinebund)

Der Aviso »Grille« passiert im Nord-Ostsee-Kanal die Levensauer Hochbrücke. (Foto: Deutscher Marinebund)

Leistungsfähigkeit. Die Maschinenanlage ermöglichte eine Geschwindigkeit von 26 Knoten. Der Fahrbereich betrug bei 19 Knoten 9500 Seemeilen. Ein breiter Schornstein prägte das äußere Erscheinungsbild des Turbinenschiffes.

Die Bewaffnung der »Grille« war mit drei 12,7-cm-Geschützen für die Schiffsgröße von 3430 Tonnen eigentlich recht bescheiden. Sie standen auf der Back, den achtern Aufbauten und auf dem Achterdeck. Als Erstausrüstung waren jedoch anfangs 10,5-cm-Geschütze an Bord. Ergänzt wurde die Bewaffnung durch vier 3,7-cm-Geschütze zur Flugabwehr. Im Jahr 1939 wurde die Flak-Bewaffnung nochmals durch vier 2-cm-Geschütze verstärkt. Darüber hinaus bestand Kapazität zum Verlegen von 280 Minen.

Die Nutzung der Staatsyacht durch Adolf Hitler war allerdings sehr gering, nahezu gegen Null gehend. Dafür gab es zahlreiche anderweitige Anlässe, bei denen das schmucke

Name	»Grille«
Schiffstyp	Aviso
Bauwerft	Blohm+Voss, Hamburg
Stapellauf	15. Dezember 1934
Indienststellung	20. Mai 1935
Verdrängung	3430 t
Länge x Breite x Tiefgang	142,90 x 13,50 x 4,20 m
Besatzungsstärke	257 Mann + 25 Musiker
Antrieb	2 x Dampfturbine
Antriebsleistung	2 x 11.000 PS
Wellen / Ruder	2 / 1
Geschwindigkeit	26 kn
Fahrstrecke	9500 sm bei 19 kn
Bewaffnung	siehe Text

Der Aviso »Grille« bei einer Flottenparade. Rechts im Hintergrund passiert das Panzerschiff »Deutschland« den Aviso. Am linken Bildrand ist das Panzerschiff »Admiral Scheer« zu erkennen. (Foto: Deutscher Marinebund)

Schiff mit seinen eleganten Linien einer Luxusyacht gleichend zum Einsatz kam. Hierzu zählten Reisen von Ministern und hohen Militärs zu offiziellen Anlässen ins Ausland, marineinterne Aufgaben der unterschiedlichsten Art wie zum Beispiel Flaggschiff bei Manövern, Navigationsbelehrungsfahrten oder als Zielschiff. Auch Einsätze bei offiziellen Staatsbesuchen, den Olympischen Sommerspielen 1936 und zu Flottenparaden fanden auf oder mit der »Grille« statt. Was in dieser Zeit nicht zu vermeiden war, war die Tatsache, dass auch die »nationalsozialistische Elite« und die Funktionsträger der Partei den Aviso »Grille« für ihre Zwecke gerne nutzten.

Nach Kriegsausbruch wurde der Aviso »Grille«, wie schon in Friedenszeiten eingeplant, überwiegend zum Verlegen von Minen herangezogen. Darüber hinaus fungierte das Schiff für verschiedene Verbänden als Führungsschiff. Auch Aufgaben als Zielschiff hat die »Grille« wahrgenommen. Ab 1942 lag das Schiff bis Kriegsende in Norwegen und wurde dort Flaggschiff des Admirals Nordmeer und später des Führers der U-Boote in Norwegen.

Nach Kriegsende ging der Aviso »Grille« als Kriegsbeute an England, wurde 1946 an Privat in den Libanon weiterverkauft und kam als Kreuzfahrtschiff im Mittelmeer erneut in Fahrt. Einer Kollision im März 1947 folgte dann die Stilllegung und das endgültige Aus des Schiffes. Der Aviso »Grille« wurde im August 1950 zum Abbruch in die USA verkauft.

2.18 Eisbrecher

Eisbrecher »Castor«

Die »Castor« war der größte und stärkste Eisbrecher der Kriegsmarine. Sie wurde 1938 vom Reichsverkehrsministerium geplant und bei der Danziger Schichau Werft in Auftrag gegeben. Noch während der Bauphase wurde das Schiff von der Kriegsmarine übernommen. In Doppelfunktion als Eisbrecher und Flak-Schulschiff sollte es verwendet werden.

Am 15. Juli 1939 lief der Eisbrecher vom Stapel. Kriegsbedingt wurde der Bau im September 1939 stillgelegt. Das forcierte Bauprogramm von Zerstörern und Torpedobooten hatte jetzt auf der Werft absoluten Vorrang bekommen. Auch die Bauvorbereitungen für die geplante baugleiche zweite Einheit, sie sollte den Namen »Pollux« erhalten, wurden eingestellt und der eigentliche Bau erst gar nicht mehr begonnen.

Die Marineführung war sich andererseits aber auch im Klaren, dass die östliche Ostsee, das wichtigstes Übungsgebiet der Kriegsmarine, im Winter einer starken Vereisungsgefahr unterlag und ein Bedarf an starken Eisbrechern bestand. So kam es in den Jahren 1940 / 1941 dann doch zur Fertigstellung der »Castor« in Königsberg. Die Indienststellung erfolgte am 15. Oktober 1941. Das Schiff unterstand der Kriegsmarinewerft Kiel.

Die »Castor« war mit 4411 BRT vermessen und hatte eine Schiffslänge von 90 Meter. Sie war in acht wasserdichte Abteilungen unterteilt. In der Verwendung als Schlepper konnte der Eisbrecher einen Trossenzug von 70 Tonnen aufweisen. Ein Fram´scher Schlingertank ermöglichte das »Herausschaukeln« aus einer Eisumklammerung. Die Besatzungsstärke wird mit 197 Mann und 193 Schülern angegeben. Wie sich nach der Indienststellung aber her-

Eisbrecher »Castor«. (Foto: Bibliothek für Zeitgeschichte)

ausstellte, erwies sich das Schiff für eine Nutzung als Schulschiff allerdings als ungeeignet.

Als Antrieb hatte der Eisbrecher »Castor« drei Dreizylinder-Dreifach-Expansionsdampfmaschinen, wovon zwei im Heck- und eine im Bug eingebaut waren. Die Gesamtleistung belief sich auf 7500 PS. Den Dampf lieferten vier ölbefeuerte Wagner-Kessel mit einem Betriebsdruck von 16 atü. Die erreichbare Geschwindigkeit des Schiffes lag mit zwei Wellen bei 15 Knoten. Am Bug befand sich ein dritter Propeller, was sich beim Eisbrechen als nützlich und vorteilhaft erwies.

Als Bewaffnung waren vier 10,5-cm-Geschütze und verschiedene Modelle an leichten Flak-Geschützen vorgesehen. Da die Verwendung als Flak-Schulschiff nicht umgesetzt werden konnte, reduzierte sich die Bewaffnung auf ein 10,5-cm-, acht 3,7-cm- und acht 2-cm-Geschütze für den Eigenschutz. Die Einrüstung der Rohrwaffen erfolgte jedoch erst im Oktober 1944.

Die »Castor« kam nach ihrer Indienststellung in der Ostsee als Eisbrecher, Schlepper und Geleitschiff zum Einsatz. Anfang 1945 war sie auch an der Evakuierung von Flüchtlingen aus den Ostgebieten beteiligt. 13 Seemeilen nördlich von Warnemünde ging der Eisbrecher am 15. März 1945 durch einen Minentreffer verloren.

Im Winter 1946 / 1947 wurden die aus dem Wasser herausragenden Aufbauten durch Eisgang regelrecht abrasiert. Gehoben wurde das Wrack 1952. Ab März 1953 erfolgte bei der Neptunwerft in Rostock ein fast völliger Neu(auf)bau, der im Mai 1956 für die Sowjetische Marine als »Peresvet« in Dienst stellte.

Name	**»Castor«**	**»Eisbär«**	**»Eisvogel«**	**»Pollux«**
Schiffstyp	Eisbrecher	Eisbrecher	Eisbrecher	Eisbrecher
Bauwerft	Schichau Werft, Danzig,	Eriksbergs Mekaniska Verkstad, Göteborg	Aalborg Værft, Aalborg	Machinefabriek en Scheepswerf van P. Smit Jr., Rotterdam
Stapellauf	15. Juli 1939	20. Oktober 1941	Anfang 1942	Frühjahr 1943
Indienststellung	15. Oktober 1941	1, Februar 1942	1. Juni 1942	Herbst 1944
Verdrängung	6271 t	2500 t	2913 t	5408 t
Länge x Breite x Tiefgang	90,00 x 21,00 x 6,80 m	57,00 x 15,00 x 6,10 m	61,40 x 15,00 x 6,30 m	78,45 x 18,90 x 7,00 m
Besatzungsstärke	197 Mann + 193 Schüler	70 Mann	69	unbekannt
Antrieb	3 x Dampfmaschine	2 x Dampfmaschine	2 x Dampfmaschine	2 x Dampfmaschine
Antriebsleistung	3 x 2500 PS	2 x 1600 PS	2 x 1600 PS	2 x 3000 PS
Wellen / Ruder	1+2 / 1	1+1 / 1	2 / 1	2 / 1
Geschwindigkeit	15 kn	13 kn	13,5 kn	13 kn
Fahrstrecke	unbekannt	unbekannt	unbekannt	unbekannt
Bewaffnung	siehe Text	2 x 3,7-cm-Geschütz	2 x 3,7-cm-Geschütz	siehe Text

Eisbrecher »Eisbär«. (Foto: Bibliothek für Zeitgeschichte)

Zunächst blieb das Schiff in der Ostsee. Es verlegte 1957 zur Pazifikflotte, wo es bis in die erste Hälfte der 1970er-Jahre in Wladiwostok im Dienst verblieb. Nach anderer Quelle wurde das Schiff bereits 1967 aus der Liste der Kriegsschiffe gestrichen. Im Internet-Lexikon Wikipedia ist zu lesen, dass die »Peresvet« im Frühjahr 1970 ausgemustert und südwestlich von Wladiwostok an der Reineke-Insel auf den Strand gesetzt wurde. Sie diente dort noch lange Zeit als Ziel für die Marineflieger.

Eisbrecher »Eisbär«

Wegen der starken kriegsbedingten Auslastung der deutschen Werften wurde im Frühjahr 1941 der Eisbrecher »Eisbär« im neutralen Schweden bei der Eriksbergs Mekaniska Verkstad in Göteborg in Auftrag gegeben. Das Schiff lief am 20. Oktober 1941 vom Stapel und stellte am 1. Februar 1942 in Dienst. Es unterstand in Kiel der Kriegsmarinewerft.
Die »Eisbär« war mit 1502 BRT vermessen und hatte eine Schiffslänge von 57 Meter. Der Schiffsrumpf war in sieben wasserdichte Abteilungen unterteilt. Die Besatzungsstärke belief sich auf 70 Mann.

Als Antrieb dienten zwei Dreizylinder-Dreifach-Expansionsdampfmaschinen, die am Bug und am Heck aufgestellt waren. Die Gesamtleistung der Antriebsanlagen betrug 3200 PS. Vier ölbefeuerte Kessel erzeugten einen Dampfdruck von 16 atü. Die erreichbare Geschwindigkeit betrug 13 Knoten. Der Eisbrecher »Eisbär« hatte eine Bug- und eine Heckschraube. Ein für das Eisbrechen vorteilhafte und bewährte Konstruktion, wie sie auch bei finnischen und russischen Ostsee-Eisbrechern zur Anwendung kam.

Zum Eigenschutz war auf der »Eisbär« eine Bewaffnung von zwei 3,7-cm-Geschützen vorhanden.

Die »Eisbär« kam nach ihrer Indienststellung in der Ostsee als Eisbrecher, Schlepper und Geleitschiff zum Einsatz. Am 12. Dezember 1944 geriet der Eisbrecher in der Flensburger Förde auf eine Mine und musste aufgesetzt werden. Während des Krieges konnte das Schiff nicht mehr flott gemacht werden.

Nach Kriegsende ging das 1945 gehobene und reparierte Schiff am 7. Februar 1946 als Kriegs-

Eisbrecher »Eisvogel«. (Foto: Bibliothek für Zeitgeschichte)

beute an die Sowjetunion. Dort stellte es im Juni 1946 als »Ilja Muromets« in Dienst. Der Eisbrecher verblieb zunächst in der Ostsee bei der Baltischen Flotte und verlegte 1952 zur Pazifikflotte. Das Schiff wurde 1979 ausgemustert und 1981 abgewrackt. Nach einer anderen Quelle soll es bereits 1963 ausgesondert worden sein.

Eisbrecher »Eisvogel«

Auch der Eisbrecher »Eisvogel« entstand aus den oben genannten Gründen auf einer ausländischen Werft. Gebaut wurde das Schiff auf der Aalborg Værft in Aalborg / Dänemark. Hier lief es Anfang 1942 vom Stapel und stellte am 1. Juni 1942 in Dienst. Wie bei den beiden anderen Eisbrechern erfolgte auch hier die Unterstellung unter die Kieler Kriegsmarinewerft.

Die »Eisvogel« war mit 1559 BRT vermessen. Ihre Schiffslänge betrug 61,40 Meter. Damit war der Eisbrecher leicht größer als sein Vorgänger »Eisbär«. Der Rumpf war in sieben wasserdichte Abteilungen unterteilt und 69 Mann bildeten die Besatzung.

Der Antrieb der »Eisvogel« bestand aus zwei Dreizylinder-Dreifach-Expansionsdampfmaschinen mit zusammen 3200 PS. Drei ölbefeuerte Kessel erzeugten einen Dampfdruck von 16 atü. Über zwei Wellen erreichte der Eisbrecher eine Geschwindigkeit von 13,5 Knoten. Auf den Einbau einer dritten Dampfmaschine und eines Bugpropellers hatte man verzichtet.

Zum Eigenschutz verfügte der Eisbrecher »Eisvogel« über zwei 3,7-cm-Geschütze.

Die harten Winter machten jedoch, entgegen der ursprünglichen Planung eines Einsatzes in der Nordsee, eine Verwendung des Eisbrechers in der Ostsee notwendig. Bis Kriegsende war die »Eisvogel« als Eisbrecher, Schlepper und Geleitschiff in Fahrt. Anfang 1945 war auch die »Eisvogel« an der Rettung und der Evakuierung von Flüchtlingen beteiligt. Bei Kriegsende versenkte die Besatzung ihr Schiff in Wismar selbst.

Die gehobene »Eisvogel« musste im Dezember 1945 als Kriegsbeute an die Sowjetunion ausgeliefert werden. Im Juni 1946 stellte sie unter dem neuen Namen »Aljoscha Popowitsch« bei der Baltischen Flotte in Dienst. Nach einer Überholung in der DDR verlegte der Eisbrecher im Jahr 1952 zur Pazifikflotte.

Das weitere Schicksal wird im Internet-Lexikon Wikipedia wie folgt beschrieben: »Das Schiff wurde 1972 ausgemustert und in der Novik-Bucht auf der Insel Russki bei Wladiwostok aufgelegt. Dort rostete es mit zahlreichen anderen ausgemusterten Einheiten vor sich hin, bis es dann zum Schiffsfriedhof in der Truda-Bucht, einem Seitenarm der Novik Bucht, geschleppt wurde. Dort war im Jahre 2003 nur noch die weitgehend verrostete Außenhaut seines Rumpfs zu sehen.«

Eisbrecher »Pollux«

Der vierte von der Kriegsmarine in Dienst genommene Eisbrecher entstand bei der Machinefabriek en Scheepswerf van P. Smit Jr. in Rotterdam. Den Auftrag hierfür hatte 1939 die Sowjetunion erteilt. Mit der Besetzung der Niederlande fiel im Mai 1940 das unfertige Schiff in deutsche Hand. Die Kriegsmarine, die den Eisbrecher »Castor« in der Endausrüstung hatte und kriegsbedingt ein geplantes Schwesterschiff »Pollux« nicht in Angriff nehmen konnte, entschied sich stattdessen dazu, den bereits fortgeschrittenen Bau in Rotterdam zu übernehmen und fertigzustellen.

Der Stapellauf war aus verschiedenen Gründen erst im Frühjahr 1943 möglich. Der Eisbrecher wurde dann am 18. Dezember 1943 als »Pollux« von der Kriegsmarine übernommen. So kam der schon einmal geplante Schiffsname doch noch zur Vergabe. Anschließend verlegte das Schiff nach Kiel, um auf der Kriegsmarinewerft ausgerüstet und fertiggestellt zu werden. Priorität hatte man dem Auftrag allerdings nicht zuerkannt. Aufgrund der prekären Kriegslage zogen sich so die Arbeiten in die Länge. Die Indienststellung fand erst im Herbst 1944 statt. Die administrative Unterstellung erfolgte, wie schon bei den übrigen drei Eisbrechern der Kriegsmarine, bei der Kriegsmarinewerft Kiel.

Der Eisbrecher »Pollux« war bei einer Schiffslänge von rund 78 Meter mit 4191 BRT vermessen. Der Schiffsrumpf war in acht wasserdichte Abteilungen unterteilt. Über die Besatzungsstärke liegen keine Angaben vor.

Der Antrieb der »Pollux« bestand aus zwei Dreizylinder-Dreifach-Expansionsdampfmaschinen. Sie wirkten auf zwei Wellen und verliehen dem Schiff mit ihrer Gesamtleistung von 6000 PS eine Geschwindigkeit von 13 Knoten. Der für den Betrieb notwendige Dampfdruck von 20,5 atü wurde in vier ölbefeuerten Kesseln erzeugt. Auf den Einbau einer dritten Dampfmaschine und eines Bugpropellers hatte man bewusst verzichtet.

Über die Bewaffnung der »Pollux« liegen keine Angaben vor. Es ist aber davon auszugehen, dass sie die gleiche Geschützeinrüstung wie »Eisbär« und »Eisvogel« erhalten hatte.

Das Schiff kam im Rigaischen und Finnischen Meerbusen als Eisbrecher, Schlepper und Geleitschiff zum Einsatz. Anfang 1945 nahm es auch an der Evakuierung deutscher Flüchtlinge aus Ostpreußen und Pommern teil. Dabei lief das Schiff am 8. Februar 1945 etwa 3,5 Seemeilen nordwestlich von Pillau auf eine Mine und sank auf flachem Wasser. Ein am Folgetag unternommener Bergungsversuch blieb erfolglos und das Schiff wurde aufgegeben.

Auch die später vermutlich angestrebten Bergeversuche der Sowjetischen Marine blieben ebenfalls ohne Erfolg. Das Wrack wurde im Jahre 2009 vom Projekt WreckHunter (проект WreckHunter), das sind die Mitglieder des Tauchclubs des Museums des Weltozeans in Kaliningrad, gefunden und identifiziert. Es liegt auf ebenem Kiel in etwa 13 Meter Tiefe.

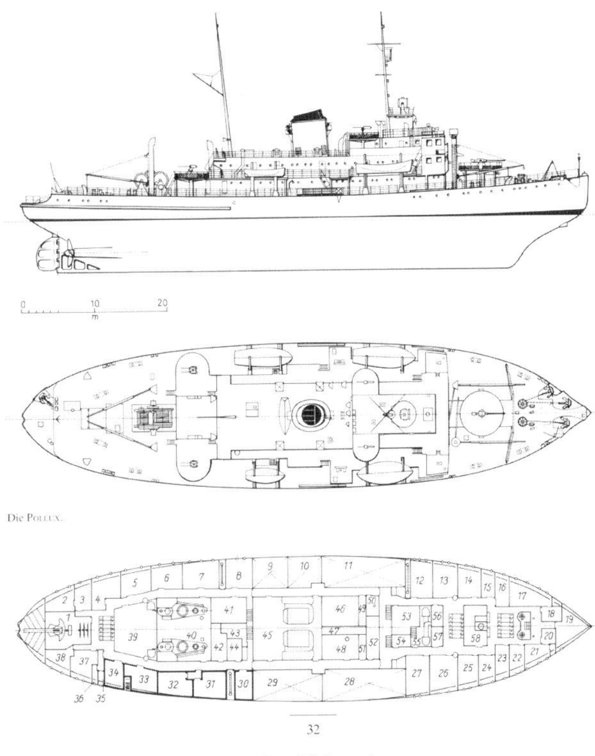

Seitenriss und Decksplan des Eisbrechers »Pollux«. (Foto: Archiv Autor)

2.19 Marinekleinkampfmittel

Sprengboot »Linse«

Bereits im Ersten Weltkrieg wurde ein Motorboot entwickelt, das mit einer Sprengladung versehen von einer Landstelle per Funksignale an ein Zielobjekt gelenkt werden konnte. Diese Fernlenkboote trugen die Bezeichnung FL und eine laufende Nummer. Die FL-Boote waren 13 Meter lang, 1,86 Meter breit und hatten einen Tiefgang von 0,66 Meter. Sie erreichten eine Geschwindigkeit von 28 bis 30 Knoten. Ihr Einsatz erfolgte aus dem Raum Flandern. Ihre Erfolge lassen sich als verhältnismäßig gering einordnen.

Auf Basis dieser FL-Boote entwickelte im Zweiten Weltkrieg das der Abwehr unterstehende Regiment »Brandenburg« ein Sprengboot von 5,50 Meter Länge, das zu Sabotageakten auf Flüssen und Kanälen zum Einsatz kommen sollte. Die Boote erreichten eine Geschwindigkeit von bis zu 30 Knoten. Der taktische Einsatz sah eine Dreier-Gruppe vor, die aus zwei Sprengbooten mit Sprengladung und einem Kommandoboot bestand.

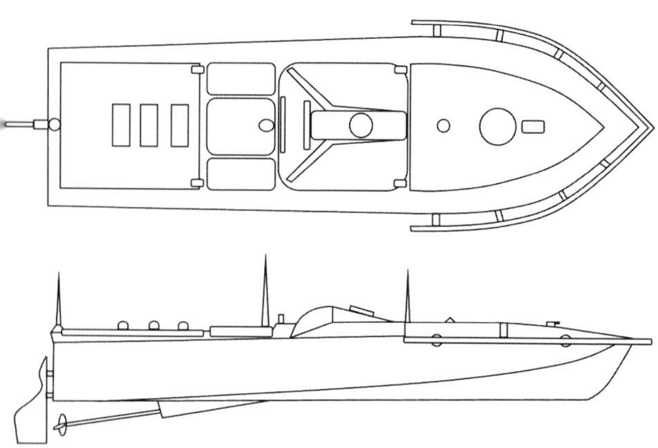

Seitenriss und Decksplan eines »Linse«-Sprengboots. (Foto: PimboliDD / CC-BY-SA 3.0)

Im Jahr 1944 wurden diese Sprengboote dem Kommando der Kleinkampfverbände der Kriegsmarine unterstellt, wo die Boote durch verschiedene technische Verbesserungen zu stabilen, seetüchtigen Booten weiterentwickelt wurden, die sich bis Seegang 2 gut im Einsatz bewähren sollten. Sie erhielten die Typbezeichnung »Linse«.

Die in Holzbauweise hergestellte »Linse« hatte bei einer Verdrängung von 1,85 Tonnen eine Länge von 5,75 Meter und eine Breite von 1,75 Meter. Mit einem 95 PS starken Motor erreichten die Boote eine Geschwindigkeit von 33 Knoten. Bei 15 Knoten erzielten sie eine Reichweite von 80 Seemeilen, nach einer anderen Quelle sogar 100 Seemeilen. Die Sprengboote hatten anfangs eine Ladung von 330 Kilogramm Sprengstoff und später 400 Kilogramm. Über ein UKW-Gerät erfolgte vom Kommandoboot die Lenkung. Insgesamt wurden vom Mai 1944 bis zum Kriegsende etwa 1200 – nach anderer Quelle etwa 1500 – Einheiten gebaut.

Der Einsatz erfolgte stets nachts in einer Dreier-Rotte, die aus zwei Sprengbooten und einem Kommandoboot bestand. Besetzt waren die Sprengboote jeweils mit einem Mann. Auf dem Kommandoboot befanden sich ein Fahrer und zwei Funker.

Die Einsatztaktik sah folgendermaßen aus. Mit geringer Geschwindigkeit von zwölf Knoten näherte sich die Rotte dem Ziel. In Zielnähe kam es dann zu folgenden Abläufen:

- Einsteuern der Sprengboote auf das Ziel
- Übergang auf Höchstgeschwindigkeit
- Einschalten von Zündung und Fernsteuerung

Sprengboote »Linse« kommen von einer Ausbildungsfahrt zurück. (Foto: Archiv Autor)

Am Bootssteg festgemachte Sprengboote »Linse«. (Foto: Archiv Autor)

Zwei Sprengboote »Linse« in voller Fahrt. (Foto: Archiv Autor)

- Rechtzeitiges Überbordspringen des Bootsführers
- Endphasenlenkung der beiden nun fahrerlosen Sprengboote durch das Kommandoboot
- Auffischen der abgesprungenen Fahrer der beiden Sprengboote
- Ablaufen mit Höchstfahrt aus dem Gefahrenbereich

Im Bugbereich der Sprengboote befand sich ein Zündbügel. Beim Auftreffen auf das Zielschiff löste dieser die Absprengung des Vorschiffs aus. Die Hauptsprengladung im absinkenden Achterschiff zündete mit einer Verzögerung von etwa drei bis sieben Sekunden. Dadurch entstand am Zielschiff eine Sprengwirkung, die derjenigen einer Grundmine gleichkam.

In Hildebrand / Röhr / Steinmetz »Die deutschen Kriegsschiffe Band 2« werden die Einsatzräume wie folgt angegeben: »... entlang der Küsten Frankreichs und der Niederlande u. a. im Kampf gegen die Invasionsflotte der Alliierten, gegen Geleitzüge im Kanal und auf der Themse-Route. Weitere Einsätze fanden im Mittelmeer (St. Tropez, San Remo), aber auch an der Ostfront (Zerstörung von Brücken u. ä. im Rücken des Gegners), auf dem Peipus-See (Estland), dem Plattensee (Ungarn) und auf der Donau statt.«

Außerdem ist es zu Einsätzen in Dänemark und Norwegen gekommen. Wirklich durchschlagende Erfolge konnten die Sprengboote jedoch nicht erreichen.

Ein-Mann-Torpedo »Neger«

Entwickelt wurde der Ein-Mann-Torpedo »Neger« im Jahre 1943. Sein Bau und seine Einsätze fanden 1944 statt. Über die Anzahl der gebauten Geräte liegen keine sicheren Erkenntnisse vor. Es wird davon ausgegangen, dass etwa um die 200 Geräte gebaut wurden.

Der »Neger« war ein Doppeltorpedo. Der obere diente als Trägerfahrzeug, der untere als

Waffe. Beim Trägertorpedo war der Sprengkopf entfernt und an Stelle dessen eine einfache Fahrerkabine mit den Steuerungs- und Bedienelementen eingebaut, die nach oben durch eine Plexiglashaube verschlossen werden konnte. Der Gefechtstorpedo hatte nur eine halbe Batterie und erreichte bei 20 Knoten eine Laufstrecke von 3000 Meter.

Das Waffensystem war außerordentlich primitiv und einfach aufgebaut. Für den Notfall waren keine Rettungsmittel vorhanden. Die Kuppel ließ sich von innen nicht öffnen. Der »Neger« war nicht tauchfähig, was eine ernste Bedrohung darstellte. Die geringe Geschwindigkeit von drei bis vier Knoten und das Fehlen eines Kompasses waren weitere Minuspunkte. Außerdem saß der Fahrer zwangsläufig sehr tief, hatte damit ein beschränktes Sichtfeld und konnte somit schlecht ein Ziel auffassen und erkennen.

Als Hilfsmittel für den Waffeneinsatz standen dem Fahrer lediglich eine Gradskala auf der Plexiglaskuppel und an der Spitze des Trägertorpedos ein Zielstachel zu Verfügung.

Zum ersten Einsatz kamen die »Neger« im April 1944 vor den Landeköpfen im Raum Anzio, wo sie gegen alliierte Schiffe eingesetzt wurden. Die Operation war erfolglos. Außerdem geriet ein Exemplar in die Hände der Alliierten, die dadurch von der Existenz dieser Waffe erfuhren und gewarnt waren.

Im Juli und August des Jahres 1944 folgten Einsätze an der Küste der Normandie, um den Nachschubverkehr der Alliierten anzugreifen. Hier kam es zu ersten mäßigen Erfolgen. Der englische Leichte Kreuzer »Dragon«, der englische Zerstörer »Isis« sowie einige andere kleinere Kriegsschiffe wurden dabei schwer beschädigt oder versenkt.

Ein Ein-Mann-Torpedo »Neger« wird einsatzklar gemacht. (Foto: Archiv Autor)

Im Herbst 1944 wurden die »Neger« wegen der überaus hohen Verlustzahlen – etwa 140 Geräte gingen durch Feindeinwirkung oder Unfälle verloren – aus dem Fronteinsatz genommen. Sie blieben aber in einer Art von Bereitschaft, falls sich erneut eine Gelegenheit für ihren Einsatz ergeben sollte.

Die Plexiglaskuppel wird unmittelbar vor dem Einsatz verschlossen. Danach ist der Fahrer sich allein überlassen und von der Außenwelt abgeschnitten. Ohne fremde Hilfe kommt er nicht mehr aus seinem Gerät heraus. (Foto: Bibliothek für Zeitgeschichte)

Ein Ein-Mann-Torpedo »Neger« wird zu Wasser gelassen. (Foto: Bibliothek für Zeitgeschichte)

Ein in Italien gestrandeter »Neger« fiel den Alliierten in die Hände, die so von der Existenz dieser Waffe Kenntnis erhielten. (Foto: Bibliothek für Zeitgeschichte)

Ein-Mann-Torpedo »Marder«

Der Ein-Mann-Torpedo »Marder« war eine nahezu identische Folgeentwicklung zum »Neger«. Von diesem unterschied er sich durch den verlängerten Trägertorpedo, in dem vor dem Fahrersitz eine Tauchzelle vorhanden war. Damit konnte der »Marder« kurzfristig auf zehn Meter abtauchen. Bis zu einer Tiefe von 40 Meter war das Gerät druckfest. Zum Einsatz des Gefechtstorpedos musste er allerdings wieder auftauchen.

Von den etwa 300 gefertigten Geräten - nach anderer Quelle 250 - des »Marder« wurde die Hälfte in West- und Nordeuropa stationiert und die andere Hälfte in Norditalien. Wegen fehlender Ziele kam es aber kaum zu Einsätzen. Ein erfolgloser Einsatz fand im September 1944 vor St. Tropez statt.
Das U-Boot »U 977« erhielt noch im Januar 1945 auf jeder Seite zwei Halterungen zur Aufnahme von Ein-Mann-Torpedos »Marder«, um diese in ein Zielgebiet transportieren zu können. Durchgeführte Fahrversuche verliefen erfolgreich. Die Tauchtiefe des U-Bootes war aber im Hinblick auf die Druckfestigkeit seiner Außenlast auf 40 Meter beschränkt. Zu einem Einsatz ist es nicht mehr gekommen.

Ein Museumsexponat eines »Marder«. Man beachte die unterschiedliche Länge von Träger- und Einsatztorpedo. (Foto: US Navy)

Klein-U-Boot »Hecht« / Typ XXVII A

Die Klein-U-Boote »Hecht«, auch als Typ XXVII A bezeichnet, entstanden 1944. Sie waren die ersten Klein-U-Boote der Kriegsmarine. Der Angriff der englischen X-Craft auf das Schlachtschiff »Tirpitz« im September 1943 war der Auslöser für ihre Entwicklung.

Der Bau der Klein-U-Boote begann im März 1944 auf der Germaniawerft in Kiel. Insgesamt 53 Klein-U-Boote wurden gebaut und bis Ende August 1944 in Dienst gestellt. In anderen Quellen wird dies wieder bezweifelt und man spricht von nur wenigen fertiggestellten »Hechten«.
Da ein überwiegender Unterwassereinsatz vorgesehen war, hatte man auf Tauchzellen verzichtet. Die vorhandenen Regelzellen lieferten genügend Auftrieb, um den Einstieg über die Wasserlinie zu bringen. Beim Fluten derselben ging der geringe Restauftrieb verloren und das Boot tauchte ab.

Die Besatzung bestand aus zwei Mann. Dem Kommandanten, der für die Navigation und für den Einsatz des Torpedos verantwortlich war, sowie dem Leitenden Ingenieur mit der Verantwortlichkeit für die Bootstechnik.

Der Antrieb des Klein-U-Bootes erfolgte über einen Torpedomotor (TM) mit 12 PS Leistung, der von einer nur extern nachladbaren Batterie gespeist wurde. Die Einsatzreichweite lag bei 70 Seemeilen.

Als Bewaffnung war unter dem Bootskörper ein Torpedo angehängt, der von innen abgefeuert werden konnte.

Der Entwurf war jedoch nicht befriedigend. Zu einem Fronteinsatz ist es nicht gekommen. Die vorhandenen »Hechte« wurden als Schulboote für die danach gebauten Klein-U-Boote genutzt.

Der »Hecht« war das erste Klein-U-Boot der Kriegsmarine, konnte jedoch durch seine Konstruktion nicht überzeugen. (Foto: Bibliothek für Zeitgeschichte)

Klein-U-Boot »Molch«

In den Jahren 1944 / 1945 entstanden auf der Deschimag-Werft in Bremen 363 frontbereite Klein-U-Boote »Molch«. Nach anderen Quellen schwanken die Angaben zu den Bauzahlen zwischen 360 und 400 Stück.

Oberflächig betrachtet hatte der »Molch« ein ähnliches Aussehen wie der »Hecht«. Das Klein-U-Boot bestand ebenfalls aus einem zylindrischen Druckkörper mit der achtern gelegenen Steuerzentrale und einem kleinen Turm. Dieser hatte zwei Fenster und eine Plexiglaskuppel. Er war gerade mal so groß, dass der Fahrer seinen Kopf hineinstrecken konnte, um einen Rundblick nehmen zu können. Davor ragte das fest eingebaute Sehrohr aus dem Druckkörper.

»Die Ballastzellen stellten eine Kombination aus Tauch-, Regel- und Trimmzellen dar, die vor jeder genau eingeregelt werden mussten.« (zitiert nach: Eberhard Rössler, »Geschichte des deutschen Ubootbaus Band 2«, Seite 469).

Als Antrieb war ein Torpedomotor (TM) mit 14 PS Leistung eingebaut. Die Batterie musste im Stützpunkt über externe Ladestationen aufgeladen werden.

Die Bewaffnung bestand aus zwei am Druckkörper angehängter Torpedos, die Besatzung aus einem Mann.

Einsätze erfolgten im Herbst 1944 auf der Reede von Anzio-Nettuno und Anfang 1945 waren »Molche« erfolglos im Raum von Antwerpen im Einsatz. Die eigenen Verluste stan-

Ein im Bau befindliches Klein-U-Boot »Molch«. Im Hintergrund liegen zwei Druckkörper-Sektionen für den Bau von weiteren Klein-U-Booten. (Foto: Bibliothek für Zeitgeschichte)

Ein in einer Kaserne der Bundesmarine aufgestellter »Molch«. (Foto: Hans Karr)

den aber in keinem Verhältnis zu den geringen Erfolgen.

Wegen seiner schwierigen Trimmverhältnisse war der »Molch« als Frontboot kein zufriedenstellendes Einsatzmittel. Das Klein-U-Boot »Molch« stellte allerdings ein brauchbares Ausbildungsboot dar.

Ein »Molch« als Museumexponat. (Foto: Hans Karr)

Klein-U-Boot »Biber«

Die Klein-U-Boote »Biber« wurden in den Lübecker Flenderwerken entwickelt und gebaut. Zusätzlich wurde die Ansaldo-Werft in Genua ebenfalls in die Produktion der »Biber« mit eingebunden. Die insgesamt 324 gefertigten Einheiten stellten 1944 / 1945 in Dienst.

Der »Biber« besaß keine Regel- und Trimmzellen, sondern lediglich Tauchzellen. Das Klein-U-Boot ließ sich bei Überwasserfahrt gut handhaben. Schlechter sah es aber für die Tauchfahrt aus, da jegliche Möglichkeit zum Eintrimmen des Bootes fehlte.

Der Antrieb erfolgte durch einen 32 PS starken Benzinmotor (BM). Nachteilig war, dass mit dessen Abgasen Kohlenmonoxid in den Sitzraum des Fahrers eindringen konnte. Eine nicht ganz ungefährliche Angelegenheit, der vermutlich einige »Biber«-Fahrer zum Opfer gefallen sind. Für den Unterwasserbetrieb war ein Torpedomotor (TM) von 13 PS vorhanden. Zwei Torpedos konnte der »Biber« mit sich führen. Sie waren in Aussparungen beidseitig am Rumpf angehängt.

Der »Biber« kam ab Ende August 1944 im Englischen Kanal, vor der niederländischen Küste und auf holländischen Binnengewässern zum Einsatz. Außerdem wurden »Biber«-Einheiten nach Dänemark und in das nördliche Norwegen verlegt. Im Januar sollten mit drei U-Booten Klein-U-Boote des Typs »Biber« im »Huckepack« in die Kola Bucht transportiert werden, von wo sie einen Angriff gegen sowjetische Einheiten durchführen sollten. Als der Verband sich schon jenseits des Nordkaps befand, musste aus technischen Gründen das Unternehmen wieder abgebrochen werden.

Ein Klein-U-Boot »Biber« ohne Torpedos auf einem Transportwagen. (Foto: Bibliothek für Zeitgeschichte)

Ein auf dem Landtransport bei Luftangriffen beschädigter und mit Torpedos ausgerüsteter »Biber«. (Foto: Archiv Autor)

Ein »Biber« als Museumsexponat. (Foto: Hans Karr)

Klein-U-Boot »Seehund« / Typ XXVII B

Während die bisher von den Kleinkampfverbänden der Kriegsmarine in Dienst genommenen Unterwasserfahrzeuge »Neger«, »Marder«, »Hecht«, »Molch« und »Biber« alles schnell entwickelte und eilig gebaute Notlösungen waren, man könnte sie auch als »Waffen der Verzweiflung« bezeichnen, gelang mit dem Entwurf des Typs XXVII B, weitaus besser unter der Bezeichnung »Seehund« bekannt, endlich der Durchbruch zu einem richtigen Klein-U-Boot, das diese Klassifizierung auch wirklich verdient hatte.

Im Bauprogramm vom Juni 1944 waren 1000 »Seehunde« eingeplant. Die Bauaufträge gingen an verschiedene Werften. Bis Kriegsende kamen vermutlich jedoch nur 285 Stück zur tatsächlichen Ablieferung an das Kommando der Kleinkampfverbände. Wegen der Rohstoffverknappung, des Facharbeitermangels, den Transportproblemen und dem absoluten Vorrang der Bauprogramme der U-Boottypen XXI und XXIII ließen die begrenzten Werftkapazitäten keine größere Stückzahl mehr zu.

Der »Seehund« besaß alle technischen Einrichtungen eines großen U-Bootes. Vorhanden waren Tauch-, Regel- und Trimmzellen. Ebenso war der »Seehund« ausgestattet mit einem Sehrohr, einem Schnorchel, einem Funk- und einem Horchgerät. Letzteres war wohl angesichts der kriegsbedingten Materialknappheit nicht überall an Bord vorhanden. Die Tauchzeit betrug nur zwei bis vier Sekunden. Aufgrund der schmalen Silhouette und des leisen Elektromotors war ein »Seehund« mit den damaligen Ortungsgeräten nur schwer zu entdecken. Weltweit war der »Seehund« im Klein-U-Bootbau absolute Spitzentechnologie.

Der Überwasserantrieb des »Seehundes« bestand aus einem Dieselmotor (DM) mit 60 PS Leistung. Unter Wasser sorgte ein Elektro-Fahrmotor (EFM) mit 25 PS für den Vortrieb. Bei sieben Knoten hatte der »Seehund« eine Reichweite von 270 Seemeilen. Durch zusätzliche Außen-

Ein im Bau befindlicher »Seehund« am Kranhaken der Werft. (Foto: Bibliothek für Zeitgeschichte)

Auch bei Überwasserfahrt fuhr der »Seehund« größtenteils unter Wasser. (Foto: Deutscher Marinebund)

tanks wäre eine Fahrtstrecke von 500 Seemeilen möglich gewesen. Statt Einfachruder besaß der »Seehund« eine bewegliche Kortdüse.

Im Mittel konnten die »Seehunde« fünf Tage in See stehen. Elf Tage soll das Maximum eines Einsatzes gewesen sein. Doch dies dürfte die physische wie auch psychische Leistungsfähigkeit der Zwei-Mann-Besatzung - bestehend aus dem Kommandanten und dem Leitenden Ingenieur - deutlich überfordert haben. Um überhaupt die mehrtägigen Fahrten durchhalten zu können, nahmen die Besatzungen Pervitin ein. Das Medikament unterdrückte das Müdigkeits- und Hungergefühl. Ferner erzeugte es eine euphorische und optimistische Stimmungslage.

»Die Ernährung aller Klein-U-Boot-Besatzungen vor und während des Einsatzes musste ausschließlich nach Gesichtspunkten der Schlackenfreiheit ausgewählt werden, da normale WC-Einrichtungen nicht vorhanden waren. Auf dem »Seehund« bestand die WC-Einrichtung aus einer flachen Dose mit verhältnismäßig großem Durchmesser, die unter dem hinteren Sitz verstaut war.«, schreibt Harald Fock in seinem Buch »Marinekleinkampfmittel« auf der Seite 72.

Bewaffnet waren die »Seehunde« mit zwei Torpedos, die an beiden Seiten unter dem Boot angehängt waren.

Vom holländischen Ijmuiden aus erfolgten ab Januar 1945 die ersten Unternehmungen im Englischen Kanal, den niederländischen Küstengewässer und der südlichen Nordsee. Die Ergebnisse dieser insgesamt 142 Einsätze ist ein versenkter Schiffsraum von 93.000 BRT, nach einer anderen Quelle 120.000 BRT. Von den »Seehunden« gingen 35 Boote verloren.

Nach dem Krieg wurden viele der zahlreich vorgefundenen »Seehunde« zerstört. Eine große Anzahl kam aber auch als Ausstellungsobjekte in Museen und blieben so der Nachwelt erhalten. Häufig wurden bei Wasserbauarbeiten auch gesunkene »Seehunde« gefunden, die in der Regel restauriert und ebenfalls in Museen zur Aufstellung kamen.

Weiterhin sei noch angemerkt, dass die französische Marine nach Kriegsende vier »Seehunde«

Britische Offiziere inspizieren im Mai 1945 einen auf einer Werft vorgefundenen »Seehund«. (Foto: Bibliothek für Zeitgeschichte)

Ein »Seehund« als Museumsexponat. (Foto: Hans Karr)

übernahm, die bis Ende der 1950er-Jahre im Dienst blieben. In »Weyers Flottentaschenbuch 1954/55« sind sie letztmalig zusammen aufgeführt. In der Ausgabe von 1959 ist zum letzten Mal noch eines dieser vier Boote als im Bestand der französischen Marine befindlich erwähnt.

Name / Klasse	»Neger«	»Marder«	»Hecht«	»Molch«	»Biber«	»Seehund«
Baujahre	1944	1944	1944	1944-1945	1944-1945	1944-1945
Anzahl	200 (?)	300 (?)	53	363	324	285
Verdrängung (↓)	2,7 t	3,0 t	12,3 t	11,0 t	6,3 t	17,0 t
Länge	7,65 m	8,30 m	10,50 m	10,78 m	9,04 m	11,90 m
Breite	0,53 m	0,53 m	1,30 m	1,82 m	1,57 m	1,84 m
Tiefgang	0,50 m	0,50 m	1,40 m	unbekannt	0,9 m	1,74 m
Tauchtiefe	entfällt	10 m	50 m	30 m	20 m	30 m
Besatzungsstärke	1 Mann	1 Mann	2 Mann	1 Mann	1 Mann	2 Mann
Antriebsleistung DM	keine	keine	keine	keine	BM: 32 PS	DM: 60 PS
Antriebsleistung TM	12 PS	12 PS	12 PS	14 PS	13 PS	25 PS
Antriebswellen	1	1	1	1	1	1
Geschwindigkeit (↓)	3-4 kn	4 kn	6 kn	5 kn	6,5 kn	↑/↓ 7,7 kn / 6,0 kn
Fahrbereich sm (↑)	entfällt	entfällt	entfällt	60 bei 3 kn	125 bei 5 kn	270 bei 7 kn
Fahrbereich sm (↓)	30 bei 3 kn	30 bei 3 kn	70 bei 4 kn	40 bei 5 kn	8,5 bei 5 kn	63 bei 3 kn
Torpedoanzahl	1	1	1	2	2	2

2.20 Handelsschiffe

Hansa-Bauprogramm, Stückgutfrachter und Schlepper

Mit Ausbruch des Zweiten Weltkriegs waren schlagartig die Weltmeere für die deutsche Handelsschifffahrt nur noch unter großem Risiko zu befahren, denn die Seemacht Großbritannien war weltweit nahezu allgegenwärtig. In See stehende deutsche Schiffe versuchten noch teilweise in die Heimat durchzubrechen, was auch fallweise gelang, oder steuerten neutrale Häfen an, um sich internieren zu lassen. Dort ohnehin schon liegende Schiffe blieben entweder im Hafen oder wagten auch den Versuch - mehr oder weniger erfolgreich - nach Deutschland zurückzukommen.

Dieser Verlust an verfügbaren Handelsschiffen musste zwangsläufig ausgeglichen werden. Die der Handelsschifffahrt gestellten Aufgaben waren keineswegs zurückgegangen. Zwar war die Überseeschifffahrt quasi tot, man betrieb nur noch unter großem Risiko und in geringem Maße mit sogenannten Blockadebrechern Handel mit Japan, aber kriegsbedingt war insbesondere der Bedarf der Wehrmacht an Handelsschiffen für Truppen-, Material- und Versorgungstransporte im Mittelmeer, der Ostsee sowie auf den Verbindungsrouten nach Norwegen und Frankreich ständig am Wachsen. Ein groß angelegtes Handelsschiffbauprogramm wurde erforderlich. Um rasch voranzukommen, befasste man sich mit der Entwicklung von Einheitsschiffen.

Am 23. Juni 1942 gründete man in Hamburg die Schiffahrt Treuhand GmbH, der die gesamte vertragliche und finanzielle Abwicklung des als Hansa-Programm bezeichneten Neubauvorhabens übertragen wurde. Gesellschafter der Schiffahrt Treuhand waren die Reedereien, die zum Zeitpunkt der Gründung die höchsten Tonnageverluste zu verzeichnen hatten. Im Einzelnen waren dies:

- Bock, Godeffroy & Co., Hamburg
- Deutsche Dampfschifffahrts Gesellschaft (DDG) Hansa, Bremen
- John T. Essberger & Co. - Deutsche Afrika-Linien, Hamburg
- Hamburg-Amerika Linie, Hamburg
- Hamburg Süd, Hamburg
- Norddeutscher Lloyd, Bremen
- Schulte & Bruns, Emden
- Rob. M. Sloman, Hamburg

Es waren sechs Typen von in Serie zu bauenden Einheitsschiffen vorgesehen, die für das zugänglich gebliebene Fahrtgebiet der Nord- und Ostsee konzipiert wurden. Für den Schiffsentwurf war jeweils eine sogenannte Vorbauwerft zuständig, nach deren Plänen die Schiffe dann auf verschiedenen Werften in Deutschland und in den besetzten Gebieten zu bauen waren. Auch die Vergabe von Bauaufträgen nach Schweden und Finnland war angedacht.

Die »Heiligenhafen« war ein Stückgutfrachter vom Typ A des Hansa-Bauprogramms. (Foto: Bibliothek für Zeitgeschichte)

Das Hansa-Bauprogramm umfasste in Anzahl und Art folgende Schiffstypen:

- 128 x Frachter Typ A, 3000 Tonnen Tragfähigkeit, Vorbauwerft Deutsche Werke, Hamburg
- 49 x Frachter Typ B, 5000 Tonnen Tragfähigkeit, Vorbauwerft Bremer Vulkan, Bremen
- 20 x Frachter Typ C, 9000 Tonnen Tragfähigkeit, Vorbauwerft Schichau Werft, Danzig
- 6 x Schleppertyp, 1000 PS
- 6 x Schleppertyp, 600 PS
- 4 x Schleppertyp, 350 PS

Das Hansa-Bauprogramm war im Vergleich zum alliierten »Liberty«-Programm in seinem Umfang doch recht bescheiden. Es bekam im Jahre 1944 die gleiche Dringlichkeit wie der U-Bootbau. Mit der sich ändernden Kriegslage fielen aber auch bald die Werften im Westen und dann auch im Osten aus. Außerdem gab es zunehmend technische und logistische Schwierigkeiten durch die Behinderungen infolge des Bombenkriegs der Alliierten.

Die Schiffe des Hansa-Bauprogramms hatten als Antrieb kohlebefeuerte Dampfmaschinen. Zur zivilen Besatzung kam noch zusätzliches militärisches Personal für die eingebauten Flak-Geschütze. Weitere Einzelheiten zu den Schiffsdaten sind in der nachfolgenden Tabelle zusammengestellt.

Von den 58 gebauten Frachtschiffen blieben einige mit auf Ölfeuerung umgebauter Kessel bis in die späten 1970er-Jahre in Fahrt. Von den drei Schleppertypen, die auf deutschen und finnischen Werften gebaut werden sollten, wurde kein einziges Schiff bis Kriegsende fertiggestellt. Lediglich zwei 1000-PS-Schlepper liefen noch vom Stapel.

Stückgutfrachter	**Typ A**	**Typ B**	**Typ C**
Anzahl (geplant)	128	49	20
Anzahl (gebaut)	52	5	1
Vermessung	1923 BRT	2819 BRT	5300 BRT
Tragfähigkeit	3240 t	5280 t	9270 t
Länge	91,83 m	109,50 m	133,90 m
Breite	13,50 m	15,50 m	17,37 m
Tiefgang	5,61 m	6,33 m	7,63 m
wasserdichte Abteilungen	5	6	6
Luken	3	4	4
Besatzung (zivil)	26 Mann	33 Mann	66 Mann
Besatzung (Militär)	18 Mann	16 Mann	unbekannt
Antriebsleistung	1200 PS	1800 PS	3000 PS
Antriebswellen	1	1	1
Geschwindigkeit	10 kn	11 kn	12 kn

Die »Wangerooge« war ein Stückgutfrachter vom Typ B des Hansa-Bauprogramms. (Foto: Bibliothek für Zeitgeschichte)

Die »Greiffenfels« war ein Stückgutfrachter vom Typ C des Hansa-Bauprogramms. Das Schiff ist während des Kriegs noch vom Stapel gelaufen, aber nicht mehr fertiggestellt worden. Nach Kriegsende von den Briten beschlagnahmt, wurde es dann in den Niederlanden fertig gebaut und als »Nijmwegen« in Fahrt gebracht. Im Mai 1950 kaufte die Bremer Reederei DDG Hansa den Frachter und stellte ihn als »Greiffenfels« in Dienst. (Foto: Archiv Autor)

Kriegstransporter, Küstenmotorschiffe

Der Kriegstransporter (KT) war ein Frachtschiff, das in einem Serienbauprogramm für den Einsatz im Mittelmeer und im Schwarzen Meer ab 1941 entwickelt und gebaut wurde. Die hohen Verluste an Transportschiffen im Mittelmeer mussten ausgeglichen werden, damit die in Nordafrika eingesetzten Truppen versorgt werden konnten. Gleiches traf für das Schwarze Meer zu, wo ebenfalls der verfügbare Schiffsraum zur Versorgung der weit nach Osten vorgerückten Landfront sehr knapp war. Insgesamt waren 62 Einheiten - »KT 1« bis »KT 62« - vorgesehen, von denen aber nur 44 Schiffe zur Ablieferung kamen. Die übrigen blieben unfertig oder wurden als Auftrag schon gar nicht mehr vergeben. Die Deutsche Werft AG in Hamburg lieferte die Pläne und baute das Typschiff »KT 3«, das am 1. August 1942 vom Stapel lief. Die Bauwerften der anderen Schiffe waren in Südfrankreich, Italien, auf Binnenwerften an der Donau und auf Werften im Schwarzen Meer.

Ab Ende 1942 wurden auch einige Einheiten zum U-Bootjäger (UJ) umgebaut. Für diese

Der Kriegstransporter »KT 3« war das einzige Schiff der Bauserie, das in Deutschland gebaut wurde. (Foto: Bibliothek für Zeitgeschichte)

Verwendung kamen die Ladebäume und Winschen von Bord.

Die Kriegstransporter hatten eine Länge von 67,50 Meter, eine Breite von 11,00 Meter und einen Tiefgang von 3,10 Meter. Ihre Schiffsvermessung wird mit 834 BRT und ihre Verdrängung mit 700 Tonnen angegeben. Die Schiffe hatten zwei überdeckte Laderäume und leicht gepanzerte Geschützstände. Die Besatzungsstärke umfasste 53 Mann; beim U-Jäger waren es bis zu 122 Mann. Das seemännische und technische Personal hatte zivilen Status und gehörte meistens einer Reederei an. Die Bedienung der Waffen erfolgte durch eingeschiffte Soldaten der Kriegsmarine.

Der Antrieb der Kriegstransporter erfolgte über zwei Dreifach-Expansionsdampfmaschinen. Teilweise verfügten die Schiffe über eine Abdampfturbine. Mit der Maschinenleistung von 2400 PS erreichten die Einheiten über die beiden Wellen eine Geschwindigkeit von 14,5 Knoten. Sie hatten eine maximale Reichweite von 1250 Seemeilen.

Die Bewaffnung war für die kleinen Transportschiffe verhältnismäßig umfangreich, variierte aber stark in ihrer Zusammensetzung. Eingerüstet waren in der Regel und in Abhängigkeit vom Einsatz eine unterschiedliche Anzahl von kleinkalibrigen Rohrwaffen in den Kalibern von zwei, 3,7 und 7,5 Zentimeter sowie Maschinengewehren.

Der einzige in Deutschland gebaute Kriegstransporter »KT 3« kam in norwegischen Gewässern zum Einsatz, wo er am 26. April 1944 durch Fliegerbomben schwer beschädigt wurde und auf Strand gesetzt werden musste. Nach durchgeführter Reparatur kam »KT 3« über Kopenhagen wieder nach Deutschland und wurde nach dem Krieg von der Royal Navy beschlagnahmt. Nach einer Verwendung als stationäres Schulschiff »Empire Stevedore« erfolgte 1953 der Abbruch des Kriegsveteranen.

Ansonsten kamen die Schiffe im Mittelmeer und im Schwarzen Meer als Transporteinheiten oder U-Jagdeinheiten zum Einsatz. Insgesamt gingen 33 Kriegstransporter kriegsbedingt verloren. Die überlebenden Einheiten wurden teilweise von den östlichen Kriegsgegnern übernommen oder kamen in private Hände, wo sie noch bis Ende der 1950er-Jahre zu den verschiedensten Zwecken in Fahrt geblieben sind.

Schwarzmeer-Einheitsschiffe, Küstenmotorschiffe

Neben dem Hansa-Bauprogramm und dem Bau der Kriegstransporter gab es mit den Schwarzmeer-Einheitsschiffen (SME) ein drittes Serienbauprogramm, das von deutscher Seite im Zweiten Weltkrieg initiiert wurde. Insgesamt zwölf Schiffe - »SME 1« bis »SME 12« - wurden beauftragt und 1943 / 1944 in Korneuburg (8) bei Wien und in Elmshorn (4) bei Hamburg auf Stapel gelegt, doch keines wurde noch vor Kriegsende fertiggestellt und abgeliefert.

Die Schiffe sollten vor allen Dingen den Transportbedarf im Schwarzen Meer bedienen. Doch mit dem im August 1944 vollzogenen Wechsel von Rumänien und Bulgarien auf die andere Kriegsteilnehmerseite verlor das Bauprogramm seine Grundlage.

Die Schwarzmeer-Einheitsschiffe hatten eine Länge von 59,73 Meter, eine Breite von 9,00 Meter und einen Tiefgang von 3,17 Meter. An Vermessung hätten sie 706 BRT und an Verdrängung von 1270 Tonnen erreicht. Die Ladekapazität wird mit 800 Tonnen angegeben. An Besatzung waren 25 Mann vorgesehen.

Als Antrieb war ein Dieselmotor mit 630 PS eingeplant, der die Schiffe auf eine Geschwindigkeit von zehn Knoten hätte bringen sollen. An Bewaffnung waren bis zu fünf 2-cm-Geschütze vorgesehen.

Die acht unfertigen Einheiten in Österreich wurden 1945 von der Sowjetunion beschlagnahmt, auf deren Weisung zu Ende gebaut und dann als Küstenmotorschiffe in Betrieb genommen. Über den weiteren Verbleib ist nichts bekannt. Das Schicksal der vier übrigen in Elmshorn liegenden Schwarzmeer-Einheitsschiffe liegt im Dunkeln. Es gibt widersprüchliche Angaben, so auch unter anderem die Behauptung, dass sie ebenfalls sowjetische Kriegsbeute wurden und im zerlegten Zustand eine Überführung auf die Donau durchgeführt wurde. Im Donau-Raum soll eine Fertigstellung erfolgt sein.

Kriegstransporter »KT 16«. (Foto: Bibliothek für Zeitgeschichte)

Kapitel 3 – Luftwaffe

3.1 Schleuderschiffe

Schleuderschiffe sind spezielle Schiffe, die per Flugzeugkatapult (Schleuder) Wasserflugzeuge starten können. Offiziell als Flugsicherungsschiffe bezeichnet kamen sie erstmals ab 1934 mit den umgebauten Frachtschiffen »Westfalen« und »Schwabenland« bei der Deutschen Lufthansa in ihrem Post- und Liniendienst nach Nord- und Südamerika in Gebrauch. Aufgrund der guten Erfahrungen mit diesen umgebauten Schiffen beschloss die Lufthansa nochmals zwei speziell für diese Aufgabe konstruierte Einheiten bauen zu lassen und in Dienst zu stellen. Diese nahmen dann 1936 und 1937 als »Ostmark« und »Friesenland« ihre Tätigkeit im Atlantik auf.

Hintergrund für diese vier Katapultschiffe war die Tatsache, dass damals Flugzeuge die Entfernung über den Atlantischen Ozean noch nicht ohne Zwischenbetankung bewältigen konnten. Sie brauchten deshalb auf dem Weg über den Atlantik eine Art von schwimmendem Stützpunkt. Die Flugzeuge gingen bei den Schiffen auf dem Wasser nieder, wurden an Bord gehievt und nach Betankung und Wartung mithilfe eines Katapults wieder in die Luft gebracht.

Das Flugsicherungsschiff »Westfalen« beim Katapultstart eines Flugbootes vom Typ Do WAL. (Foto: Archiv Autor)

Flugsicherungsschiff »Schwabenland«. (Foto: Bibliothek für Zeitgeschichte)

Der Vorteil des Katapultstarts gegenüber dem Wasserstart lag im Wesentlichen in der Tatsache, dass das große Handicap der Seeflugzeuge überwunden werden konnte. Dieses bestand darin, dass Schwimmerflugzeuge für einen Wasserstart eine größere Motorenleistung haben mussten, als in der anschließenden Flugphase eigentlich notwendig war. Diesen Leistungsüberschuss, mit dem entsprechend höheren Kraftstoffverbrauch, brauchte man bei einem Katapultstart nicht mehr vorhalten und hatte stattdessen mehr Zuladungsgewicht zur Verfügung, sei es als Treibstoff für eine größere Reichweite beziehungsweise eine längere Flugzeit und / oder als Gewicht für Passagiere oder Fracht. Ein zusätzlicher Vorteil ergab sich daraus, dass man kaum Rücksicht auf eventuelle problematische Start- und Landeverhältnisse wie Seegang und Witterungseinflüsse nehmen musste.

Diesen Katapultschiffen vorausgegangen waren Anfang der 1930er-Jahren die Einsätze von Bordflugzeugen auf den Passagierschiffen »Bremen« und »Europa«. Über ein Katapult gestartet, wurde der Flieger gegen Ende der Reise mit Post vorausgeschickt, die so rund einen Tag früher als das Schiff selbst ankam. Diese Beschleunigung des Postverkehrs zwischen Europa und Amerika mittels des Bordflugzeugs erwies sich als großer Erfolg. Eine solche Einrichtung gab es ansonsten nur noch auf dem französischen Passagierschiff »Ile de France«.

Der erfolgreiche Einsatz der Flugsicherungsschiffen / Katapultschiffe bei der Lufthansa führte bei der deutschen Luftwaffe zu Überlegungen, diese Technik eines schwimmenden Stützpunktes mit Katapult, Kran, Betankungs- und Wartungseinrichtungen auch für ihre Fernaufklärungsflugzeuge zu nutzen. Im Jahre 1938 lief als erstes Schleuderschiff - so die von der Luftwaffe eingeführte Typbezeichnung - die »Sperber« vom Stapel, der 1940 die noch die in ihrer Konstruktion verbesserten Schleuderschiffe »Bussard« und »Falke« folgten.

Ergänzend sei noch erwähnt, dass bei Kriegsbeginn die vier erwähnten Lufthansa-Schiffe

Das Bordflugzeug des Passagierschiffes »Bremen« kurz vor dem Katapultstart. (Foto: Bundesarchiv / Bild 102-12384 / CC-BY-SA 3.0)

Name	**»Sperber«**	**»Bussard«**	**»Falke«**
Schiffstyp	Schleuderschiff	Schleuderschiff	Schleuderschiff
Bauwerft	Stülcken Werft, Hamburg	Schichau Werft, Königsberg	Schichau Werft, Königsberg
Stapellauf	1938	1940	29. Juli 1940
Indienststellung	26. November 1938	1. Mai 1942	22. November 1942
Verdrängung	1086 t	2040 t	2040 t
Länge x Breite x Tiefgang	70,25 x 14,55 x 1,80 m	98,30 x 14,00 x 2,33 m	98,30 x 14,00 x 2,33 m
Besatzungsstärke	20 Mann, seem. Pers.; 14 Mann, flieg. Pers.	54 Mann, seem. Pers.; ? Mann, flieg. Pers.	54 Mann, seem. Pers.; ? Mann, flieg. Pers.
Antrieb	2 x Dieselmotor	2 x Dieselmotor	2 x Dieselmotor
Antriebsleistung	2 x 320 PS	2 x 900 PS	2 x 900 PS
Wellen / Ruder	2 x Voith-Schneider-Propeller	2 x Voith-Schneider-Propeller	2 x Voith-Schneider-Propeller
Geschwindigkeit	8 kn	12 kn	12 kn
Fahrstrecke	700 sm bei 8 kn	5200 sm bei 12 kn	5200 sm bei 12 kn
Bewaffnung	2 x 2-cm-Geschütz	2 x 2-cm-Geschütz	3 x 2-cm-Geschütz

von der Luftwaffe für ihre Zwecke vereinnahmt wurden. Allerdings kam die »Ostmark« nicht mehr zum Einsatz, da sie am 9. September 1940 während der Rückführung von Las Palmas, wo sich das Schiff seit Kriegsbeginn als Auflieger aufhielt, durch das englische U-Boot »Tuna« südwestlich von St. Nazaire torpediert und versenkt wurde.

Schleuderschiff »Sperber«

Das luftwaffeneigene Schleuderschiff »Sperber« wurde 1937 in Auftrag gegeben und auf der Stülcken Werft in Hamburg gebaut. Es lief 1938 vom Stapel und stellte am 26. November 1938 in Dienst.

Das 1086 Tonnen verdrängende Schiff hatte ein langes, flaches Oberdeck mit einem 18-Tonnen-Heinkel-Katapult für die Flugzeugmuster Do 18, Do 24 und Bv 138. Die Länge der Startgleitbahn betrug 44,20 Meter. Eine maximale Abschussgeschwindigkeit von 150 km/h konnte mit dem Katapult erreicht werden. Außerdem war die »Sperber« am Heck mit einem festsehenden 18-Tonnen-Kran mit 19 Meter Hubhöhe ausgerüstet. Die Besatzungsstärke belief sich auf 20 Mann seemännisches und 14 Mann fliegerisches Personal.

Der Antrieb der »Sperber« bestand aus zwei MWM Achtzylinder-Viertakt-Dieselmotoren. Der Vortrieb erfolgte über zwei Voith-Schneider-Propeller. Mit der Gesamtleistung von 640 PS erreichte das Schiff eine Geschwindigkeit von acht Knoten.

An Bewaffnung waren lediglich zwei 2-cm-Geschütze eingerüstet. Während des Krieges sollen weitere Flak-Geschütze an Bord gekommen sein.

Das Schleuderschiff »Sperber« war zunächst beim Seefliegerhorst in Großenbrode stationiert. Bei Kriegsausbruch verlegte es nach Hörnum auf der Insel Sylt, wo sich auch die beschlagnahmten Flugsicherungsschiffe »Westfalen«, »Schwabenland« und »Friesenland« der Lufthansa befanden.

Im Laufe des Krieges diente die »Sperber« als Katapultschiff für die Fernaufklärer der Luftwaffe. Im Februar 1945 verlegte das Schiff zur Fernaufklärergruppe 22 nach Kopenhagen. Dort wurde es bei Kriegsende zunächst britische Kriegsbeute und diente dann bis 1949 in Wilhelmshaven als Schwimmkran. Über das weitere Schicksal der »Sperber« ist nichts bekannt.

Das Schleuderschiff »Sperber« mit Flugzeugen des Typs Do 24. (Foto: Bibliothek für Zeitgeschichte)

Das Schleuderschiff »Sperber« mit einem Flugboot des Typs Bv 138. (Foto: Bibliothek für Zeitgeschichte)

Schleuderschiffe »Bussard«

Da sich nach Kriegsbeginn schon recht schnell abzeichnete, dass das Schleuderschiff »Sperber« den Anforderungen mit Flugzeugen der neuen Baumuster nicht mehr genügte, wurde schon 1939 die Konstruktion eines leistungsfähigeren Schleuderschiffs eingeleitet. Vier Einheiten sollten ab Frühjahr 1941 in Jahresabständen abgeliefert werden. Der Bau der beiden ersten Einheiten konnte aber erst 1940 an die Schichau Werft in Königsberg vergeben werden, nachdem dort die Kriegsmarine hierfür eine Helling frei gegeben hatte. Als erstes Schiff lief noch im gleichen Jahr das Schleuderschiff »Bussard« vom Stapel, stellte jedoch erst am 1. Mai 1942 in Aalborg in Dienst.

Mit 2040 Tonnen Verdrängung war die »Bussard« doppelt so groß wie die »Sperber«. Sie hatte ein langes, flaches Oberdeck und besaß ein 20-Tonnen-Heinkel-Katapult für die Flugzeugmuster Do 18, Do 24 und Bv 138. Die Länge der Startgleitbahn betrug 60,50 Meter. Eine maximale Abschussgeschwindigkeit von 180 km/h konnte mit dem Katapult erreicht werden. Außerdem war die »Bussard« mit einem am Heck aufgestellten 20-Tonnen-Kran mit zwölf Meter Hubhöhe ausgerüstet. Weiterhin konnte die »Bussard« 120 Tonnen Flugbenzin bunkern. Die Besatzungsstärke belief sich auf 54 Mann seemännisches Personal zuzüglich fliegerisches Personal.

Der Antrieb der »Bussard« bestand aus zwei Achtzylinder-Viertakt-Dieselmotoren. Der Vortrieb erfolgte über zwei Voith-Schneider-Propeller. Mit der Gesamtleistung von 1800 PS erreichte das Schiff eine Geschwindigkeit von zwölf Knoten.

An Bewaffnung waren lediglich zwei 2-cm-Geschütze eingerüstet. Während des Krieges soll deren Anzahl erhöht worden sein.

Die »Bussard« wurde nach ihrer Indienststellung zunächst nach Aalborg in Dänemark verlegt und kam später nach Norwegen, wo das

Schleuderschiff »Bussard«. (Fotos: Bibliothek für Zeitgeschichte)

Schiff dann bis zum Kriegsende verblieb. Es wurde an der norwegischen Nordküste sowie von Drontheim und von Tromsö eingesetzt.

Bei Kriegsende beanspruchten zunächst die Engländer die »Bussard«. Am 22. Februar 1946 ging sie in Kristiansand an die amerikanische Marine. Die US-Navy verkaufte 1947 das Schiff nach Belgien. Im Sommer 1950 erfolgte ein Umbau. Danach kam es als Saugbagger »Ahoy« in eine neue Nutzung. Über das weitere Schicksal des Schleuderschiffes »Bussard« liegen dem Autor keine Erkenntnisse vor.

Schleuderschiff »Falke«. (Foto: Bibliothek für Zeitgeschichte)

Schleuderschiff »Falke«

Die Baugeschichte, technische Auslegung und die Ausrüstung des Schleuderschiffs »Falke«, das am 29. Juli 1940 bei der Schichau Werft in Königsberg vom Stapel lief und dann am 22. November 1942 in Dienst stellte, sind unter dem Schwesterschiff »Bussard« bereits dargestellt. Schiffbaulich unterschieden sich die beiden Einheiten dadurch, dass »Bussard« noch genietet, während »Falke« geschweißt war. Zu dem ursprünglich vorgesehenen weiteren Bau von Schleuderschiffen ist es aufgrund der kriegsbedingten angespannten Werftsituation nicht mehr gekommen.

Ab Januar 1943 war das Schleuderschiff »Falke« in Norwegen in Bergen, Tromsö und Drontheim stationiert. Die von dem Schiff eingesetzten Flugzeuge kamen im Seenotrettungsdienst und in der Aufklärung zum Einsatz.

Nach dem Kriegsende wurde die »Falke« in Drontheim zunächst britische Kriegsbeute, wurde aber 1946 endgültig der Sowjetunion zugesprochen. Unter dem Namen »Aeronaft« kam die ehemalige »Falke« als Bergungsschiff in der Nordflotte zum Einsatz. Möglicherweise wurde das Schiff aber auch zu anderen Zwecken genutzt. Im Jahre 1968 erfolgte die Aussonderung. Über das weitere Schicksal ist nichts bekannt.

Das Schleuderschiff »Falke« mit einem Flugboot des Typs Bv 138. (Foto: Bibliothek für Zeitgeschichte)

Das Schleuderschiff »Falke« liegt mit Flugbooten des Typs Bv 138 in einem norwegischen Fjord. (Foto: Bibliothek für Zeitgeschichte)

3.2 Jägerleitschiff »Kreta«

Am 18. Januar 1943 beschlagnahmte die deutsche Kriegsmarine im Hafen von Marseille das französische Passagierschiff »Ile de Beauté«. Das am 14. Januar 1930 auf der Werft AG Weser in Bremen für die in Marseille ansässige französische Reederei Compagnie de Navigation Fraissinet vom Stapel gelaufene und nach Ablieferung im Liniendienst von Marseille nach Korsika eingesetzte Passagierschiff sollte möglichst schnell umgebaut und der neuen Verwendung als Jägerleitschiff zugeführt werden. Durch die zunehmende Überlegenheit der gegnerischen Luftwaffe war im Mittelmeer die Inbetriebnahme eines Jägerleitschiffes dringend geboten.

Die »Ile de Beauté« hatte eine Schiffslänge von 102 Meter und war mit 2600 BRT vermessen. Sie besaß zwei Passagierdecks. Der Antrieb erfolgte durch zwei Sätze Getriebeturbinen mit einer Gesamtleistung von 5700 PS. Sie wirkten jeweils auf eine Welle und verliehen dem Schiff eine Geschwindigkeit von 20 Knoten. Vier ölbefeuerte - nach anderer Quelle kohlebefeuerte - Kessel erzeugten einen Dampfdruck von 16 atü.

In Toulon erfolgte der bis Anfang August 1943 dauernde Umbau und die Herrichtung zum Jägerleitschiff, das nun den neuen Namen »Kreta« erhielt. Dabei kamen als Bewaffnung zwei 10,5-cm-, zwei 7,5-cm- und 28 2-cm-Geschütze zur Einrüstung. An Funkmessgeräten (FuMG) wurde jeweils eine Anlage des Typs Würzburg und des Typs Freya eingerüstet. Die beiden großen Antennen verliehen der »Kreta« ein markantes Aussehen. Die Besatzung setzte sich aus 230 Mann der Kriegsmarine und

Das Passagierschiff »Ile de Beauté« nach seiner Umrüstung zum Jägerleitschiff »Kreta«. Deutlich zu erkennen sind die für die »Kreta« typischen Funkmessgeräte. Auf dem Achterschiff steht das FuMG Freya und links neben dem Schornstein das FuMG Würzburg. (Foto: Bibliothek für Zeitgeschichte)

74 Mann der Luftwaffe zusammen. Nach einer anderen Quelle soll die gemischte Besatzung insgesamt 230 Mann betragen haben.

Nach bis Ende August durchgeführten Erprobungsfahrten und Messfahrten wurde die »Kreta« Anfang September 1943 einsatz- und kriegsbereit gemeldet. Durch den am 8. September 1943 erfolgte Waffenstillstand Italiens ergab sich schlagartig eine völlig neue strategische Lage. Mangels genügend zur Verfügung stehenden Schiffsraums wurde auch die »Kreta« für die mit Vorrang laufende Räumung und Evakuierung deutscher Truppen von der Insel Korsika sowie für Geleitschutzaufgaben als tauglich und einsatzbereit gemeldet.

In Jung / Wenzel / Abendroth »Die Schiffe und Boote der deutschen Seeflieger 1912-1976« wird auf der Seite 308 die Tätigkeit des Schiffes wie folgt geschildert: »Nach abschließenden Übungsfahrten lief das Jägerleitschiff »Kreta« am 12. September zuerst zur Ausrüstung den Kriegshafen Toulon an. Ab 14. September befand sich das Schiff auf dem Marsch von Toulon nach Genua. Von dort ging es ab 17. September beschleunigt nach Livorno. Hier wurde die »Kreta« der Luftflotte 2 unterstellt und erhielt die Anweisung, sich für eine wichtige Geleitaufgabe bereitzuhalten. Es handelte sich hierbei um die Führung der Luftsicherung für das Minenschiff »Brandenburg«.

Am 21. September erlitt der Hafen von Livorno starke Luftangriffe durch Briten und Amerikaner. Die »Brandenburg« und die »Kreta« blieben jedoch unbeschädigt, sodass sie für eine geplante Minenoperation, dem Legen einer Minensperre in der Bonifaciostraße zwischen Korsika und Sardinien, weiterhin zur Verfügung standen. Eine Stunde nach den Luftangriffen verließ um 14:00 Uhr ein Minenverband unter Führung des Kommandanten des Minenschiffs »Brandenburg« mit dem Jägerleitschiff »Kreta« sowie den Räumbooten »R 189« und »R 201« den Hafen von Livorno mit südwestlichem Kurs in Richtung Korsika.

Der Verband wurde gegen 16:30 Uhr von dem englischen U-Boot »Unseen« im Tyrrhenischen Meer etwa sieben Seemeilen nordöstlich der Insel Caprera gesichtet und rund eine halbe Stunde später mit Torpedos angegriffen. Bei diesem unbemerkten Unterwasserangriff gingen sowohl die »Brandenburg« als auch die »Kreta« verloren. Nach Torpedotreffern ist die »Brandenburg« um 17:21 Uhr und die »Kreta« um 17:40 Uhr gesunken. Die Besatzungsverluste beider Schiffe beliefen sich auf 67 Mann. Die Überlebenden wurden von den begleitenden Minenräumbooten »R 189« und »R 201« aufgenommen und nach Livorno gebracht.

Name	**»Kreta«**
Schiffstyp	Jägerleitschiff
Bauwerft	AG Weser, Bremen
Stapellauf	14. Januar 1930
Indienststellung	9. August 1943
Verdrängung	3100 t
Länge x Breite x Tiefgang	102,00 x 13,20 x 5,20 m
Besatzungsstärke	230 (Kriegsmarine) + 74 (Luftwaffe)
Antrieb	2 x Dampfturbine
Antriebsleistung	2 x 2850 PS
Wellen / Ruder	2 / ?
Geschwindigkeit	20 kn
Fahrstrecke	unbekannt
Bewaffnung	2 x 10,5-cm-Geschütz, 2 x 7,5-cm-Geschütz, 28 x 2-cm-Geschütz
Ausrüstung	1 x FuMG Würzburg, 1 x FuMG Freya

3.3 Nachtjagdleitschiff »Togo«

Das Nachtjagdleitschiff »Togo« wurde als Frachtmotorschiff »Togo« für die Woermann-Linie beim Bremer Vulkan in Bremen gebaut. Es lief am 13. August 1938 vom Stapel und kam nach der Ablieferung zusammen mit seinem Schwesterschiff »Kamerun« im Liniendienst der Reederei nach Westafrika zum Einsatz. Bei Kriegsausbruch lag der Frachter in Boma / Kongo. Trotz aller Wachsamkeit der dortigen Behörden gelang es der »Togo« am 25. Oktober 1939 auszulaufen und als Blockadebrecher nach Hamburg durchzukommen. Dort kam der Frachter am 23. November 1939 an.

Die »Togo« hatte eine Schiffslänge von 134 Meter und war mit 5042 BRT vermessen. Ein MAN Achtzylinder-Zweitakt-Dieselmotor mit 5100 PS, mit dem das Schiff eine Geschwindigkeit von 16 Knoten erreichen konnte, diente als Antrieb. Bei zehn Knoten hatte die »Togo« eine Reichweite von 36.000 Seemeilen.

Nach der Übernahme durch die Kriegsmarine, die am 1. März 1940 stattfand, hatte die »Togo« ein recht bewegtes Schiffsleben. Zunächst kam der Frachter bei dem Unternehmen Weserübung (Besetzung von Norwegen und Dänemark) als Transportschiff zum Einsatz. Nach Abschluss dieser Unternehmung ging Anfang August 1940 der Frachter in die Hamburger Stülcken-Werft, um hier zum Minenschiff umgebaut zu werden. Als solches stellte das Schiff am 18. August in Dienst.

Das Minenschiff »Togo« kam zum Legen von Minensperren im Westraum zum Einsatz. Es nahm unter anderem an der Auslegung von

Frachtschiff »Togo«. (Foto: Bibliothek für Zeitgeschichte)

Nachtjagdleitschiff »Togo«. (Foto: Bibliothek für Zeitgeschichte)

Flankensperren an der belgischen und niederländischen Küste teil. Für das geplante und dann später wieder aufgegebene Unternehmen Seelöwe (Landung in England) wurde die »Togo« in Bereitschaft gehalten. Bis zum Juni 1941 blieb das Schiff unter dem Kommando des Führers der Minenschiffe im Westraum als Minenschiff im Einsatz.

Nach den bisherigen Erfolgen der deutschen Hilfskreuzer wollte man weitere schnelle und moderne Motorschiffe zu solchen umbauen und einsetzen. Das Minenschiff »Togo« wurde hierfür bestimmt. Im Laufe des April 1941 schied es daher aus dem Verband der Minenschiffe aus und wurde Mitte Mai nach Rotterdam beordert. Hier stellte die »Togo« am 16. Juni 1941 als Minenschiff außer Dienst. Bei der Werft Droogdok Maatschappij begannen in Rotterdam die Umbaubauarbeiten der nun als »Schiff 14« bezeichneten ehemaligen »Togo« zum Hilfskreuzer. Am 30. Mai 1942 waren diesen Arbeiten beendet und »Schiff 14« verlegte zur Endausrüstung und zum Einbau der Bewaffnung (6 x 15-cm-Geschütz, 6 x 4-cm-Geschütz, 8 x 2-cm-Geschütz,) in die Oderwerke nach Stettin. Diese Arbeiten waren am 25. Oktober 1942 abgeschlossen. Es folgten Erprobungs- und Ausbildungsfahrten. Im Dezember 1942 stellte »Schiff 14« als »Coronel« erneut in Dienst. Es führte auch noch die Bezeichnungen Handelsstörkreuzer 10 (HSK 10) und bei der Royal Navy Raider K. Am 31. Januar 1943 verließ »Coronel« die Ostsee mit der Absicht Handelskriegführung im Südatlantik durchzuführen. Der versuchte Durchbruch durch den Englischen Kanal ist jedoch mehrfach misslungen und das Unternehmen wurde schließlich aufgegeben. Am 2. März 1943 erreichte die »Coronel« wieder Kiel und stellte am 20. März außer Dienst.

Nach einigen Quellen soll danach eine Umrüstung und kurzzeitige Verwendung als Sperrbrecher erfolgt sein, was aber nicht gesichert ist und zudem als unwahrscheinlich anzusehen ist. Jedenfalls begannen Ende Juni in der Kriegsmarinewerft Kiel die Umbaubauarbeiten zum Nachtjagdleitschiff, die Mitte Oktober 1943 abgeschlossen waren. Am 18. Oktober 1943 erfolgte unter dem alten Namen »Togo«

die erneute Indienststellung. Die »Togo« zählte zu den merkwürdigsten Fahrzeugen der Kriegsmarine und war im Einsatz der Luftwaffe unterstellt. Sie hatte daher auch eine gemischte Besatzung von 283 Marineangehörigen und 74 Luftwaffensoldaten. An Bewaffnung erhielt die »Togo« drei 10,5-cm-, acht 3,7-cm- und 19 2-cm-Geschütze eingerüstet.

Unter Nachtjagdleitschiff verstand die Kriegsmarine ein bewaffnetes und speziell ausgerüstetes Schiff, das zur Früherkennung von anfliegenden alliierten Bomberverbänden und zum Heranführen von Nachtjagdflugzeugen der deutschen Luftwaffe diente.

Hierzu erhielt die »Togo« zur Erfassung anfliegender Bomberverbände je ein Funkmessgerät (FuMG) des Typs Würzburg und des Typs Freya eingerüstet. Diese kamen am Heck und am Bug zur Aufstellung. Außerdem kamen auf zwei mittschiffs angeordneten Kuppeltürmen, die verschiedenen fernmeldetechnischen Zwecken dienten, die Antennen des Y-Gerätes zum Einbau. Das Y-Gerät diente wiederum dem Funksprechverkehr in der Schiff-Flugzeug-Verbindung. Es war ein UKW-Gerät zur Seitenpeilung und Entfernungsmessung der eigenen Jagdflugzeuge, die allerdings entsprechende Sende- und Empfangsanlagen besitzen mussten.

Das Nachtjagdleitschiff »Togo« kam bis Kriegsende in der Ostsee zum Einsatz. Bis Februar 1944 war der Großen Belt, über dieses Seegebiet führten die Einflugrouten der alliierten Bomberverbände, Einsatzposition des Schiffes. Anfang März 1944 kam es zur Verlegung in die östliche Ostsee und in das Seegebiet von Reval. Auf Bitten der finnischen Regierung wurde die »Togo« zum Schutz von Helsinki gegen sowjetische Bomber eingesetzt. Nach einer Werftliegezeit in Gotenhafen im Juni 1944 überwachte die »Togo« ab Anfang Juli 1944 die Danziger Bucht. Ab Anfang Januar 1945 kam das Nachtjagdleitschiff »Togo« nochmals kurzfristig im Großen Belt zum Einsatz und verlegte dann ab Ende des Monats wieder nach Osten in die Danziger Bucht. Februar und März 1945 waren neben der eigentlichen Aufgabe als Nachtjagdleitschiff auch geprägt durch Flüchtlings- und Verwundetentransporte von Pillau nach Gotenhafen, Swinemünde und Kiel.

Von Ende März bis zum Kriegsende befand sich die »Togo« in Kiel. Anfang August verlegte das Schiff nach Hamburg. Die »Togo« wurde am 13. August 1945 von den Engländern beschlagnahmt und anschließend zur Rückführung von deutschen Soldaten aus Norwegen eingesetzt. Danach diente sie dem Rücktransport polnischer Staatsangehöriger in ihre Heimat. Am 15. Januar 1946 übergaben die Engländer das Schiff an die USA, die es wiederum im März als Reparationsleistung Norwegen überließen. Als Hilfsschiff »Svalbard« wurde es in die norwegische Marine eingegliedert und unter anderem auch zur Rückführung von sogenannten displaced persons (Flüchtlinge) in ihre Heimatländer genutzt.

Im Jahr 1954 ging die »Svalbard« in zivile Hände über. Nach Rückbau zum Frachtschiff bei den Nordseewerken in Emden und nach Umbenennung in »Stella Marina« kam das Schiff wieder für eine norwegische Reederei in Fahrt. Im Jahr 1956 kauften die ehemalige Woermann-Linie, jetzt als Deutsche Afrika-Linien, das Schiff zurück und nannten es wieder »Togo«. Im März 1968 wurde die »Togo« nach Panama verkauft und fuhr in den Folgejahren dann unter verschiedenen Namen und bei wechselnden Eignern. Am 21. November 1984 strandete die ehemalige »Togo« an der mexikanischen Küste und wurde dabei zum Totalverlust.

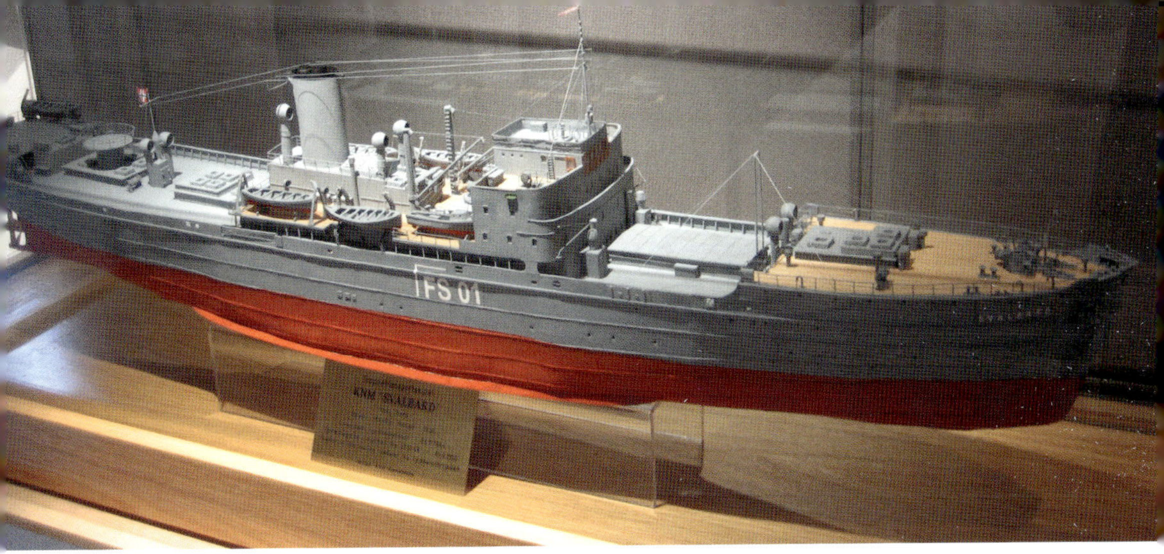

Das Nachtjagdleitschiff »Togo« fand nach dem Krieg bei der norwegischen Marine als Hilfsschiff »Svalbard« weitere Verwendung. (Foto: Manxruler / CC-BY-SA 3.0)

Name	**»Togo«**
Schiffstyp	Nachtjagdleitschiff
Bauwerft	Bremer Vulkan, Bremen
Stapellauf	13. August 1938
Indienststellungen	22. September 1938 (Frachtschiff), 18. August 1940 (Minenschiff), Dezember 1942 (Hilfskreuzer), 18. Oktober 1943 (Nachtjagdleitschiff)
Verdrängung	12.700 t
Länge x Breite x Tiefgang	134,00 x 17,87 x 7,90 m
Besatzungsstärke	283 (Kriegsmarine) + 74 (Luftwaffe)
Antrieb	1 x Dieselmotor
Antriebsleistung	1 x 5100 PS
Wellen / Ruder	1 / 1
Geschwindigkeit	16 kn
Fahrstrecke	36.000 sm bei 10 kn
Bewaffnung	3 x 10,5-cm-Geschütz, 8 x 3,7-cm-Geschütz, 19 x 2-cm-Geschütz
Ausrüstung	1 x FuMG Würzburg, 1 x FuMG Freya, 2 x Y-Gerät

Das norwegische Hilfsschiff »Svalbard« im Dezember 1948 bei der Rückführung von displaced persons (Flüchtlingen). (Foto: Bahudhara / CC-BY-SA 3.0)

Quellennachweis

Arndt, Peter

- Deutsche Sperrbrecher 1914-1945 - Konstruktion - Ausrüstung - Bewaffnung – Aufgaben - Einsatz, Bonn, 2005

Arndt, Peter / Schenk, Peter

- Deutsche Netzsperrverbände, Berlin, 2010

Aßmann, Kurt

- Der Krieg zur See 1914-1918 - Die Kämpfe der Kaiserlichen Marine in den Deutschen Kolonien, Berlin, 1935

Baasch, Herbert

- Handelsschiffe im Kriegseinsatz, Oldenburg, 1975

Blocksdorf, Helmut

- Das Kommando der Kleinkampfverbände der Kriegsmarine, Stuttgart, 2003

Brennecke, Jochen

- Die deutschen Hilfskreuzer im Zweiten Weltkrieg - gefürchtet aber geachtet, Herford, 1958
- Schlachtschiff BISMARCK, Herford, 1960
- Schlachtschiff TIRPITZ, Herford, 1982

Breyer, Siegfried

- Die deutsche Kriegsmarine 1935-1945 Band 2, Augsburg, 1994
- Die deutsche Kriegsmarine 1935-1945 Band 3, Augsburg, 1994
- Flottentorpedoboote und Flottenbegleiter, Wölfersheim-Berstadt, 1999
- Flugzeugkreuzer, Flugzeugmutterschiffe, Flugzeugtender bis 1945, Wölfersheim-Berstadt, 1994
- Raritäten zur See in den letzten 70 Jahren, Wölfersheim-Berstadt, 1997
- Schwerer Kreuzer PRINZ EUGEN, Friedberg, 1992
- Spezial- und Sonderschiffe der Kriegsmarine (I), Wölfersheim-Berstadt, 1995

Breyer, Siegfried / Haupt, Helmuth

- Minenschiff BRUMMER (II) 1940-1945 - Das Schicksal des norwegischen Minenlegers OLAF TRYGGVASON, Wölfersheim-Berstadt, 1999

Breyer, Siegfried / Lemachko, Boris V.

- Deutsche Schiffe unter dem Roten Stern, Friedberg, 1992

Ciupa, Heinz

- Die deutschen Kriegsschiffe - Flotteneinheiten von 1939-1945, Rastatt, 1979

Detmers, Theodor

- KORMORAN - Der Hilfskreuzer, der die SYDNEY versenkte, Biberach / Riß, 1959

Dinklage, Ludwig / Witthöft, Hans Jürgen

- Die deutsche Handelsflotte 1935-1945 - Handelsschiffe - Blockadebrecher - Hilfskriegsschiffe, Band 2, Hamburg, 2001

Donko, Wilhelm M.

- Die Kriegstransporter KT 1 - KT 62 der Deutschen Kriegsmarine - Konzept, Einsatz und Ver bleib, Berlin, 2015
- Die Schwarzmeer-Einheitsschiffe SME 1 - SME 12 der Deutschen Kriegsmarine - Konzept, Einsatz und Verbleib, Berlin, 2017

Fock, Harald

- Marinekleinkampfmittel - Bemannte Torpedos, Klein-U-Boote, Klein-Schnellboote, Spreng boote - Gestern - heute - morgen, Hamburg, 1996

Frank, Wolfgang / Rogge, Bernhard

- Schiff 16 - Die Kaperfahrten des schweren Hilfskreuzers ATLANTIS auf den sieben Meeren, München, 1966

Frankenstein, Norbert von

- »Seeteufel« Felix Graf Luckner - Wahrheit und Legende, Hamburg, 1997

Freivogel, Zvonimir

- Deutsche Hilfskreuzer des Zweiten Weltkriegs - Kaperfahrer auf den Weltmeeren, Stuttgart, 2003

Gröner, Erich

- Die deutschen Kriegsschiffe 1815-1945 Band 1, Koblenz, 1989
- Die deutschen Kriegsschiffe 1815-1945 Band 2, Bonn, 1999
- Die deutschen Kriegsschiffe 1815-1945 Band 3, Koblenz, 1985
- Die deutschen Kriegsschiffe 1815-1945 Band 4, Koblenz, 1986
- Die deutschen Kriegsschiffe 1815-1945 Band 5, Koblenz, 1988
- Die deutschen Kriegsschiffe 1815-1945 Band 6, Koblenz, 1989
- Die deutschen Kriegsschiffe 1815-1945 Band 7, Koblenz, 1990
- Die deutschen Kriegsschiffe 1815-1945 Band 8/2, Bonn, 1993

Gröner, Erich / Jung, Dieter

- Die Schiffe der deutschen Kriegsmarine und Luftwaffe 1939-1945 und ihr Verbleib, Bonn, 2001

Hahn, Günther

- Deutsche Netzleger - Ein unbekanntes Kapitel des Seekrieges 1939-1945, Wölfersheim-heim-Berstadt, 1996

Hildebrand, Hans H. / Röhr, Albert / Steinmetz, Hans-Otto

- Die deutschen Kriegsschiffe - Ein Spiegel der Marinegeschichte von 1815 bis zur Gegenwart Band 1, Ratingen, o.J.
- Die deutschen Kriegsschiffe - Ein Spiegel der Marinegeschichte von 1815 bis zur Gegenwart Band 2, Ratingen, o.J.

Jung, Dieter

- Die Schiffe der Kaiserlichen Marine 1914-1918 und ihr Verbleib, Bonn, 2004

Jung, Dieter / Wenzel, Berndt / Abendroth, Arno

- Die Schiffe und Boote der deutschen Seeflieger 1912-1976, Stuttgart, 1977

Karr, Hans

- Deutsche Forschungsschiffe seit 1905, Stuttgart, 2015
- Deutsche Kriegsschiffe - Das Kaiserliche Ostasiengeschwader 1859-1914, Stuttgart, 2021

- Enzyklopädie deutsche Kriegsschiffe - Großkampfschiffe, Kreuzer, Kanonenboote, Torpedoboote und Zerstörer bis 1945, Stuttgart, 2017
- Marinetechnik des Zweiten Weltkriegs, Stuttgart, 2022

König, Christian
- Flugzeugmutterschiffe der Kaiserlichen Marine und ihre Flugzeuge, Nettetal, 2022

Köppen, Paul
- Der Krieg zur See 1914-1918 - Die Überwasserstreitkräfte und ihre Technik, Berlin, 1930

Kutzleben, Karl v. / Schroeder, Wilhelm / Brennecke, Jochen
- Minenschiffe 1939-1945 - Die geheimnisumwitterten Einsätze des »Mitternachtgeschwaders«, Herford, 1974

Mallmann-Showell, Jak
- Kriegsmarine 1939-1945 - Organisation - Strukturen - Einsatz, Stuttgart, 2000

Mantey, Eberhard von
- Der Krieg zur See 1914-1918 - Der Kreuzerkrieg in ausländischen Gewässern Band 3, Berlin, 1937

Nauroth, Holger
- Schlachtkreuzer SCHARNHORST und GNEISENAU - Die Bildchronik 1939-1945, Stuttgart, 2002

Noppen, Ryan K.
- German Commerce Raiders 1914-18, Oxford, 2015

Oesterle, Bernd
- Eisbrecher aus aller Welt, Berlin, 1988

Paterson, Lawrence
- Waffen der Verzweiflung - Deutsche Kampfschwimmer und Kleinst-U-Boote im Zweiten Weltkrieg, Berlin, 2009

Petsch, Kurt
- Nachtjagdleitschiff TOGO, Reutlingen, 1988

Prager, Hans Georg / Ostersehlte, Christian
- Dampfeisbrecher STETTIN und die Eisbrecher der Welt, Hamburg, 1987

Reinke-Kunze, Christine
- Den Meeren auf der Spur - Geschichte und Aufgaben der deutschen Forschungsschiffe, Herford, 1986

Reventlow, Graf von
- Die deutsche Flotte - Ihre Entwicklung und Organisation, Zweibrücken, 1901, Reprint 1999

Rohwer, Jürgen / Hümmelchen, Gerhard
- Chronik des Seekrieges 1939-1945, Oldenburg, 1968

Rosentreter, Robert
- Deutsche Kriegsschiffe - Hilfskreuzer und Handelsstörer 1914-1918, Stuttgart, 2015

Rössler, Eberhard
- Geschichte des deutschen Ubootbaus Band 2, Koblenz, 1987

Schäfer, Knut
- Deutsche Minensuch- und Räumboote Minenleger und Transporter seit 1914, Stuttgart, 2021

Schenk, Hans D. (Hrsg.)
- Graf Luckners »Seeteufel« - Das Kriegstagebuch einer berühmten Kaperfahrt, Hamburg, 1999

Schenk, Peter / Klein, Karsten
- Deutsche Landungsfahrzeuge - Entwicklung und Technik von 1900 bis heute, Berlin, 2011

Schmalenbach, Paul
- Die deutschen Hilfskreuzer 1895-1945, Oldenburg, 1977

Schwadtke, Karl-Heinz
- Deutsche Handelsschiffe 1939-1945, Oldenburg, 1974

Simsa, Paul
- Wilhelm II. und seine Flotte, Stuttgart, 2012

Steinweg, Günther
- Die deutsche Handelsflotte im Zweiten Weltkrieg - Aufgaben und Schicksal, Göttingen, 1954

Stille, Mark / Prenat, Jamie
- Axis Midget Submarines 1939-45, Oxford, 2014

Toeche-Mittler, Siegfried (Hrsg.)
- Die deutsche Kriegsflotte 1914, Berlin, 1914, Reprint 2011

Walter, John
- Piraten des Kaisers - Deutsche Handelsstörer 1914-1918, Stuttgart, o.J.

Westphalen, Andreas
- Dampfeisbrecher STETTIN und die deutschen See-Eisbrecher, Bremen, 2008

Weyer, Bruno
- Taschenbuch der Kriegsflotten, München, div.Jgg.

Whitley, Mike
- Deutsche Seestreitkräfte 1939-1945, Stuttgart, 1995

Williamson, Gordon
- Kriegsmarine Auxiliary Cruisers, Oxford, 2009
- Kriegsmarine Coastal Forces, Oxford, 2008

Handbuch der Deutschen Marine und der Seestreitkräfte des Auslandes, Kiel, 1916, Reprint 2015
Köhlers Flotten-Kalender 2011, Hamburg, 2010
Köhlers Flotten-Kalender 2022, Hamburg, 2021
Weyers Flottentaschenbuch, München, div.Jgg.